典型工程造价指标

2021年版

（学校、医院、城市轨道交通工程）

中国建设工程造价管理协会　主编

中国人事出版社

图书在版编目（CIP）数据

典型工程造价指标：2021年版：学校、医院、城市轨道交通工程/中国建设工程造价管理协会主编. -- 北京：中国人事出版社，2021

ISBN 978-7-5129-1081-2

Ⅰ.①典… Ⅱ.①中… Ⅲ.①建筑造价管理-指标-中国 Ⅳ.①TU723.3

中国版本图书馆 CIP 数据核字（2021）第 096642 号

中国人事出版社出版发行

（北京市惠新东街 1 号 邮政编码：100029）

*

三河市华骏印务包装有限公司印刷装订 新华书店经销

880 毫米×1230 毫米 16 开本 30.75 印张 736 千字

2021 年 6 月第 1 版 2021 年 9 月第 2 次印刷

定价：108.00 元

读者服务部电话：（010）64929211/84209101/64921644

营销中心电话：（010）64962347

出版社网址：http://www.class.com.cn

编制单位和参编人员

主编单位：

中国建设工程造价管理协会

参编单位及人员（按拼音顺序排列）：

北京京园诚得信工程管理有限公司	顾 青	罗全勇	王 佳
北京中昌工程咨询有限公司	沈春燚	田 欣	魏红鹃
重庆淇澳工程咨询有限公司	赵 磊	周光毅	
大地仁工程咨询有限公司	钟雄伟	何 剑	毛正安
捷宏润安工程顾问有限公司	金常忠	沈春霞	王 舜
龙达恒信工程咨询有限公司	朱加阁	郑荣芹	
宁波轨道交通集团有限公司	李春云	陈 娣	史蓓蓓　洪梦佳
青矩技术股份有限公司	张 超	鲍立功	
上海第一测量师事务所有限公司	朱 坚	王 毅	
上海申元工程投资咨询有限公司	刘 嘉	姚文青	
天健工程咨询（重庆）有限公司	陈进峰	项锦兰	
天宇中开工程咨询有限公司	罗晶晶	郑伦祥	朱玉菁
信永中和工程管理有限公司	陈 彪	汪 晖	朱熠刚
中国铁路设计集团有限公司	张建芳	赵永超	刘 颖
中维信达项目管理咨询有限公司	王平辉	陈卫宁	赵合军

主审：

杨丽坤

审查人员：

王中和　李成栋　杨海欧　王玉恒　李恺平　魏雪倩　田昊川

前　言

为更好地发挥协会引领行业发展的作用，适应市场需求，为行业及会员单位提供多元化的数据服务，中国建设工程造价管理协会组织部分企业编制了《典型工程造价指标 2021 年版（学校、医院、城市轨道交通工程）》，为政府及企业投资决策、造价指标类比、工程造价管理等提供参考。

一、编制内容

1. 工程分类

按照《建设工程分类标准》（GB/T 50841—2013），典型工程选取了学校、医院和城市轨道交通工程项目指标。

2. 指标分类

（1）按照《建设工程造价指标指数分类与测算标准》（GB/T 51290—2018），选取了经济指标、工程量指标、消耗量指标、单位指标等类别。

（2）根据工程类别将房屋建筑工程经济指标划分为房屋建筑与装饰工程、单独装饰工程、房屋安装工程等单位工程。城市轨道交通工程划分为车站、区间、通信系统、轨道工程等单位工程。

（3）典型工程造价指标表格设置为工程概况及项目特征标、工程造价指标表、工程量指标表、消耗量指标表等。

二、编制原则

1. 真实性原则

以各个典型工程不同阶段的真实数据为基础进行编制，对人、材、机价格信息未作调整，力求造价指标真实。

2. 统一性原则

各类工程造价指标按照"典型工程造价指标征集模板"中规定的各项表格进行填写，确保编制的统一性。

3. 合理性原则

各单位对提供的典型工程造价指标的成果严格把关，确保各项造价指标数据准确合理。

4. 多样化原则

典型工程造价指标提供了不同层次的造价指标分析成果，为满足不同需求提供多样化的参考。

5. 择优选择原则

典型工程造价指标经过专家审查后，择优选择录入《典型工程造价指标 2021 年版（学校、医院、城市轨道交通工程）》中。

三、编制过程

2019 年 9 月，组织专家讨论典型工程造价指标编制的可行性，并研究编制了房屋建筑工程和城市轨道交通工程指标征集模板。2020 年 3 月中旬，发文征集典型工程造价指标。2020 年 6 月—9 月，组织专家对征集的工程造价指标进行审查。2020 年 10 月—12 月，对造价指标进行最终核对与审查。

目　录

房屋建筑工程

城市轨道交通工程

房屋建筑工程

学校

大学

● 教学楼　案例 1　山东省济南市–大学教学楼

表 1　单项工程概况及特征表

单体工程特色：装配式/绿色/节能/仿生等

项目类别	新建	建筑面积（m²）	11 229.03	地上层数（层）	4
工程类型	大学教学楼	地上建筑面积（m²）	11 229.03	地下层数（层）	0
项目地点	山东省济南市	地下建筑面积（m²）	0.00	檐口高度（m）	18.95
容积率	0.7	首层建筑面积（m²）	2 830.51	基础埋深（m）	2.00
开/竣工日期	2018-07/2019-12	造价阶段	控制价	计价方式	清单计价
结构类型	框架结构	抗震设防烈度	7 度	抗震等级	三级
场地类别	二类	建设地点级别	城市	装修类别	初装
层高	首层层高 4.20 m，标准层层高 4.00 m				
建筑工程	土石方工程	场内土质为天然黏土，具有良好的承载力，土方开挖后强夯，强夯后独立基础和墙下条形基础土方开挖			
	基础工程	独立基础，墙下条形基础			
	砌筑工程	正负零以下砌筑采用黄河淤泥砖，以上是蒸压砌块，外墙采用自保温砌块			
	防水工程	屋面Ⅰ级防水			
	钢筋混凝土工程	结构抗震构件采用带 E 钢筋，其他为普通钢筋，混凝土是商品混凝土，砂浆为干拌砂浆			

建筑工程	保温工程	外墙采用自保温砌块
	外装饰工程	外墙面采用真石漆，一层外墙为干挂石材墙面
	模板、脚手架工程	胶合板模板，扣件式脚手架
	垂直运输工程	塔吊，物料提升机，垂直升降机
	楼地面工程	楼梯间采用大理石，管井、电井采用水泥砂浆面层，其他部位采用瓷砖面层
装饰工程	内墙柱面工程	走廊采用1 m高瓷砖墙裙，其他部位采用乳胶漆面层
	天棚工程	走廊采用纸面石膏板吊顶，卫生间等有水房间采用铝合金条形板吊顶，天棚采用其他乳胶漆
	门窗工程	室外采用断桥铝合金窗和中空玻璃，室内采用塑钢窗和木质防火门
	电气安装	配电箱、控制器具、照明、配管配线、电缆、镀锌桥架
安装工程	给排水工程	给水管采用钢塑复合管和PPR，中水管采用PPR，排水管采用PVC-U
	消防工程	镀锌钢管、水灭火系统、火灾自动报警系统
	采暖工程	室内镀锌钢管，钢制板式散热器
	通风空调工程	排烟系统
	建筑智能化工程	自动报警系统、门禁系统、智能监控系统

表2　工程造价指标表

序号	项目名称	金额（元）	单方指标（元/m²）	占比指标（%）
	工程费用	34 333 227.99	3 057.54	100.00
1	房屋建筑与装饰工程	28 710 732.47	2 556.83	83.62
1.1	土石方工程	323 089.38	28.77	0.94
1.2	地基处理及支护工程	163 584.35	14.57	0.48
1.3	桩基工程	—	—	—
1.4	砌筑工程	2 587 763.81	230.45	7.54

序号	项目名称	金额（元）	单方指标（元/m²）	占比指标（%）
1.5	混凝土工程	3 355 656.46	298.84	9.77
1.6	钢筋工程	4 465 765.71	397.70	13.01
1.7	金属结构工程	1 303.58	0.12	0.00
1.8	木结构工程	—	—	—
1.9	门窗工程	1 734 876.73	154.50	5.05
1.10	屋面及防水工程	1 229 411.03	109.49	3.58
1.11	保温、隔热及防腐工程	674 858.47	60.10	1.97
1.12	楼地面装饰	1 939 738.78	172.74	5.65
1.13	内墙、柱面装饰	943 180.74	83.99	2.75
1.14	外墙、柱面装饰	1 733 344.74	154.36	5.05
1.15	顶棚装饰	735 827.43	65.53	2.14
1.16	油漆、涂料工程	1 478 280.57	131.65	4.31
1.17	隔断	107 110.82	9.54	0.31
1.18	其他工程	1 870 004.56	166.53	5.45
1.19	预制构件工程	—	—	—
1.20	模板及支架工程	556 138.02	49.53	1.62
1.21	脚手架工程	71 431.36	6.36	0.21
1.22	垂直运输工程	134 653.29	11.99	0.39
1.23	施工排水、降水工程	—	—	—
1.24	安全文明及其他措施项目费	49 481.40	4.41	0.14
1.25	规费	1 634 258.43	145.54	4.76
1.26	税金	2 920 972.81	260.13	8.51
2	单独装饰工程	550 123.47	48.99	1.60
2.1	室内装饰工程	220 696.92	19.65	0.64
2.1.1	其他内装饰工程	220 696.92	19.65	0.64
2.2	幕墙工程	329 426.55	29.34	0.96
2.2.1	玻璃幕墙	329 426.55	29.34	0.96
3	房屋安装工程	5 072 372.05	451.72	14.77
3.1	电气工程	2 526 137.53	224.96	7.36

序号	项目名称	金额（元）	单方指标（元/m²）	占比指标（%）
3.1.1	配电装置	57 884.04	5.15	0.17
3.1.2	母线	126 544.65	11.27	0.37
3.1.3	控制设备及低压电器	81 153.98	7.23	0.24
3.1.4	电缆安装	551 430.95	49.11	1.61
3.1.5	防雷及接地装置	125 190.25	11.15	0.36
3.1.6	配管配线	765 864.75	68.20	2.23
3.1.7	照明器具	236 273.95	21.04	0.69
3.1.8	电梯	186 500.00	16.61	0.54
3.1.9	措施项目费	31 259.65	2.78	0.09
3.1.10	规费	155 455.14	13.84	0.45
3.1.11	税金	208 580.16	18.58	0.61
3.2	建筑智能化工程	439 427.83	39.13	1.28
3.2.1	综合布线系统工程	369 749.36	32.93	1.08
3.2.2	措施项目费	6 353.64	0.57	0.02
3.2.3	规费	27 041.81	2.41	0.08
3.2.4	税金	36 283.03	3.23	0.11
3.3	通风空调工程	187 194.60	16.67	0.55
3.3.1	通风系统	27 718.84	2.47	0.08
3.3.2	防排烟系统	130 193.92	11.59	0.38
3.3.3	措施项目费	2 305.70	0.21	0.01
3.3.4	规费	11 519.71	1.03	0.03
3.3.5	税金	15 456.40	1.38	0.05
3.4	消防工程	655 464.79	58.37	1.91
3.4.1	水灭火系统	177 902.91	15.84	0.52
3.4.2	火灾自动报警系统	359 788.80	32.04	1.05
3.4.3	消防系统调试	12 352.30	1.10	0.04
3.4.4	措施项目费	10 963.40	0.98	0.03
3.4.5	规费	40 336.43	3.59	0.12
3.4.6	税金	54 120.95	4.82	0.16

序号	项目名称	金额（元）	单方指标（元/m²）	占比指标（%）
3.5	给排水工程	557 835.57	49.68	1.62
3.5.1	给水工程	21 712.01	1.93	0.06
3.5.2	中水工程	49 237.54	4.38	0.14
3.5.3	排水工程	207 409.62	18.47	0.60
3.5.4	压力排水工程	199 088.12	17.73	0.58
3.5.5	规费	34 328.46	3.06	0.10
3.5.6	税金	46 059.82	4.10	0.13
3.6	采暖工程	706 311.72	62.90	2.06
3.6.1	采暖管道	268 773.04	23.94	0.78
3.6.2	管道附件	60 697.67	5.41	0.18
3.6.3	供暖器具	258 321.67	23.00	0.75
3.6.4	采暖工程系统调试	11 698.02	1.04	0.03
3.6.5	措施项目费	5 036.52	0.45	0.01
3.6.6	规费	43 465.48	3.87	0.13
3.6.7	税金	58 319.32	5.19	0.17

表3 工程量指标表

序号	工程量名称	单位	数量	单位指标（m²）
一、房屋建筑工程				
1	土石方开挖量	m³	4 864.20	0.43
2	土石方回填量	m³	3 168.86	0.28
3	桩	m³	—	—
4	砌体	m³	2 626.90	0.23
5	混凝土	m³	5 716.67	0.51
5.1	基础混凝土	m³	1 334.55	0.12
5.2	墙、柱混凝土	m³	955.85	0.09
5.3	梁板混凝土	m³	3 241.52	0.29
5.4	二次结构混凝土	m³	184.75	0.02

续表

序号	工程量名称	单位	数量	单位指标（m²）
6	钢筋	t	737.27	0.07
6.1	基础钢筋	t	80.36	0.01
6.2	墙、柱钢筋	t	154.87	0.01
6.3	梁板钢筋	t	476.14	0.04
6.4	二次结构钢筋	t	13.78	0.00
7	模板	m²	25 514.13	2.27
8	门	m²	604.28	0.05
9	窗	m²	2 557.20	0.23
10	屋面	m²	5 258.30	0.47
二、房屋装饰工程				
1	楼地面	m²	10 269.63	0.91
2	天棚装饰	m²	10 375.32	0.92
3	内墙装饰	m²	16 303.15	1.45
4	外墙装饰	m²	12 476.38	1.11
5	幕墙	m²	423.57	0.04

表4　消耗量指标表

序号	消耗量指标	单位	数量	单位指标（m²）
一、房屋建筑工程				
1	人工费	元	5 189 327.75	464.13
1.1	综合用工	工日	64 551.00	5.75
2	材料费	元	8 509 537.56	757.82
2.1	钢筋	t	737.27	0.06
2.2	水泥	t	135.15	0.01
2.3	商品混凝土	m³	5 716.69	0.51
3	机械费	元	421 835.61	37.57
二、房屋装饰工程				
1	人工费	元	2 130 062.27	189.69
1.1	综合用工	工日	1 663.61	0.15

序号	消耗量指标	单位	数量	单位指标（m²）
2	材料费	元	4 617 556.90	411.22
2.1	水泥	t	1 504.76	0.13
2.2	混凝土	m³	274.40	0.02
3	机械费	元	54 709.43	4.87
三、房屋安装工程				
1	人工费	元	898 812.54	80.04
1.1	综合用工	工日	10 830.30	0.96
2	材料费	元	324 419.60	28.89
2.1	主材费	元	1 672 454.00	148.94
3	机械费	元	39 566.91	3.52
4	设备费	元	789 529.74	70.31

● 教学楼　案例 2　重庆市-大学教学楼

表 1　单项工程概况及特征表

单体工程特色：装配式/绿色/节能/仿生等

项目类别	新建	建筑面积（m²）	28 611.87	地上层数（层）	7
工程类型	大学教学楼	地上建筑面积（m²）	24 824.25	地下层数（层）	1
项目地点	重庆市	地下建筑面积（m²）	3 787.62	檐口高度（m）	29.10
容积率	—	首层建筑面积（m²）	1 356.47	基础埋深（m）	2.00~3.00，8.00~10.00
日期	2018-04	造价阶段	控制价	计价方式	清单计价
结构类型	框架结构	抗震设防烈度	6 度	抗震等级	二级/三级
场地类别	一类/二类	建设地点级别	城市	装修类别	精装
层高	地下室层高 4.00 m，首层层高 4.50 m，标准层层高 4.50 m				
建筑工程	桩基工程	人工挖孔桩			
	土石方工程	人机综合开挖坑槽土石方			
	基础工程	C30 带形基础、独立基础			
	砌筑工程	页岩空心砖、厚壁型空心砖			
	防水工程	JS 防水涂膜、BAC 自粘防水卷材、橡胶沥青防水涂料、聚合物水泥基			
	钢筋混凝土工程	C20-C40，C30P6			
	保温工程	垂直纤维岩棉板、泡沫混凝土及挤塑聚苯保温板			
	外装饰工程	玻璃幕墙、干挂石材、真石漆			
	模板、脚手架工程	复合模板			
	垂直运输工程	塔吊垂直运输			
	楼地面工程	水磨石、防滑砖			

装饰工程	内墙柱面工程	无机涂料、乳胶漆
	天棚工程	硅钙板、铝扣板及乳胶漆
	门窗工程	隔热中空铝合金窗、成品套装门及防火门
	电气安装	配电系统（低压配电柜出线起），照明（PC 管）、插座系统（PC 管），应急照明系统（SC 管），防雷接地系统
安装工程	给排水工程	给水系统（PSP 钢塑复合管），排水系统（聚丙烯静音排水管、UPVC 塑料排水管、焊接钢管），洁具，附件
	消防工程	消火栓系统（内外涂塑复合钢管、消火栓、阀门、灭火器），喷淋系统（内外涂塑复合钢管、阀门、喷头），火灾报警系统（管线、报警设备），防火门监控系统，求救呼叫系统
	通风空调工程	卫生间通风（通风器、镀锌钢板风管、铝合金百叶风口）
	建筑智能化工程	综合布线（预埋 PVC 管、桥架）

表2 工程造价指标表

序号	项目名称	金额（元）	单方指标（元/m²）	占比指标（%）
	工程费用	80 778 199.88	2 823.24	100.00
1	房屋建筑与装饰工程	59 623 054.91	2 083.86	73.81
1.1	土石方工程	78 004.55	2.73	0.10
1.2	地基处理及支护工程	—	—	—
1.3	桩基工程	285 595.65	9.98	0.35
1.4	砌筑工程	3 229 653.25	112.88	4.00
1.5	混凝土工程（含钢筋）	19 535 281.88	682.77	24.18
1.6	金属结构工程	430 983.10	15.06	0.53
1.7	木结构工程	—	—	—
1.8	门窗工程	4 200 543.00	146.81	5.20
1.9	屋面及防水工程	3 418 831.30	119.49	4.23

续表

序号	项目名称	金额（元）	单方指标（元/m²）	占比指标（%）
1.10	保温、隔热及防腐工程	3 202 775.68	111.94	3.96
1.11	楼地面装饰	938 568.46	32.80	1.16
1.12	内墙、柱面装饰	2 185 443.76	76.38	2.71
1.13	外墙、柱面装饰	2 751 597.05	96.17	3.41
1.14	顶棚装饰	112 580.58	3.93	0.14
1.15	其他工程	3 888 679.29	135.91	4.81
1.16	模板及支架工程	5 661 484.63	197.87	7.01
1.17	脚手架工程	869 563.59	30.39	1.08
1.18	垂直运输工程	823 782.56	28.79	1.02
1.19	安全文明及其他措施项目费	2 487 284.42	86.93	3.08
1.20	规费	1 046 484.19	36.58	1.30
1.21	税金	4 475 917.97	156.44	5.54
2	单独装饰工程	13 295 358.32	464.68	16.46
2.1	室内装饰工程	12 940 484.32	452.28	16.02
2.1.1	楼地面装饰	3 339 719.52	116.72	4.13
2.1.2	内墙、柱装饰	2 993 959.19	104.64	3.71
2.1.3	顶棚装饰	1 864 026.87	65.15	2.31
2.1.4	油漆、涂料工程	—	—	—
2.1.5	隔断	191 423.00	6.69	0.24
2.1.6	其他内装饰工程	957 007.70	33.45	1.18
2.1.7	措施项目费	1 700 291.76	59.43	2.10
2.1.8	规费	617 889.08	21.60	0.76
2.1.9	税金	1 276 167.21	44.60	1.58
2.2	幕墙工程	354 874.00	12.40	0.44
2.2.1	玻璃幕墙	—	—	—
2.2.2	石材幕墙	354 874.00	12.40	0.44
3	房屋安装工程	7 859 786.65	274.70	9.73
3.1	电气工程	4 634 613.97	161.98	5.74

序号	项目名称	金额（元）	单方指标（元/m²）	占比指标（%）
3.1.1	控制设备及低压电器	607 099.83	21.22	0.75
3.1.2	电缆安装	903 414.28	31.57	1.12
3.1.3	防雷及接地装置	211 144.52	7.38	0.26
3.1.4	配管配线	1 429 942.26	49.98	1.77
3.1.5	照明器具	308 219.83	10.77	0.38
3.1.6	附属工程	143 181.10	5.00	0.18
3.1.7	措施项目费	426 155.61	14.89	0.53
3.1.8	规费	138 660.88	4.85	0.17
3.1.9	税金	466 795.65	16.31	0.58
3.2	建筑智能化工程	709 688.76	24.80	0.88
3.2.1	计算机应用、网络系统工程	—	—	—
3.2.2	综合布线系统工程	524 900.84	18.35	0.65
3.2.3	措施项目费	81 278.64	2.84	0.10
3.2.4	规费	32 029.84	1.12	0.04
3.2.5	税金	71 479.44	2.50	0.09
3.3	通风空调工程	153 713.75	5.37	0.19
3.3.1	防排烟系统	119 804.02	4.19	0.15
3.3.2	措施项目费	12 675.62	0.44	0.02
3.3.3	规费	5 752.15	0.20	0.01
3.3.4	税金	15 481.96	0.54	0.02
3.4	消防工程	1 080 716.07	37.77	1.34
3.4.1	水灭火系统	570 802.01	19.95	0.71
3.4.2	火灾自动报警系统	272 043.10	9.51	0.34
3.4.3	措施项目费	89 477.87	3.13	0.11
3.4.4	规费	39 543.99	1.38	0.05
3.4.5	税金	108 849.10	3.80	0.13
3.5	给排水工程	1 281 054.10	44.77	1.59
3.5.1	给水工程	667 683.96	23.34	0.83

续表

序号	项目名称	金额（元）	单方指标 （元/m²）	占比指标（%）
3.5.2	排水工程	368 440.48	12.88	0.46
3.5.3	措施项目费	81 605.62	2.85	0.10
3.5.4	规费	34 297.01	1.20	0.04
3.5.5	税金	129 027.04	4.51	0.16

表3 工程量指标表

序号	工程量名称	单位	数量	单位指标（m²）
一、房屋建筑工程				
1	土石方开挖量	m³	6 296.84	0.22
2	土石方回填量	m³	5 891.76	0.21
3	桩	m³	351.53	0.01
4	砌体	m³	61 980.01	2.17
5	混凝土	m³	17 051.44	0.60
5.1	基础混凝土	m³	2 713.01	0.09
5.2	墙、柱混凝土	m³	2 345.12	0.08
5.3	梁板混凝土	m³	8 725.13	0.31
5.4	二次结构混凝土	m³	3 268.18	0.11
6	钢筋	t	2 373.49	0.08
7	模板	m²	89 583.05	3.13
8	门	m²	2 049.12	0.07
9	窗	m²	6 135.02	0.21
10	屋面	m²	—	—
11	外墙保温	m²	24 727.21	0.86
二、房屋装饰工程				
1	楼地面	m²	25 575.03	0.89
2	天棚装饰	m²	30 767.11	1.08
3	内墙装饰	m²	44 312.15	1.55
4	外墙装饰	m²	39 224.12	1.37
5	幕墙	m²	—	—

表4 消耗量指标表

序号	消耗量指标	单位	数量	单位指标（m²）
一、房屋建筑工程				
1	人工费	元	11 910 966.48	416.29
1.1	综合用工	工日	76 504.76	2.67
2	材料费	元	30 861 594.35	1 078.63
2.1	钢筋	t	2 362.49	0.08
2.2	型钢	t	18.00	0.00
2.3	水泥	t	1 026.55	0.04
2.4	商品混凝土	m³	17 051.44	0.60
3	机械费	元	1 854 668.40	64.82
二、房屋装饰工程				
1	人工费	元	5 913 945.66	206.70
1.1	综合用工	工日	35 451.87	1.24
2	材料费	元	8 692 073.65	303.79
2.1	水泥	t	471.82	0.02
2.2	混凝土	m³	—	—
3	机械费	元	545 556.42	19.07
三、房屋安装工程				
1	人工费	元	1 562 222.49	54.60
1.1	综合用工	工日	12 121.76	0.42
2	材料费	元	4 340 312.63	151.70
2.1	主材费	元	4 010 540.12	140.17
3	机械费	元	157 143.07	5.49
4	设备费	元	20 655.96	0.72

表5 主要材料、设备明细表

序号	名称	单位	数量	单价（元）
1	钢材	t	2 373.49	3 907.53
2	水泥 M32.5	t	1 026.55	410.00
3	商品混凝土 综合	m³	17 051.44	434.19
4	锯材	m³	603.81	1 681.00
5	砂	t	2 250.12	121.00
6	石子	t	236.64	90.00
7	标准砖	千块	1 382.90	387.27

● 综合楼 案例 3 重庆市-大学综合楼

表 1 单项工程概况及特征表

单体工程特色：装配式/绿色/节能/仿生等

项目类别	新建	建筑面积（m²）	22 753.20	地上层数（层）	5
工程类型	大学综合楼	地上建筑面积（m²）	16 693.90	地下层数（层）	1
项目地点	重庆市	地下建筑面积（m²）	6 059.30	檐口高度（m）	21.00
容积率	—	首层建筑面积（m²）	5 272.34	基础埋深（m）	2.00~3.00
日期	2018-04	造价阶段	控制价	计价方式	清单计价
结构类型	框架结构	抗震设防烈度	6 度	抗震等级	二级/三级
场地类别	二类	建设地点级别	城市	装修类别	精装
层高	地下室层高 5.10 m，首层层高 4.20 m，标准层层高 4.20 m					
建筑工程	基础工程	C30 带形基础、独立基础			
	砌筑工程	页岩空心砖、厚壁型空心砖			
	防水工程	JS 防水涂膜、BAC 自粘防水卷材、橡胶沥青防水涂料、聚合物水泥基			
	钢筋混凝土工程	C20-C40，C30P6			
	保温工程	垂直纤维岩棉板、全轻混凝土及挤塑聚苯保温板			
	外装饰工程	玻璃幕墙、干挂石材、真石漆			
	模板、脚手架工程	复合模板			
	垂直运输工程	塔吊垂直运输			
	楼地面工程	水磨石、防滑砖			
装饰工程	内墙柱面工程	无机涂料、乳胶漆			
	天棚工程	硅钙板、铝扣板及乳胶漆			
	门窗工程	隔热中空铝合金窗、成品套装门及防火门			
	电气安装	配电系统（低压配电柜出线起），照明（PC 管）、插座系统（PC 管），应急照明系统（SC 管），防雷接地系统			

安装工程	给排水工程	给水系统（PSP 钢塑复合管），排水系统（聚丙烯静音排水管），雨水系统（聚丙烯静音排水管），空调排水系统（UPVC 塑料排水管），压力排水（焊接钢管），洁具，附件
	消防工程	消火栓系统（内外涂塑复合钢管、消火栓、阀门、灭火器），喷淋系统（内外涂塑复合钢管、阀门、喷头），火灾报警系统（管线、报警设备），消防电源监控系统，防火门监控系统，求救呼叫系统
	通风空调工程	防排烟工程（双速离心风机、混流式消防排烟风机、钢质风阀、铝合金百叶风口、排烟口），卫生间通风（通风器、镀锌钢板风管、铝合金百叶风口），电动挡烟垂壁
	建筑智能化工程	综合布线（预埋 PVC 管、桥架）

表2　工程造价指标表

序号	项目名称	金额（元）	单方指标（元/m²）	占比指标（%）
	工程费用	57 989 136.39	2 548.61	100.00
1	房屋建筑与装饰工程	36 004 847.03	1 582.41	62.09
1.1	土石方工程	129 465.49	5.69	0.22
1.2	砌筑工程	1 753 719.36	77.08	3.02
1.3	混凝土工程（含钢筋）	13 123 295.35	576.77	22.63
1.4	金属结构工程	298 367.82	13.11	0.51
1.5	门窗工程	2 804 697.80	123.27	4.84
1.6	屋面及防水工程	2 153 700.96	94.65	3.71
1.7	保温、隔热及防腐工程	1 039 728.04	45.70	1.79
1.8	楼地面装饰	909 979.77	39.99	1.57
1.9	内墙、柱面装饰	966 549.76	42.48	1.67
1.10	外墙、柱面装饰	224 365.15	9.86	0.39
1.11	顶棚装饰	157 954.24	6.94	0.27
1.12	油漆、涂料工程	330 034.09	14.50	0.57
1.13	其他工程	1 363 730.27	59.94	2.35

续表

序号	项目名称	金额（元）	单方指标（元/m²）	占比指标（%）
1.14	模板及支架工程	4 106 377.53	180.47	7.08
1.15	脚手架工程	896 114.75	39.38	1.55
1.16	垂直运输工程	625 100.58	27.47	1.08
1.17	安全文明及其他措施项目费	1 506 025.93	66.19	2.60
1.18	规费	642 498.38	28.24	1.11
1.19	税金	2 973 141.76	130.67	5.13
2	单独装饰工程	15 453 511.13	679.18	26.65
2.1	室内装饰工程	10 937 696.63	480.71	18.86
2.1.1	楼地面装饰	1 952 581.34	85.82	3.37
2.1.2	内墙、柱装饰	3 297 845.07	144.94	5.69
2.1.3	顶棚装饰	1 783 392.71	78.38	3.08
2.1.4	油漆、涂料工程	—	—	—
2.1.5	隔断	175 061.00	7.69	0.30
2.1.6	其他内装饰工程	1 221 382.71	53.68	2.11
2.1.7	措施项目费	1 108 889.23	48.74	1.91
2.1.8	规费	373 701.48	16.42	0.64
2.1.9	税金	1 024 843.08	45.04	1.77
2.2	幕墙工程	4 515 814.50	198.47	7.79
2.2.1	石材幕墙	4 515 814.50	198.47	7.79
3	房屋安装工程	6 530 778.22	287.03	11.26
3.1	电气工程	3 165 407.82	139.12	5.46
3.1.1	控制设备及低压电器	244 334.09	10.74	0.42
3.1.2	电缆安装	787 638.14	34.62	1.36
3.1.3	防雷及接地装置	125 833.56	5.53	0.22
3.1.4	配管配线	820 928.74	36.08	1.42
3.1.5	照明器具	406 948.41	17.89	0.70
3.1.6	附属工程	106 703.34	4.69	0.18

序号	项目名称	金额（元）	单方指标（元/m²）	占比指标（%）
3.1.7	措施项目费	263 723.31	11.59	0.45
3.1.8	规费	90 480.17	3.98	0.16
3.1.9	税金	318 818.06	14.01	0.55
3.2	建筑智能化工程	288 897.81	12.70	0.50
3.2.1	综合布线系统工程	211 878.37	9.31	0.37
3.2.2	措施项目费	33 839.51	1.49	0.06
3.2.3	规费	14 082.31	0.62	0.02
3.2.4	税金	29 097.62	1.28	0.05
3.3	通风空调工程	518 229.96	22.78	0.89
3.3.1	防排烟系统	429 063.67	18.86	0.74
3.3.2	措施项目费	24 993.84	1.10	0.04
3.3.3	规费	11 976.63	0.53	0.02
3.3.4	税金	52 195.82	2.29	0.09
3.4	消防工程	2 105 942.59	92.56	3.63
3.4.1	水灭火系统	1 112 111.41	48.88	1.92
3.4.2	火灾自动报警系统	520 423.66	22.87	0.90
3.4.3	措施项目费	177 973.88	7.82	0.31
3.4.4	规费	83 324.30	3.66	0.14
3.4.5	税金	212 109.33	9.32	0.37
3.5	给排水工程	452 300.04	19.88	0.78
3.5.1	给水工程	180 643.33	7.94	0.31
3.5.2	排水工程	183 361.59	8.06	0.32
3.5.3	措施项目费	29 527.87	1.30	0.05
3.5.4	规费	13 211.85	0.58	0.02
3.5.5	税金	45 555.40	2.00	0.08

表3　工程量指标表

序号	工程量名称	单位	数量	单位指标（m²）
一、房屋建筑工程				
1	土石方开挖量	m³	1 261.57	0.06
2	土石方回填量	m³	389.36	0.02
3	砌体	m³	3 259.00	0.14
4	混凝土	m³	12 092.25	0.53
4.1	基础混凝土	m³	1 287.01	0.06
4.2	墙、柱混凝土	m³	1 533.17	0.07
4.3	梁板混凝土	m³	7 265.41	0.32
4.4	二次结构混凝土	m³	2 006.66	0.09
5	钢筋	t	1 516.16	0.07
6	模板	m²	49 533.04	2.18
7	门	m²	835.41	0.04
8	窗	m²	1 317.11	0.06
9	外墙保温	m²	6 928.14	0.30
二、房屋装饰工程				
1	楼地面	m²	11 723.31	0.52
2	天棚装饰	m²	30 401.11	1.34
3	内墙装饰	m²	26 815.06	1.18
4	外墙装饰	m²	9 722.04	0.43

表4　消耗量指标表

序号	消耗量指标	单位	数量	单位指标（m²）
一、房屋建筑工程				
1	人工费	元	6 981 249.28	306.82
1.1	综合用工	工日	47 582.51	2.09
2	材料费	元	19 224 246.79	844.90
2.1	钢筋	t	1 524.91	0.07

序号	消耗量指标	单位	数量	单位指标（m²）
2.2	型钢	t	17.00	0.00
2.3	水泥	t	629.63	0.03
2.4	商品混凝土	m³	12 213.13	0.54
3	机械费	元	1 148 353.96	50.47
二、房屋装饰工程				
1	人工费	元	4 377 640.79	192.40
1.1	综合用工	工日	21 362.61	0.94
2	材料费	元	9 593 881.34	421.65
2.1	水泥	t	169.23	0.01
3	机械费	元	431 394.72	18.96
三、房屋安装工程				
1	人工费	元	1 327 720.67	58.35
1.1	综合用工	工日	10 391.37	0.46
2	材料费	元	3 600 630.02	158.25
2.1	主材费	元	3 325 881.35	146.17
3	机械费	元	156 920.88	6.90
4	设备费	元	125 464.73	5.51

表5　主要材料、设备明细表

序号	名称	单位	数量	单价（元）
1	钢材	t	1 524.91	3 888.97
2	水泥 M32.5	t	629.63	410.00
3	商品混凝土 综合	m³	12 213.13	433.13
4	锯材	m³	321.99	1 681.00
5	砂	t	1 259.60	121.00
6	石子	t	162.78	90.00
7	标准砖	千块	940.74	401.80

● 实验楼　案例 4　上海市–大学实验楼

表 1　单项工程概况及特征表

单体工程特色：装配式/绿色/节能/仿生等

项目类别	新建	建筑面积（m²）	59 162.00	地上层数（层）	8
工程类型	大学实验楼	地上建筑面积（m²）	49 510.00	地下层数（层）	1
项目地点	上海市	地下建筑面积（m²）	9 652.00	檐口高度（m）	35.10
容积率	2.58	首层建筑面积（m²）	7 789.00	基础埋深（m）	5.75
开/竣工日期	2014-04/2016-11	造价阶段	结算价	计价方式	清单计价
结构类型	框架结构—剪力墙结构	抗震设防烈度	7 度	抗震等级	二级
场地类别	一类	建设地点级别	城市	装修类别	初装
层高	地下室层高 4.90 m，地下室底板标高 -5.00 m，首层层高 5.40 m，标准层层高 4.20 m				
建筑工程	围护桩、支撑工程及降排水	700 双轴水泥搅拌桩、施工排水降水（轻型井点）			
	桩基工程	钻孔灌注桩 Φ800、钻孔灌注桩 Φ600			
	土石方工程	机械挖土、人工回填、土方外运			
	基础工程	桩筏、桩基独立承台			
	砌筑工程	蒸压加气混凝土砌块 B06、地下室混凝土普通砖 MU20			
	防水工程	2 mm 厚水泥基渗透结晶防水涂料、1.2 mm 厚合成高分子防水卷材、4 mm 厚 SBS 聚酯胎型防水卷材、4 mm 厚 SBS 改性沥青耐根穿刺防水卷材、20 mm 厚防水砂浆			
	钢筋混凝土工程	现浇泵送混凝土：C30、C35、C40；钢筋 HRB400、HRB500			
	保温工程	50 mm 厚聚苯乙烯板、60.00 mm/100.00 mm/130.00 mm/150.00 mm/200.00 mm/250.00 mm 厚泡沫玻璃保温层、50 mm 厚挤塑聚苯乙烯泡沫玻璃板、50 mm 厚增水岩棉保温板、水泥基无机保温砂浆			

建筑工程	外装饰工程	干挂花岗岩、外墙无机涂料、外墙仿石涂料
	模板、脚手架工程	工具式组合钢模板，钢管脚手架
	垂直运输工程	人货梯、井架、塔吊
	楼地面工程	细石混凝土、玻化砖、防滑地砖、水泥自流平耐磨漆、防静电架空活动地板、硬质复合木地板、剁斧花岗岩板、拼花大理石地面
装饰工程	内墙柱面工程	瓷砖内墙、吸音墙面、双层 TK 板、混合砂浆墙面、马赛克墙面、大厅铝板饰面
	天棚工程	防潮纸面石膏板吊顶、穿孔石膏板吸声板吊顶、铝合金条板吊顶、铝板网吸音吊顶、水泥纤维板吊顶、硅钙板吊顶、亚克力灯带、灯槽
	门窗工程	双轨无机复合防火卷帘门、防护密闭门、防爆波活门、木质防火门、木门、中空玻璃幕墙、采光玻璃天棚、雨棚、中空玻璃断桥铝合金门连窗/地弹门/固定窗/组合窗、铝合金百叶窗
	电气安装	电线电缆采用低烟无卤产品，低压电线采用阻燃型，消防系统电线电缆采用耐火型，采用焊接钢管或热镀锌钢管或镀锌电线管
安装工程	给排水工程	生活给水（冷水）、排水，实验室给水、排水，雨水等系统，泵房内 DN≥200 管道采用涂塑钢管。室内生活给水干管采用内覆 PE 钢塑复合管，支管采用 S5 系列 PP-R 管，排水管采用 PVC-U 管。实验室给水管采用覆 PE 钢塑复合管，实验室废水管采用耐腐蚀聚丙烯静音排水管。地下室底板内预埋排水管采用排水铸铁管，底板实验室预埋管采用内覆 PE 铸铁管。压力排水管采用内覆 PE 钢塑复合管。雨水管采用实壁加厚 PVC-U 管。卫生洁具及五金均采用节水型。阀门 DN<50 采用全铜球阀，DN≥50 采用蝶阀
	消防工程	包括消火栓、喷淋、消防报警、剩余电流漏电报警系统。消火栓和喷淋管道采用内外壁热镀锌钢管，阀门均采用蝶阀。消防报警系统电线电缆采用低烟无卤阻燃耐火型，穿热镀锌金属线槽或金属管道

续表

安装工程	通风空调工程	空调系统主要采用变冷媒流量空调系统，部分区域采用直接蒸发式屋顶空调机组。无动力补风热处理系统采用螺杆式风冷热泵机组。空调及一般机械通风风管采用镀锌钢板风管。实验室排风设备排风风管采用无机玻璃钢风管。水管 DN ≥ 100 采用无缝钢管。水管 DN<50 采用镀锌钢管，空调水管均采用铝箔橡塑保温。冷凝水管均采用难燃 B 级橡塑保温
	建筑智能化工程	综合布线系统、数字视频监控系统、一卡通系统、防盗报警系统、电子巡更管理系统、门禁管理系统、车库管理系统、机房工程（含装饰、照明、空调、UPS、配电及防雷接地）、智能照明、正压送风压差控制等系统

表 2　工程造价指标表

序号	项目名称	金额（元）	单方指标（元/m²）	占比指标（%）
	工程费用	252 636 168.57	4 270.24	100.00
1	房屋建筑与装饰工程	145 641 752.37	2 461.74	57.65
1.1	土石方工程	4 456 441.45	75.33	1.76
1.2	地基处理及支护工程	5 259 427.00	88.90	2.08
1.3	桩基工程	11 245 391.37	190.08	4.45
1.4	砌筑工程	4 200 081.82	70.99	1.66
1.5	混凝土工程	15 523 542.99	262.39	6.14
1.6	钢筋工程	26 050 799.84	440.33	10.31
1.7	金属结构工程	450 322.80	7.61	0.18
1.8	门窗工程	9 952 635.02	168.23	3.94
1.9	屋面及防水工程	4 009 698.11	67.77	1.59
1.10	保温、隔热及防腐工程	3 912 037.07	66.12	1.55
1.11	楼地面装饰	7 943 492.54	134.27	3.14
1.12	内墙、柱面装饰	3 526 946.37	59.62	1.40
1.13	外墙、柱面装饰	1 388 347.01	23.47	0.55
1.14	顶棚装饰	3 396 578.91	57.41	1.34
1.15	油漆、涂料工程	11 672 219.51	197.29	4.62

序号	项目名称	金额（元）	单方指标（元/m²）	占比指标（%）
1.16	隔断	413 584.54	6.99	0.16
1.17	其他工程	961 163.38	16.25	0.38
1.18	模板及支架工程	15 534 896.89	262.58	6.15
1.19	脚手架工程	4 073 174.07	68.85	1.61
1.20	垂直运输工程	1 300 000.00	21.97	0.51
1.21	施工排水、降水工程	120 000.00	2.03	0.05
1.22	安全文明及其他措施项目费	4 699 875.80	79.44	1.86
1.23	规费	654 628.89	11.07	0.26
1.24	税金	4 896 466.99	82.76	1.94
2	单独装饰工程	33 970 520.08	574.19	13.45
2.1	幕墙工程	33 970 520.08	574.19	13.45
2.1.1	玻璃幕墙	593 833.11	10.04	0.24
2.1.2	石材幕墙	27 820 559.99	470.24	11.01
2.1.3	其他外装饰工程	1 636 302.15	27.66	0.65
2.1.4	措施项目费	1 696 250.69	28.67	0.67
2.1.5	规费	1 081 487.29	18.28	0.43
2.1.6	税金	1 142 086.85	19.30	0.45
3	房屋安装工程	70 759 943.49	1 196.04	28.01
3.1	电气工程	34 429 435.27	581.95	13.63
3.1.1	母线	343 764.96	5.81	0.14
3.1.2	控制设备及低压电器	7 488 162.39	126.57	2.96
3.1.3	电机检查接线及调试	117 898.31	1.99	0.05
3.1.4	电缆安装	8 624 397.16	145.78	3.41
3.1.5	防雷及接地装置	1 256 422.43	21.24	0.50
3.1.6	配管配线	11 230 813.79	189.83	4.45
3.1.7	照明器具	2 173 471.61	36.74	0.86
3.1.8	规费	2 036 989.07	34.43	0.81
3.1.9	税金	1 157 515.55	19.57	0.46
3.2	建筑智能化工程	8 955 153.25	151.37	3.54

续表

序号	项目名称	金额（元）	单方指标（元/m²）	占比指标（%）
3.2.1	计算机应用、网络系统工程	206 220.98	3.49	0.08
3.2.2	综合布线系统工程	5 171 441.28	87.41	2.05
3.2.3	建筑设备自动化系统工程	620 444.98	10.49	0.25
3.2.4	安全防范系统工程	1 990 566.45	33.65	0.79
3.2.5	规费	665 407.84	11.25	0.26
3.2.6	税金	301 071.72	5.09	0.12
3.3	通风空调工程	9 064 508.94	153.22	3.59
3.3.1	通风系统	62 233.32	1.05	0.02
3.3.2	空调系统	4 781 447.25	80.82	1.89
3.3.3	防排烟系统	2 319 169.48	39.20	0.92
3.3.4	人防通风系统	389 947.84	6.59	0.15
3.3.5	空调水系统	484 954.47	8.20	0.19
3.3.6	通风空调工程系统调试	90 000.00	1.52	0.04
3.3.7	规费	632 008.33	10.68	0.25
3.3.8	税金	304 748.25	5.15	0.12
3.4	消防工程	9 967 357.96	168.48	3.95
3.4.1	水灭火系统	5 518 040.26	93.27	2.18
3.4.2	气体灭火系统	—	—	—
3.4.3	泡沫灭火系统	—	—	—
3.4.4	火灾自动报警系统	2 870 152.09	48.51	1.14
3.4.5	消防系统调试	221 110.78	3.74	0.09
3.4.6	规费	1 022 952.85	17.29	0.40
3.4.7	税金	335 101.98	5.66	0.13
3.5	给排水工程	8 343 488.07	141.03	3.30
3.5.1	给水工程	5 111 402.70	86.40	2.02
3.5.2	中水工程	—	—	—
3.5.3	热水工程	—	—	—
3.5.4	排水工程	1 935 099.12	32.71	0.77
3.5.5	雨水工程	193 791.26	3.28	0.08

序号	项目名称	金额（元）	单方指标 （元/m²）	占比指标（%）
3.5.6	压力排水工程	312 722.94	5.29	0.12
3.5.7	措施项目费	—	—	—
3.5.8	规费	509 964.48	8.62	0.20
3.5.9	税金	280 507.57	4.74	0.11
4	设备采购	2 263 952.63	38.27	0.90
4.1	电梯采购安装	2 263 952.63	38.27	0.90

表3　工程量指标表

序号	工程量名称	单位	数量	单位指标（m²）
一、房屋建筑工程				
1	土石方开挖量	m³	54 255.09	0.92
2	土石方回填量	m³	5 403.87	0.09
3	桩	m³	12 543.05	0.21
4	砌体	m³	10 025.95	0.17
5	混凝土	m³	35 623.84	0.60
5.1	基础混凝土	m³	10 322.68	0.17
5.2	墙、柱混凝土	m³	7 076.06	0.12
5.3	梁板混凝土	m³	13 804.78	0.23
5.4	二次结构混凝土	m³	4 420.32	0.07
6	钢筋	t	5 631.57	0.10
6.1	基础钢筋	t	1 281.83	0.02
6.2	墙、柱钢筋	t	1 241.14	0.02
6.3	梁板钢筋	t	2 283.88	0.04
6.4	二次结构钢筋	t	824.72	0.01
7	模板	m²	200 480.28	3.39
8	门	m²	5 398.94	0.09
9	窗	m²	6 915.58	0.12
10	屋面	m²	9 021.01	0.15
11	外墙保温	m²	35 850.79	0.61

续表

序号	工程量名称	单位	数量	单位指标（m²）
二、房屋装饰工程				
1	楼地面	m²	51 614.77	0.87
2	天棚装饰	m²	66 351.19	1.12
3	内墙装饰	m²	130 666.94	2.21
4	外墙装饰	m²	20 240.98	0.34
5	幕墙	m²	27 135.97	0.46

表4　消耗量指标表

序号	消耗量指标	单位	数量	单位指标（m²）
一、房屋建筑工程				
1	人工费	元	46 267 661.19	782.05
1.1	综合用工	工日	298 289.90	5.04
2	材料费	元	78 249 146.80	1 322.63
2.1	钢筋	t	6 427.30	0.11
2.2	型钢	t	177.65	0.00
2.3	水泥	t	7 822.17	0.13
2.4	商品混凝土	m³	41 964.23	0.71
3	机械费	元	5 742 225.77	97.06
二、房屋装饰工程				
1	人工费	元	7 932 908.60	134.09
1.1	综合用工	工日	48 091.04	0.81
2	材料费	元	19 697 729.42	332.95
3	机械费	元	1 544 835.58	26.11
三、房屋安装工程				
1	人工费	元	16 058 557.97	271.43
1.1	综合用工	工日	110 688.12	1.87
2	材料费	元	32 019 333.39	541.21
2.1	主材费	元	28 734 699.59	485.70
3	机械费	元	754 219.15	12.75
4	设备费	元	12 020 500.08	203.18

表5 主要材料、设备明细表

序号	名称	单位	数量	单价（元）
1	成型钢筋 HRB300	t	1 336.90	3 630.00
2	成型钢筋 HRB400、HRB500	t	5 090.40	3 780.00
3	蒸压加气混凝土砌块 600 mm×300 mm×200 mm（A5.0，B06）	m³	8 384.48	201.00
4	玻化地砖厚 10 mm	m²	18 852.67	120.00
5	花岗岩饰面板 厚 30 mm 深棕色镜面花岗岩	m²	9 226.77	480.00
6	花岗岩饰面板 厚 30 mm 浅黄色烧毛面	m²	17 138.57	212.00
7	外墙仿石涂料	m²	15 892.01	120.00
8	水下混凝土 C35 塌落度 180~220 mm（不含泵送费）	m²	13 033.55	356.44
9	泵送商品混凝土 5-25 石子 C30 塌落度（12±1）cm（不含泵送费）	m²	13 509.10	324.94
10	泵送商品混凝土 5-25 石子 C35 塌落度（12±1）cm（不含泵送费）	m²	12 342.89	342.94
11	动力配电柜 MNG-E/G（改）XJG	台（块）	1.00	261 121.57
12	实验动力配电柜 MNG-E/G（改）365KW CP7	台（块）	1.00	96 122.69
13	实验动力配电柜 MNG-E/G（改）365KW CP8	台（块）	1.00	95 585.92
14	排烟风机双电源动力配电柜 MNG-E/G（改）138 kW CPER-PY	台（块）	1.00	100 608.26
15	保护装置 有源谐波滤波柜 DNSINAF0.4/75-3P4L-W	台（块）	2.00	169 884.00
16	保护装置 有源谐波滤波柜 DNSINAF0.4/100-3P4L-W	台（块）	3.00	226 512.00
17	电力电缆 WDZA-YJY-4×240+E120 mm²	台（块）	3 969.42	620.68
18	拼装式不锈钢 SUS316 水箱（含水箱附件、防虫网）14 m×4 m×2.5 m（分为二格）	台	1.00	166 692.00

续表

序号	名称	单位	数量	单价（元）
19	恒压变频供水设备 BTG-3H-144/58-3SPZ	台	1.00	229 120.00
20	屋顶式风冷热泵型空调机组（含减振）风量 20 000 m³/h	台	2.00	181 810.00
21	客梯 8 层 8 站	部	3.00	228 000.00
22	客梯 9 层 9 站	部	2.00	246 000.00
23	货梯 7 层 7 站 3 t	部	1.00	270 000.00
24	货梯 9 层 9 站 3 t	部	1.00	285 000.00

● 实验楼 案例 5 重庆市-大学实验楼

表 1 单项工程概况及特征表

单体工程特色：装配式/绿色/节能/仿生等

项目类别	新建	建筑面积（m²）	47 834.58	地上层数（层）	5
工程类型	大学实验楼	地上建筑面积（m²）	43 766.97	地下层数（层）	1
项目地点	重庆市	地下建筑面积（m²）	4 067.61	檐口高（m）	31.50
容积率	—	首层建筑面积（m²）	3 057.07	基础埋深（m）	2.00~3.00，8.00~10.00
日期	2018-04	造价阶段	控制价	计价方式	清单计价
结构类型	框架结构	抗震设防烈度	6 度	抗震等级	二级/三级
场地类别	二类	建设地点级别	城市	装修类别	精装
层高	地下室层高 5.40 m，首层层高 4.50 m，标准层层高 4.50 m				
建筑工程	桩基工程	人工挖孔桩			
	土石方工程	坑槽土石方			
	基础工程	C30 带形基础、独立基础			
	砌筑工程	页岩空心砖、厚壁型空心砖			
	防水工程	JS 防水涂膜、BAC 自粘防水卷材、橡胶沥青防水涂料、聚合物水泥基			
	钢筋混凝土工程	C20-C40，C30P6			
	保温工程	垂直纤维岩棉板、泡沫混凝土及挤塑聚苯保温板			
	外装饰工程	玻璃幕墙、干挂石材、真石漆			
	模板、脚手架工程	复合模板			
	垂直运输工程	塔吊垂直运输			
	楼地面工程	耐磨地坪、防滑砖			

续表

装饰工程	内墙柱面工程	无机涂料、乳胶漆
	天棚工程	硅钙板、铝扣板及乳胶漆
	门窗工程	隔热中空铝合金窗、成品套装门及防火门
	电气安装	配电系统（低压配电柜出线起、电缆沟），照明（PC 管）、插座系统（PC 管），应急照明系统（SC 管），防雷接地系统，专业工程暂估（抗震支架、综合楼中央空调、电梯工程、电动伸缩门、燃气工程、送配电工程）
安装工程	给排水工程	给水系统（PSP 钢塑复合管），排水系统（聚丙烯静音排水管、UPVC 塑料排水管、柔性铸铁排水管、焊接钢管），洁具、附件
	消防工程	消火栓系统（内外涂塑复合钢管、消火栓、阀门、灭火器），喷淋系统（内外涂塑复合钢管、阀门、喷头），火灾报警系统（管线、报警设备），防火门监控系统，求救呼叫系统，CO 浓度探测，可燃气体报警器，气体灭火（七氟丙烷气体灭火柜）
	通风空调工程	防排烟工程（排烟离心风机、消防混流风机、钢质风阀、铝合金百叶风口、排烟口），卫生间通风（通风器、镀锌钢板风管、铝合金百叶风口），电动挡烟垂壁
	建筑智能化工程	综合布线（预埋 PVC 管、桥架）

表 2　工程造价指标表

序号	项目名称	金额（元）	单方指标（元/m²）	占比指标（%）
	工程费用	154 704 167.42	3 234.15	100.00
1	房屋建筑与装饰工程	82 374 708.38	1 722.07	53.25
1.1	土石方工程	279 108.98	5.83	0.18
1.2	地基处理及支护工程	—	—	—
1.3	桩基工程	781 475.06	16.34	0.51

序号	项目名称	金额（元）	单方指标 （元/m²）	占比指标（%）
1.4	砌筑工程	4 864 604.44	101.70	3.14
1.5	混凝土工程（含钢筋）	27 579 293.85	576.56	17.83
1.6	金属结构工程	822 338.65	17.19	0.53
1.7	木结构工程	—	—	—
1.8	门窗工程	6 904 543.60	144.34	4.46
1.9	屋面及防水工程	4 101 592.14	85.75	2.65
1.10	保温、隔热及防腐工程	3 464 839.54	72.43	2.24
1.11	楼地面装饰	2 218 237.65	46.37	1.43
1.12	内墙、柱面装饰	3 357 426.65	70.19	2.17
1.13	外墙、柱面装饰	1 651 771.00	34.53	1.07
1.14	顶棚装饰	370 552.12	7.75	0.24
1.15	油漆、涂料工程	408 299.10	8.54	0.26
1.16	其他工程	792 118.04	16.56	0.51
1.17	模板及支架工程	8 953 140.44	187.17	5.79
1.18	脚手架工程	2 068 310.27	43.24	1.34
1.19	垂直运输工程	1 358 741.24	28.40	0.88
1.20	安全文明及其他措施项目费	3 954 994.64	82.68	2.56
1.21	规费	1 617 105.03	33.81	1.05
1.22	税金	6 826 215.95	142.70	4.41
2	单独装饰工程	29 375 404.01	614.10	18.99
2.1	室内装饰工程	15 468 708.51	323.38	10.00
2.1.1	楼地面装饰	2 464 825.77	51.53	1.59
2.1.2	内墙、柱装饰	4 472 412.58	93.50	2.89
2.1.3	顶棚装饰	2 462 489.15	51.48	1.59
2.1.4	油漆、涂料工程	—	—	—
2.1.5	隔断	323 886.40	6.77	0.21
2.1.6	其他内装饰工程	1 227 587.97	25.66	0.79
2.1.7	措施项目费	2 385 800.97	49.88	1.54
2.1.8	规费	637 865.76	13.33	0.41

序号	项目名称	金额（元）	单方指标（元/m²）	占比指标（%）
2.1.9	税金	1 493 839.91	31.23	0.97
2.2	幕墙工程	13 906 695.50	290.72	8.99
2.2.1	石材幕墙	13 906 695.50	290.72	8.99
3	房屋安装工程	42 954 055.02	897.97	27.77
3.1	电气工程	37 254 485.23	778.82	24.08
3.1.1	配电装置	27 710 000.00	579.29	17.91
3.1.2	控制设备及低压电器	953 431.12	19.93	0.62
3.1.3	电缆安装	1 820 854.90	38.07	1.18
3.1.4	防雷及接地装置	288 343.41	6.03	0.19
3.1.5	配管配线	1 485 308.32	31.05	0.96
3.1.6	照明器具	430 178.44	8.99	0.28
3.1.7	附属工程	111 771.18	2.34	0.07
3.1.8	措施项目费	529 541.80	11.07	0.34
3.1.9	规费	172 805.74	3.61	0.11
3.1.10	税金	3 752 250.31	78.44	2.43
3.2	建筑智能化工程	1 046 862.29	21.89	0.68
3.2.1	计算机应用、网络系统工程	—	—	—
3.2.2	综合布线系统工程	752 827.20	15.74	0.49
3.2.3	措施项目费	135 313.17	2.83	0.09
3.2.4	规费	53 282.57	1.11	0.03
3.2.5	税金	105 439.36	2.20	0.07
3.3	通风空调工程	992 520.15	20.75	0.64
3.3.1	通风系统	793 049.77	16.58	0.51
3.3.2	措施项目费	68 442.75	1.43	0.04
3.3.3	规费	31 061.57	0.65	0.02
3.3.4	税金	99 966.06	2.09	0.06
3.4	消防工程	1 832 952.14	38.32	1.18
3.4.1	水灭火系统	655 599.61	13.71	0.42
3.4.2	气体灭火系统	32 520.67	0.68	0.02

序号	项目名称	金额（元）	单方指标（元/m²）	占比指标（%）
3.4.3	火灾自动报警系统	729 578.35	15.25	0.47
3.4.4	措施项目费	159 991.10	3.34	0.10
3.4.5	规费	70 648.52	1.48	0.05
3.4.6	税金	184 613.89	3.86	0.12
3.5	给排水工程	1 827 235.21	38.20	1.18
3.5.1	给水工程	1 061 127.22	22.18	0.69
3.5.2	热水工程	432 979.16	9.05	0.28
3.5.3	措施项目费	104 912.22	2.19	0.07
3.5.4	规费	44 178.53	0.92	0.03
3.5.5	税金	184 038.08	3.85	0.12

表3 工程量指标表

序号	工程量名称	单位	数量	单位指标（m²）
一、房屋建筑工程				
1	土石方开挖量	m³	3 470.60	0.07
2	土石方回填量	m³	3 000.75	0.06
3	桩	m³	1 007.52	0.02
4	砌体	m³	8 554.15	0.18
5	混凝土	m³	25 615.42	0.54
5.1	基础混凝土	m³	3 330.21	0.07
5.2	墙、柱混凝土	m³	4 246.28	0.09
5.3	梁板混凝土	m³	12 315.78	0.26
5.4	二次结构混凝土	m³	5 723.15	0.12
6	钢筋	t	3 298.06	0.07
7	模板	m²	123 553.74	2.58
8	门	m²	2 194.16	0.05
9	窗	m²	10 360.96	0.22
10	外墙保温	m²	18 720.41	0.39

续表

序号	工程量名称	单位	数量	单位指标（m²）
二、房屋装饰工程				
1	楼地面	m²	36 783.22	0.77
2	天棚装饰	m²	48 926.19	1.02
3	内墙装饰	m²	63 551.54	1.33
4	外墙装饰	m²	41 492.45	0.87

表 4　消耗量指标表

序号	消耗量指标	单位	数量	单位指标（m²）
一、房屋建筑工程				
1	人工费	元	17 945 324.15	375.15
1.1	综合用工	工日	119 828.28	2.51
2	材料费	元	44 127 900.02	922.51
2.1	钢筋	t	3 345.43	0.07
2.2	型钢	t	25.17	0.00
2.3	水泥	t	1 693.79	0.04
2.4	商品混凝土	m³	26 034.41	0.54
3	机械费	元	2 604 801.36	54.45
二、房屋装饰工程				
1	人工费	元	8 637 710.17	180.57
1.1	综合用工	工日	35 451.87	0.74
2	材料费	元	17 925 389.71	374.74
2.1	水泥	t	318.85	0.01
2.2	混凝土	m³	1 821.15	0.04
3	机械费	元	1 054 189.78	22.04
三、房屋安装工程				
1	人工费	元	2 310 079.74	48.29
1.1	综合用工	工日	17 871.72	0.37
2	材料费	元	6 866 236.71	143.54
2.1	主材费	元	6 258 408.17	130.83
3	机械费	元	241 782.82	5.05
4	设备费	元	90 745.11	1.90

表5 主要材料、设备明细表

序号	名称	单位	数量	单价（元）
1	钢材	t	3 345.43	3 863.03
2	水泥 M32.5	t	1 693.79	410.00
3	商品混凝土 综合	m³	26 034.42	433.71
4	锯材	m³	834.86	1 681.00
5	砂	t	3 383.34	121.00
6	石子	t	160.10	90.00
7	标准砖	千块	3 807.59	383.41

● 体育馆 案例6 天津市-大学体育馆

表1 单项工程概况及特征表

单体工程特色：装配式/绿色/节能/仿生等

项目类别	新建	建筑面积（m²）	17 100.00	地上层数（层）	3
工程类型	大学体育馆	地上建筑面积（m²）	17 100.00	地下层数（层）	0
项目地点	天津市	地下建筑面积（m²）	0.00	檐口高度（m）	27.50
容积率	2.02	首层建筑面积（m²）	8 460	基础埋深（m）	2.10
日期	2015-05	造价阶段	控制价	计价方式	清单计价
结构类型	框架/钢结构	抗震设防烈度	7度	抗震等级	二级
场地类别	三类	建设地点级别	城市	装修类别	精装
层高	首层层高5.10 m，2层层高5.60 m，3层层高5.50 m，4层层高4.00~10.80 m				
建筑工程	桩基工程	采用的桩基础，本控制价不含			
	土石方工程	挖土方采用挖沟槽土方			
	基础工程	主体采用C35桩承台基础，局部采用C35P6满堂基础			
	砌筑工程	隔墙采用陶粒混凝土砌块墙和蒸压加气混凝土砌块墙，局部有隔音砌块墙，基础页岩砖墙			
	防水工程	屋面为铝镁锰金属板防水保温屋面、膜结构屋面和花岗岩屋面（采用3 mm厚高聚物改性沥青防水卷材和1.5 mm厚喷涂速凝液体橡胶以及1.2 mm厚水泥基渗透结晶性防水涂料）；地面采用1.5 mm厚聚氨酯防水涂料，墙体采用聚合物防水砂浆			
	钢筋混凝土工程	主体采用框架结构，屋面为索穹顶			
	保温工程	100 mm厚岩棉保温板、50 mm厚岩棉保温板			
	外装饰工程	外墙采用银白色铝板复合墙面和干挂石材外墙面，局部采用丙烯酸涂料外墙面和玻璃幕墙			
	模板、脚手架工程	模板采用常规木模板，脚手架采用综合脚手架			
	垂直运输工程	垂直运输采用工日计取，建筑檐高30.00 m以内			

续表

建筑工程	楼地面工程	地面采用实木地板、PVC 卷材地面、防滑地砖及大理石地面；楼面采用水泥砂浆楼面、地砖楼面、花岗岩楼梯面及低温辐射采暖防水楼面等
装饰工程	内墙柱面工程	内墙采用水泥砂浆墙面、仿大理石瓷砖（防水）墙面、纤维硅酸盐板材吸音墙面、木纹增强水泥纤维板等
	天棚工程	顶棚采用乳胶漆顶棚、铝合金条板吊顶、纤维硅酸盐板材吸引顶棚、石材蜂窝板顶棚及丙烯酸涂料顶棚等
	门窗工程	门采用木质甲、乙、丙级防火门，特级防火卷帘门，断热铝合金玻璃门等；窗采用铝合金阳光板窗、甲级防火窗等，铝合金的玻璃幕墙
	电气安装	电气系统包括：0.4 kV 配电系统、电气照明系统、接地与安全防护、建筑物防雷系统、火灾自动报警系统、综合布线系统及电话系统、有线电视系统、安防监控系统、内场广播系统、楼宇控制系统和体育工艺等。其中体育工艺包括：计时计分及显示屏控制系统、智能升旗系统和场地扩声系统等
安装工程	给排水工程	给水系统日最高用水量 34.55 m³，采用下行上给方式。中水系统日最高用水量 84.03 m³，采用下行上给方式。热水系统一层运动员休息室设有集中淋浴，生活热水采用电热水器供应。排水系统采用污废合流、雨污分流的排水体制
	消防工程	本工程室外消火栓用水量为 40 L/s。室外消防用水由校园环状给水管网直接提供。室内消火栓系统采用水泵、水箱联合供水方式；室内消火栓用水量为 23 L/s。水源由消防水池供给；消火栓供水水泵设于一层消防泵房内。本工程设置自动喷水灭火系统，火灾危险等级为中危险级 I 级，自动喷水灭火系统采用水泵、水箱联合供水方式。水源由消防水池供给，喷淋供水泵设于一层消防泵房内
	采暖工程	本工程集中供暖系统采用下供下回的异程系统，在二层周边门厅设置地面辐射供暖系统，热源由地源热泵机房提供

安装工程	通风空调工程	通风系统为机械通风，制冷机房设独立的通风系统，二层门厅出入口设贯流空气幕。空调系统的冷热源由设置在首层制冷机房内的两台螺杆式地源热泵机组提供。空调系统包含篮球馆内空调系统、训练馆内空调系统、中间附属房间空调系统、空调水系统，并在机房内预留分体空调
	建筑智能化工程	包含智能照明控制系统、智能火灾探测系统、智能升旗系统等
备注	—	主体采用框架结构，屋盖采用索穹顶结构形式，屋面外墙采用玻璃幕墙，屋面为铝镁锰金属板防水保温屋面和膜结构屋面，室内精装修，含两部无障碍电梯

表 2　工程造价指标表

序号	项目名称	金额（元）	单方指标（元/m²）	占比指标（%）
	工程费用	128 131 858.00	7 493.09	100.00
1	房屋建筑与装饰工程	90 061 620.00	5 266.76	70.30
1.1	土石方工程	542 150.00	31.70	0.40
1.2	地基处理及支护工程	—	—	—
1.3	桩基工程	—	—	—
1.4	砌筑工程	1 634 016.00	95.56	1.30
1.5	混凝土工程	7 274 558.00	425.41	5.70
1.6	钢筋工程	8 190 105.00	478.95	6.40
1.7	金属结构工程	32 858 186.00	1 921.53	25.60
1.8	木结构工程	—	—	—
1.9	门窗工程	895 810.00	52.39	0.70
1.10	屋面及防水工程	1 729 787.00	101.16	1.40
1.11	保温、隔热及防腐工程	1 392 621.00	81.44	1.10
1.12	楼地面装饰	2 294 043.00	134.15	1.80
1.13	内墙、柱面装饰	1 492 064.00	87.26	1.20
1.14	外墙、柱面装饰	9 646 482.00	564.12	7.50

序号	项目名称	金额（元）	单方指标（元/m²）	占比指标（%）
1.15	顶棚装饰	1 775 792.00	103.85	1.40
1.16	油漆、涂料工程	—	—	—
1.17	隔断	370 040.00	21.64	0.30
1.18	其他工程	1 171 030.00	68.48	0.90
1.19	预制构件工程	—	—	—
1.20	模板及支架工程	11 030 456.00	645.06	8.60
1.21	脚手架工程	1 070 797.00	62.62	0.80
1.22	垂直运输工程	482 318.00	28.21	0.40
1.23	施工排水、降水工程	73 148.00	4.28	0.10
1.24	安全文明及其他措施项目费	3 003 810.00	175.66	2.30
1.25	税金	3 134 407.00	183.30	2.40
2	单独装饰工程	14 384 770.00	841.21	11.20
2.1	室内装饰工程	12 012 640.00	702.49	9.40
2.1.1	楼地面装饰	4 351 498.00	254.47	3.40
2.1.2	内墙、柱装饰	4 039 262.00	236.21	3.20
2.1.3	顶棚装饰	1 988 299.00	116.27	1.60
2.1.4	隔断	1 991.00	0.12	0.00
2.1.5	其他内装饰工程	678 253.00	39.66	0.50
2.1.6	措施项目费	545 991.00	31.93	0.40
2.1.7	税金	407 346.00	23.82	0.30
2.2	幕墙工程	2 372 130.00	138.72	1.90
2.2.1	玻璃幕墙	2 372 130.00	138.72	1.90
3	房屋安装工程	22 960 898.00	1 342.74	17.90
3.1	电气工程	12 861 355.00	752.13	10.00
3.1.1	配电装置	2 455 515.00	143.60	1.90
3.1.2	控制设备及低压电器	3 818 264.00	223.29	3.00
3.1.3	电机检查接线及调试	13 110.00	0.77	0.00
3.1.4	电缆安装	3 110 821.00	181.92	2.00
3.1.5	防雷及接地装置	287 283.00	16.80	0.20

序号	项目名称	金额（元）	单方指标（元/m²）	占比指标（%）
3.1.6	配管配线	1 506 668.00	88.11	1.20
3.1.7	照明器具	719 345.00	42.07	0.60
3.1.8	电气调整试验	122 307.00	7.15	0.10
3.1.9	措施项目费	391 917.00	22.92	0.30
3.1.10	税金	436 125.00	25.50	0.30
3.2	建筑智能化工程	60 909.00	3.56	0.00
3.2.1	安全防范系统工程	56 638.00	3.31	0.00
3.2.2	措施项目费	2 206.00	0.13	0.00
3.2.3	税金	2 065.00	0.12	0.00
3.3	通风空调工程	2 346 207.00	137.21	1.80
3.3.1	通风系统	474 068.00	27.72	0.40
3.3.2	防排烟系统	1 704 575.00	99.68	1.30
3.3.3	空调水系统	4 482.00	0.26	0.00
3.3.4	措施项目费	89 052.00	5.21	0.10
3.3.5	税金	74 030.00	4.33	0.10
3.4	消防工程	5 973 214.00	349.31	4.70
3.4.1	水灭火系统	1 681 257.00	98.32	1.30
3.4.2	火灾自动报警系统	3 877 898.00	226.78	3.00
3.4.3	措施项目费	225 650.00	13.20	0.20
3.4.4	税金	188 409.00	11.02	0.10
3.5	给排水工程	1 465 986.00	85.73	1.10
3.5.1	给水工程	642 449.00	37.57	0.50
3.5.2	排水工程	473 285.00	27.68	0.40
3.5.3	雨水工程	191 379.00	11.19	0.10
3.5.4	压力排水工程	16 330.00	0.95	0.00
3.5.5	措施项目费	75 898.00	4.44	0.10
3.5.6	税金	66 645.00	3.90	0.10
3.6	采暖工程	253 227.00	14.81	0.20
3.6.1	采暖管道	68 882.00	4.03	0.10

序号	项目名称	金额（元）	单方指标（元/m²）	占比指标（%）
3.6.2	支架	6 477.00	0.38	0.00
3.6.3	管道附件	30 761.00	1.80	0.00
3.6.4	采暖设备	124 165.00	7.26	0.10
3.6.5	采暖工程系统调试	6 364.00	0.37	0.00
3.6.6	措施项目费	7 991.00	0.47	0.00
3.6.7	税金	8 587.00	0.50	0.00
4	设备采购	724 570.00	42.37	1.00
4.1	电梯采购安装	724 570.00	42.37	1.00

表3　工程量指标表

序号	工程量名称	单位	数量	单位指标（m²）
一、房屋建筑工程				
1	土石方开挖量	m³	4 084.82	0.24
2	土石方回填量	m³	2 058.51	0.12
3	桩	m³	—	—
4	砌体	m³	2 847.53	0.17
5	混凝土	m³	9 408.29	0.55
5.1	基础混凝土	m³	1 471.66	0.09
5.2	墙、柱混凝土	m³	2 640.55	0.15
5.3	梁板混凝土	m³	5 210.92	0.30
5.4	二次结构混凝土	m³	85.16	0.00
6	钢筋	t	1 512.74	0.09
7	模板	m²	10 910.00	0.64
8	门	m²	595.15	0.03
9	窗	m²	335.62	0.02
10	屋面	m²	3 354.03	0.20
11	外墙保温	m²	7 338.71	0.43
二、房屋装饰工程				
1	楼地面	m²	9 413.97	0.55
2	天棚装饰	m²	7 182.86	0.42

续表

序号	工程量名称	单位	数量	单位指标（m²）
3	内墙装饰	m²	11 759.37	0.69
4	外墙装饰	m²	14 736.55	0.86
5	幕墙	m²	2 372.13	0.14

表4 消耗量指标表

序号	消耗量指标	单位	数量	单位指标（m²）
一、房屋建筑工程				
1	人工费	元	10 820 482.60	632.78
1.1	综合用工	工日	106 966.52	6.26
2	材料费	元	16 306 933.54	953.62
2.1	钢筋	t	1 538.98	0.09
2.2	型钢	t	446.56	0.03
2.3	水泥	t	162.79	0.01
2.4	商品混凝土	m³	10 174.14	0.59
3	机械费	元	1 589 193.10	92.94
二、房屋装饰工程				
1	人工费	元	4 765 160.58	278.66
1.1	综合用工	工日	40 030.26	2.34
2	材料费	元	21 760 957.89	1 272.57
2.1	水泥	t	131 953.37	7.72
2.2	混凝土	m³	1 206.45	0.07
3	机械费	元	220 609.43	12.90
三、房屋安装工程				
1	人工费	元	3 509 527.24	205.24
1.1	综合用工	工日	28 618.77	1.67
2	材料费	元	1 132 223.49	66.21
2.1	主材费	元	464 397.35	27.16
3	机械费	元	66 695.77	3.90
4	设备费	元	8 418 403.28	492.30

表5　主要材料、设备明细表

序号	名称	单位	数量	单价（元）
1	预拌混凝土 AC35	m³	8 978.21	435.60
2	螺纹钢（新三级）HRB400 20~25 mm	t	643.35	3 033.83
3	螺纹钢（新三级）HRB400 10 mm	t	302.19	4 490.60
4	钢筋 D10 以内	t	339.40	3 044.29
5	螺纹钢（新三级）HRB400 12~14 mm	t	129.44	4 499.60
6	山东白麻火烧面花岗岩 厚 30 mm	m²	3 245.76	170.00
7	厚岩棉板 厚 100 mm	m²	5 102.02	90.00
8	陶粒混凝土砌块	m³	1 871.14	210.00
9	预拌混凝土 AC15	m³	402.31	371.46
10	预拌混凝土 AC20	m³	682.76	393.46
11	载货汽车 6 t	台班	473.51	445.75
12	混凝土输送泵车 75 m³/h	台班	98.82	2 066.75
13	自卸汽车	台班	276.16	557.43
14	汽车式起重机 8 t	台班	192.11	720.87
15	镀锌扁钢 60×6	t	2.29	4 192.08
16	焊锡	kg	140.21	66.00
17	EPS11 SKES-F-75 kW 60 min 配置 2 台电池柜	台	4.00	338 086.00
18	EPS 90 min SKEPS-F-3 kW	台	12.00	21 780.00
19	三相插座箱	台	87.00	1 500.00
20	配电箱 APECD 800×600×2 200	台	1.00	86 729.00
21	配电箱 CD11-2 800×600×2 200	台	1.00	81 861.00
22	配电箱 CD12-2 800×600×2 200	台	1.00	81 861.00
23	配电箱 CD21-2 800×600×2 200	台	1.00	81 861.00
24	配电箱 CD22-2 800×600×2 200	台	1.00	81 861.00
25	EPS 90 min SKEPS-F-4 kW	台	3.00	24 338.00
26	配电箱 CD11-1 800×600×2 200	台	1.00	58 071.00

• 食堂　案例 7　重庆市-大学食堂

表 1　单项工程概况及特征表

单体工程特色：装配式/绿色/节能/仿生等

项目类别	新建	建筑面积（m²）	8 222.89	地上层数（层）	3
工程类型	大学食堂	地上建筑面积（m²）	8 222.89	地下层数（层）	0
项目地点	重庆市	地下建筑面积（m²）	0.00	檐口高度（m）	13.5
容积率	—	首层建筑面积（m²）	2 822.08	基础埋深（m）	2.00~3.00
日期	2018-04	造价阶段	控制价	计价方式	清单计价
结构类型	框架结构	抗震设防烈度	6 度	抗震等级	三级
场地类别	一类	建设地点级别	城市	装修类别	精装
层高	首层层高 4.50 m，标准层层高 4.50 m				
建筑工程	基础工程	C30 带形基础、独立基础			
	砌筑工程	页岩空心砖、厚壁型空心砖			
	防水工程	JS 防水涂膜、BAC 自粘防水卷材、橡胶沥青防水涂料、聚合物水泥基			
	钢筋混凝土工程	C20-C40，C30P6			
	保温工程	垂直纤维岩棉板、全轻混凝土及挤塑聚苯保温板			
	外装饰工程	玻璃幕墙、干挂石材、真石漆			
	模板、脚手架工程	复合模板			
	垂直运输工程	塔吊垂直运输			
	楼地面工程	水磨石、防滑砖			
装饰工程	内墙柱面工程	无机涂料、乳胶漆			
	天棚工程	硅钙板、铝扣板及乳胶漆			
	门窗工程	隔热中空铝合金窗、成品套装门及防火门			
	电气安装	配电系统（低压配电柜出线起），照明（PC 管），插座系统（PC 管），应急照明系统（SC 管），防雷接地系统			

安装工程	给排水工程	给水系统（PSP 钢塑复合管），排水系统（聚丙烯静音排水管、UPVC 塑料排水管、焊接钢管），洁具，附件
	消防工程	消火栓系统（内外涂塑复合钢管、消火栓、阀门、灭火器），喷淋系统（内外涂塑复合钢管、阀门、喷头），火灾报警系统（管线、报警设备），可燃气体探测、防火门监控系统，求救呼叫系统
	通风空调工程	防排烟工程（轴流式消防排烟风机、双速混流防爆风机、低噪声离心防腐风机箱、钢质风阀、铝合金百叶风口、排烟口），卫生间通风（通风器、镀锌钢板风管、铝合金百叶风口），电动挡烟垂壁
	建筑智能化工程	综合布线（预埋 PVC 管、桥架）

表2 工程造价指标表

序号	项目名称	金额（元）	单方指标（元/m²）	占比指标（%）
	工程费用	18 805 346.12	2 286.95	100.00
1	房屋建筑与装饰工程	12 007 777.31	1 460.29	63.85
1.1	土石方工程	86 298.24	10.49	0.46
1.2	地基处理及支护工程	—	—	—
1.3	桩基工程	—	—	—
1.4	砌筑工程	612 622.16	74.50	3.26
1.5	混凝土工程（含钢筋）	3 364 611.10	409.18	17.89
1.6	金属结构工程	120 761.92	14.69	0.64
1.7	木结构工程	—	—	—
1.8	门窗工程	641 377.10	78.00	3.41
1.9	屋面及防水工程	1 086 042.81	132.08	5.78
1.10	保温、隔热及防腐工程	568 889.74	69.18	3.03
1.11	楼地面装饰	294 042.26	35.76	1.56
1.12	内墙、柱面装饰	394 587.73	47.99	2.10
1.13	外墙、柱面装饰	422 257.05	51.35	2.25
1.14	顶棚装饰	31 494.30	3.83	0.17

序号	项目名称	金额（元）	单方指标（元/m²）	占比指标（%）
1.15	油漆、涂料工程	—	—	—
1.16	隔断	—	—	—
1.17	其他工程	1 105 843.13	134.48	5.88
1.18	预制构件工程	—	—	—
1.19	模板及支架工程	1 219 828.29	148.35	6.49
1.20	脚手架工程	242 856.46	29.53	1.29
1.21	垂直运输工程	240 840.72	29.29	1.28
1.22	施工排水、降水工程	—	—	—
1.23	安全文明及其他措施项目费	475 320.50	57.80	2.53
1.24	规费	213 443.82	25.96	1.14
1.25	税金	886 660.00	107.83	4.71
2	单独装饰工程	3 852 411.86	468.50	20.49
2.1	室内装饰工程	3 852 411.86	468.50	20.49
2.1.1	楼地面装饰	929 846.95	113.08	4.94
2.1.2	内墙、柱装饰	1 121 193.66	136.35	5.96
2.1.3	顶棚装饰	483 442.86	58.79	2.57
2.1.4	油漆、涂料工程	—	—	—
2.1.5	隔断	75 167.80	9.14	0.40
2.1.6	其他内装饰工程	139 949.65	17.02	0.74
2.1.7	措施项目费	543 394.71	66.08	2.89
2.1.8	规费	179 038.84	21.77	0.95
2.1.9	税金	380 377.39	46.26	2.02
2.2	幕墙工程	—	—	—
3	房屋安装工程	2 945 156.95	358.17	15.66
3.1	电气工程	1 315 205.36	159.94	6.99
3.1.1	控制设备及低压电器	127 394.67	15.49	0.68
3.1.2	电缆安装	474 910.90	57.75	2.53
3.1.3	防雷及接地装置	57 254.23	6.96	0.30
3.1.4	配管配线	304 555.57	37.04	1.62

序号	项目名称	金额（元）	单方指标（元/m²）	占比指标（%）
3.1.5	照明器具	85 876.60	10.44	0.46
3.1.6	附属工程	14 337.65	1.74	0.08
3.1.7	措施项目费	88 312.47	10.74	0.47
3.1.8	规费	30 096.55	3.66	0.16
3.1.9	税金	132 466.73	16.11	0.70
3.2	建筑智能化工程	64 507.14	7.84	0.34
3.2.1	综合布线系统工程	48 706.37	5.92	0.26
3.2.2	措施项目费	6 569.44	0.80	0.03
3.2.3	规费	2 734.21	0.33	0.01
3.2.4	税金	6 497.12	0.79	0.03
3.3	通风空调工程	438 351.00	53.31	2.33
3.3.1	防排烟系统	367 301.51	44.67	1.95
3.3.2	措施项目费	18 166.86	2.21	0.10
3.3.3	规费	8 732.17	1.06	0.05
3.3.4	税金	44 150.46	5.37	0.23
3.4	消防工程	820 131.60	99.74	4.36
3.4.1	水灭火系统	412 379.52	50.15	2.19
3.4.2	火灾自动报警系统	218 668.77	26.59	1.16
3.4.3	措施项目费	72 523.19	8.82	0.39
3.4.4	规费	33 956.94	4.13	0.18
3.4.5	税金	82 603.18	10.05	0.44
3.5	给排水工程	306 961.85	37.33	1.63
3.5.1	给水工程	163 359.73	19.87	0.87
3.5.2	排水工程	81 116.36	9.86	0.43
3.5.3	措施项目费	21 890.21	2.66	0.12
3.5.4	规费	9 678.54	1.18	0.05
3.5.5	税金	30 917.02	3.76	0.16

表3　工程量指标表

序号	工程量名称	单位	数量	单位指标（m²）
一、房屋建筑工程				
1	土石方开挖量	m³	772.39	0.09
2	土石方回填量	m³	1 620.14	0.20
3	桩	m³	—	—
4	砌体	m³	1 205.41	0.15
5	混凝土	m³	3 273.06	0.40
5.1	基础混凝土	m³	302.13	0.04
5.2	墙、柱混凝土	m³	305.07	0.04
5.3	梁板混凝土	m³	1 789.41	0.22
5.4	二次结构混凝土	m³	876.45	0.11
6	钢筋	t	371.78	0.05
7	模板	m²	19 368.81	2.36
8	门	m²	468.12	0.06
9	窗	m²	812.21	0.10
10	屋面	m²	—	—
11	外墙保温	m²	2 799.81	0.34
二、房屋装饰工程				
1	楼地面	m²	7 766.31	0.94
2	天棚装饰	m²	8 920.41	1.08
3	内墙装饰	m²	10 754.04	1.31
4	外墙装饰	m²	4 967.73	0.60

表4　消耗量指标表

序号	消耗量指标	单位	数量	单位指标（m²）
一、房屋建筑工程				
1	人工费	元	2 329 943.85	283.35
1.1	综合用工	工日	15 410.89	1.87
2	材料费	元	5 895 015.16	716.90

序号	消耗量指标	单位	数量	单位指标（m²）
2.1	钢筋	t	378.31	0.05
2.2	水泥	t	373.91	0.05
2.3	商品混凝土	m³	3 303.69	0.40
3	机械费	元	417 429.74	50.76
二、房屋装饰工程				
1	人工费	元	1 654 571.04	201.22
1.1	综合用工	工日	10 207.17	1.24
2	材料费	元	2 465 457.37	299.83
2.1	水泥	t	131.91	0.02
3	机械费	元	133 939.62	16.29
三、房屋安装工程				
1	人工费	元	527 041.58	64.09
1.1	综合用工	工日	4 111.25	0.50
2	材料费	元	1 683 098.00	204.68
2.1	主材费	元	1 550 573.32	188.57
3	机械费	元	70 371.14	8.56
4	设备费	元	86 925.87	10.57

表5　主要材料、设备明细表

序号	名称	单位	数量	单价（元）
1	钢材	t	387.31	3 849.22
2	水泥 M32.5	t	373.91	410.00
3	商品混凝土 综合	m³	3 303.69	430.33
4	锯材	m³	126.25	1 681.00
5	砂	t	674.62	121.00
6	石子	t	168.20	90.00
7	标准砖	千块	227.90	407.54

● 学生公寓　案例 8　重庆市–大学宿舍

表 1　单项工程概况及特征表

单体工程特色：装配式/绿色/节能/仿生等

项目类别	新建	建筑面积（m²）	18 684.17	地上层数（层）	6
工程类型	大学宿舍	地上建筑面积（m²）	18 684.17	地下层数（层）	0
项目地点	重庆市	地下建筑面积（m²）	0.00	檐口高度（m）	21.60
容积率	—	首层建筑面积（m²）	3 274.27	基础埋深（m）	2.00~3.00
日期	2018-04	造价阶段	控制价	计价方式	清单计价
结构类型	框剪结构	抗震设防烈度	6 度	抗震等级	三级/四级
场地类别	一类	建设地点级别	城市	装修类别	精装
层高	首层层高 3.60 m，标准层层高 3.60 m				
建筑工程	土石方工程	人机综合开挖坑槽土石方			
	基础工程	C30 带形基础、独立基础			
	砌筑工程	厚壁型页岩空心砖、加气混凝土砌块、多孔砖			
	防水工程	JS 防水涂膜、BAC 自粘防水卷材、橡胶沥青防水涂料、聚合物水泥基			
	钢筋混凝土工程	C20-C40，C30P6			
	保温工程	垂直纤维岩棉板、泡沫混凝土及挤塑聚苯保温板			
	外装饰工程	玻璃幕墙、干挂石材、真石漆			
	模板、脚手架工程	复合模板			
	垂直运输工程	塔吊垂直运输			
	楼地面工程	水磨石、防滑砖			

装饰工程	内墙柱面工程	无机涂料、乳胶漆
	天棚工程	硅钙板、铝扣板及乳胶漆
	门窗工程	隔热中空铝合金窗、成品套装门及防火门
	电气安装	配电系统（低压配电柜出线起）、照明（PC 管）、插座系统（PC 管）、应急照明系统（SC 管）、防雷接地系统
安装工程	给排水工程	给水系统（PSP 钢塑复合管、PRC 保温复合管、容积式燃气热水器），排水系统（聚丙烯静音排水管、UPVC 塑料排水管、焊接钢管），洁具，附件
	消防工程	消火栓系统（内外涂塑复合钢管、消火栓、阀门、灭火器、水箱），火灾报警系统（管线、报警设备），防火门监控系统，求救呼叫系统
	通风空调工程	卫生间通风（通风器、镀锌钢板风管、铝合金百叶风口）
	建筑智能化工程	综合布线（预埋 PVC 管、桥架）

表 2 工程造价指标表

序号	项目名称	金额（元）	单方指标（元/m²）	占比指标（%）
	工程费用	53 105 950.11	2 842.30	100.00
1	房屋建筑与装饰工程	35 015 541.54	1 874.08	65.94
1.1	土石方工程	193 301.02	10.35	0.36
1.2	地基处理及支护工程	—	—	—
1.3	桩基工程	—	—	—
1.4	砌筑工程	2 532 359.47	135.54	4.77
1.5	混凝土工程（含钢筋）	8 641 226.13	462.49	16.27
1.6	金属结构工程	264 733.41	14.17	0.50
1.7	木结构工程	—	—	—
1.8	门窗工程	2 751 878.60	147.28	5.18
1.9	屋面及防水工程	2 092 964.59	112.02	3.94

续表

序号	项目名称	金额（元）	单方指标 （元/m²）	占比指标（%）
1.10	保温、隔热及防腐工程	2 251 171.09	120.49	4.24
1.11	楼地面装饰	530 128.10	28.37	1.00
1.12	内墙、柱面装饰	2 361 001.16	126.36	4.45
1.13	外墙、柱面装饰	2 152 229.75	115.19	4.05
1.14	顶棚装饰	67 943.66	3.64	0.13
1.15	油漆、涂料工程	—	—	—
1.16	隔断	—	—	—
1.17	其他工程	2 316 142.47	123.96	4.36
1.18	预制构件工程	—	—	—
1.19	模板及支架工程	3 473 365.04	185.90	6.54
1.20	脚手架工程	501 968.91	26.87	0.95
1.21	垂直运输工程	481 911.46	25.79	0.91
1.22	施工排水、降水工程	—	—	—
1.23	安全文明及其他措施项目费	1 303 539.31	69.77	2.45
1.24	规费	618 012.08	33.08	1.16
1.25	税金	2 481 665.28	132.82	4.67
2	单独装饰工程	9 178 530.96	491.25	17.28
2.1	室内装饰工程	9 178 530.96	491.25	17.28
2.1.1	楼地面装饰	2 208 333.12	118.19	4.16
2.1.2	内墙、柱装饰	2 712 111.21	145.16	5.11
2.1.3	顶棚装饰	925 536.81	49.54	1.74
2.1.4	其他内装饰工程	760 353.08	40.70	1.43
2.1.5	措施项目费	1 192 286.28	63.81	2.25
2.1.6	规费	455 454.10	24.38	0.86
2.1.7	税金	924 456.36	49.48	1.74
3	房屋安装工程	8 911 877.61	476.97	16.78
3.1	电气工程	3 489 422.54	186.76	6.57
3.1.1	控制设备及低压电器	231 654.39	12.40	0.44
3.1.2	电缆安装	779 682.09	41.73	1.47
3.1.3	防雷及接地装置	137 706.08	7.37	0.26

序号	项目名称	金额（元）	单方指标（元/m²）	占比指标（%）
3.1.4	配管配线	1 241 602.44	66.45	2.34
3.1.5	照明器具	184 723.76	9.89	0.35
3.1.6	附属工程	127 573.10	6.83	0.24
3.1.7	电气调整试验	1 045.07	0.06	0.00
3.1.8	措施项目费	323 831.49	17.33	0.61
3.1.9	规费	110 151.50	5.90	0.21
3.1.10	税金	351 452.64	18.81	0.66
3.2	建筑智能化工程	389 783.25	20.86	0.73
3.2.1	综合布线系统工程	294 590.45	15.77	0.55
3.2.2	措施项目费	39 495.84	2.11	0.07
3.2.3	规费	16 438.22	0.88	0.03
3.2.4	税金	39 258.74	2.10	0.07
3.3	通风空调工程	376 910.40	20.17	0.71
3.3.1	防排烟系统	282 614.61	15.13	0.53
3.3.2	通风空调工程系统调试	6 425.27	0.34	0.01
3.3.3	措施项目费	33 728.59	1.81	0.06
3.3.4	规费	16 179.75	0.87	0.03
3.3.5	税金	37 962.20	2.03	0.07
3.4	消防工程	793 701.38	42.48	1.49
3.4.1	水灭火系统	351 116.25	18.79	0.66
3.4.2	火灾自动报警系统	277 504.31	14.85	0.52
3.4.3	措施项目费	58 100.92	3.11	0.11
3.4.4	规费	27 038.75	1.45	0.05
3.4.5	税金	79 941.15	4.28	0.15
3.5	给排水工程	3 862 060.04	206.70	7.27
3.5.1	给水工程	2 233 890.83	119.56	4.21
3.5.2	排水工程	844 184.13	45.18	1.59
3.5.3	措施项目费	273 881.51	14.66	0.52
3.5.4	规费	121 119.10	6.48	0.23
3.5.5	税金	388 984.47	20.82	0.73

表 3 工程量指标表

序号	工程量名称	单位	数量	单位指标（m²）
一、房屋建筑工程				
1	土石方开挖量	m³	1 986.83	0.11
2	土石方回填量	m³	457.69	0.02
3	桩	m³	—	—
4	砌体	m³	4 994.00	0.27
5	混凝土	m³	8 397.31	0.45
5.1	基础混凝土	m³	851.31	0.05
5.2	墙、柱混凝土	m³	1 481.05	0.08
5.3	梁板混凝土	m³	4 462.14	0.24
5.4	二次结构混凝土	m³	1 602.81	0.09
6	钢筋	t	962.72	0.05
7	模板	m²	59 168.21	3.17
8	门	m²	4 493.34	0.24
9	外墙保温	m²	16 944.17	0.91
二、房屋装饰工程				
1	楼地面	m²	17 056.12	0.91
2	天棚装饰	m²	18 619.14	0.99
3	内墙装饰	m²	44 645.51	2.39
4	外墙装饰	m²	25 320.24	1.36

表 4 消耗量指标表

序号	消耗量指标	单位	数量	单位指标（m²）
一、房屋建筑工程				
1	人工费	元	7 232 737.61	387.11
1.1	综合用工	工日	46 491.61	2.49
2	材料费	元	17 156 815.23	918.25
2.1	钢筋	t	962.72	0.05
2.2	型钢	t	2.50	0.00
2.3	水泥	t	904.59	0.05

续表

序号	消耗量指标	单位	数量	单位指标（m²）
2.4	商品混凝土	m³	8 397.31	0.45
3	机械费	元	1 073 356.30	57.45
二、房屋装饰工程				
1	人工费	元	4 250 348.45	227.48
1.1	综合用工	工日	26 082.98	1.40
2	材料费	元	5 942 792.19	318.07
2.1	水泥	t	323.91	0.02
3	机械费	元	422 284.32	22.60
三、房屋安装工程				
1	人工费	元	1 784 091.37	95.49
1.1	综合用工	工日	13 977.86	0.75
2	材料费	元	4 794 660.36	256.62
2.1	主材费	元	4 280 763.86	229.11
3	机械费	元	206 728.82	11.06
4	设备费	元	48 123.90	2.58

表5 主要材料、设备明细表

序号	名称	单位	数量	单价（元）
1	钢材	t	965.22	3 849.78
2	水泥 M32.5	t	904.59	410.00
3	商品混凝土 综合	m³	8 397.31	429.86
4	锯材	m³	398.74	1 681.66
5	砂	t	1 593.80	121.00
6	石子	t	232.35	90.00
7	标准砖	千块	1 000.02	384.34

•学生公寓 案例9 武汉市-大学学生公寓

表1 单项工程概况及特征表

单体工程特色：装配式/绿色/节能/仿生等

项目类别	新建	建筑面积（m²）	5 707.56	地上层数（层）	6
工程类型	大学学生公寓	地上建筑面积（m²）	5 707.56	地下层数（层）	0
项目地点	武汉市	地下建筑面积（m²）	0.00	檐口高度（m）	20.00
容积率	—	首层建筑面积（m²）	1 222.87	基础埋深（m）	1.80
开/竣工日期	2018-12/2019-12	造价阶段	控制价	计价方式	清单计价
结构类型	框架结构	抗震设防烈度	7度	抗震等级	三级
场地类别	二类	建设地点级别	城市	装修类别	精装
层高	首层层高4.00 m，标准层层高3.20 m				
建筑工程	土石方工程	土方挖填			
	基础工程	独立基础、基础梁			
	砌筑工程	蒸压加气混凝土砌块、MU10蒸压灰砂砖			
	防水工程	SBS聚合物改性沥青防水卷材；有水房间采用聚氨酯防水涂料			
	钢筋混凝土工程	商品混凝土：C20、C25、C30、C35、C40；钢筋：HPB300、HRB400、HRB400E			
	保温工程	挤塑聚苯乙烯泡沫塑料板			
	外装饰工程	乳胶漆外墙、砖墙面外墙			
	模板、脚手架工程	九夹板模板、钢管脚手架			
	垂直运输工程	卷扬机施工			
	楼地面工程	地砖楼地面、石材楼地面、水泥砂浆楼地面			
装饰工程	内墙柱面工程	乳胶漆墙面、面砖墙面			
	天棚工程	乳胶漆、PVC格栅吊顶（少量）			
	门窗工程	塑钢窗、塑钢门联窗、木质防火门、钢制防盗门			
	电气安装	从一级配电箱后开始计算到末端，所有电缆、桥架、配管、配线及防雷接地系统，电梯配电箱出线除至电梯控制箱不在范围内			

安装工程	给排水工程	给水系统包含立管及管井支管阀门。排水系统包含所有排水立管，每个卫生间支管计算30.00 cm预留，热水系统太阳能设备、立管、支管。雨水立管及雨水漏斗
	消防工程	只计算随主体的预埋部分、火灾报警套管预埋计算到位
	建筑智能化工程	只计算套管的预埋
备注	—	本工程采用全费用综合单价形式、增值税计算税率

表2　工程造价指标表

序号	项目名称	金额（元）	单方指标（元/m²）	占比指标（%）
	工程费用	8 926 447.00	1 563.97	100.00
1	房屋建筑与装饰工程	8 117 755.56	1 422.28	90.94
1.1	土石方工程	52 481.86	9.20	0.59
1.2	地基处理及支护工程	—	—	—
1.3	桩基工程	—	—	—
1.4	砌筑工程	577 590.56	101.20	6.47
1.5	混凝土工程	1 168 481.17	204.73	13.09
1.6	钢筋工程	1 788 239.30	313.31	20.03
1.7	金属结构工程	—	—	—
1.8	木结构工程	—	—	—
1.9	门窗工程	748 269.27	131.10	8.38
1.10	屋面及防水工程	392 756.16	68.81	4.40
1.11	保温、隔热及防腐工程	232 285.38	40.70	2.60
1.12	楼地面装饰	809 695.40	141.86	9.07
1.13	内墙、柱面装饰	636 269.09	111.48	7.13
1.14	外墙、柱面装饰	144 454.88	25.31	1.62
1.15	顶棚装饰	18 283.98	3.20	0.20

序号	项目名称	金额（元）	单方指标（元/m²）	占比指标（%）
1.16	油漆、涂料工程	348 115.65	60.99	3.90
1.17	隔断	—	—	—
1.18	其他工程	86 750.24	15.20	0.97
1.19	预制构件工程	—	—	—
1.20	模板及支架工程	867 068.58	151.92	9.71
1.21	脚手架工程	154 052.99	26.99	1.73
1.22	垂直运输工程	81 503.96	14.28	0.91
1.23	施工排水、降水工程	—	—	—
1.24	安全文明及其他措施项目费	11 457.09	2.01	0.13
2	单独装饰工程	—	—	—
3	房屋安装工程	808 691.44	141.69	9.06
3.1	电气工程	484 630.38	84.91	5.43
3.1.1	控制设备及低压电器	79 725.08	13.97	0.89
3.1.2	电缆安装	19 210.48	3.37	0.22
3.1.3	防雷及接地装置	27 729.34	4.86	0.31
3.1.4	配管配线	336 002.33	58.87	3.76
3.1.5	照明器具	17 212.27	3.02	0.19
3.1.6	电气调整试验	823.00	0.14	0.01
3.1.7	措施项目费	3 927.88	0.69	0.04
3.2	给排水工程	324 061.06	56.78	3.63
3.2.1	给水工程	99 344.51	17.41	1.11
3.2.2	中水工程	—	—	—
3.2.3	热水工程	52 665.03	9.23	0.59
3.2.4	排水工程	153 528.39	26.90	1.72
3.2.5	雨水工程	14 618.38	2.56	0.16
3.2.6	措施项目费	3 904.75	0.68	0.04

表3 工程量指标表

序号	工程量名称	单位	数量	单位指标（m²）
一、房屋建筑工程				
1	土石方开挖量	m³	1 909.23	0.33
2	土石方回填量	m³	1 566.20	0.27
3	桩	m³	—	—
4	砌体	m³	1 310.19	0.23
5	混凝土	m³	1 997.21	0.35
5.1	基础混凝土	m³	415.28	0.07
5.2	墙、柱混凝土	m³	254.45	0.04
5.3	梁板混凝土	m³	1 160.69	0.20
5.4	二次结构混凝土	m³	166.79	0.03
6	钢筋	t	249.47	0.04
6.1	基础钢筋	t	9.21	0.00
6.2	墙、柱钢筋	t	42.81	0.01
6.3	梁板钢筋	t	172.86	0.03
6.4	二次结构钢筋	t	24.59	0.00
7	模板	m²	16 243.16	2.85
8	门	m²	663.68	0.12
9	窗	m²	744.06	0.13
10	屋面	m²	1 334.61	0.23
11	外墙保温	m²	442.01	0.08
二、房屋装饰工程				
1	楼地面	m²	5 859.71	1.03
2	天棚装饰	m²	5 747.54	1.01
3	内墙装饰	m²	14 631.17	2.56
4	外墙装饰	m²	3 597.72	0.63

表 4　消耗量指标表

序号	消耗量指标	单位	数量	单位指标（m²）
一、房屋建筑工程				
1	人工费	元	1 172 538.98	205.44
1.1	综合用工	工日	17 503.29	3.07
2	材料费	元	4 507 618.61	789.76
2.1	钢筋	t	261.44	0.05
2.2	水泥	t	115.87	0.02
2.3	商品混凝土	m³	2 056.82	0.36
3	机械费	元	166 950.85	29.25
二、房屋装饰工程				
1	人工费	元	519 581.31	91.03
1.1	综合用工	工日	4 968.59	0.87
2	材料费	元	1 315 414.00	230.47
2.1	水泥	t	28.13	0.00
2.2	混凝土	m³	148.12	0.03
3	机械费	元	4 041.01	0.71
三、房屋安装工程				
1	人工费	元	272 485.20	47.74
1.1	综合用工	工日	3 514.95	0.62
2	材料费	元	455 057.90	79.73
2.1	主材费	元	338 762.92	59.35
3	机械费	元	16 132.32	2.83

表 5　主要材料、设备明细表

序号	名称	单位	数量	单价（元）
建筑装饰				
1	水泥 M32.5	kg	44 000.51	0.51
2	胶合板厚 9 mm	m²	2 940.79	19.94
3	蒸压灰砂砖 240 mm×115 mm×53 mm	千块	35.33	420.00
4	干混砌筑砂浆 DMM5	t	188.14	327.00
5	加气混凝土砌块 600 mm×300 mm×100 mm	m³	1 119.88	285.00
6	商品混凝土 C30 碎石 20	m³	1 617.14	454.00

• 操场　案例 10　湖北省武汉市-大学操场

表 1　单项工程概况及特征表

单体工程特色：装配式/绿色/节能/仿生等

项目类别	新建	建筑面积（m²）	3 827.30	地上层数（层）	2
工程类型	大学操场	地上建筑面积（m²）	3 827.30	地下层数（层）	0
项目地点	湖北省武汉市	地下建筑面积（m²）	0.00	檐口高度（m）	18.30
容积率	—	首层建筑面积（m²）	1 843.06	基础埋深（m）	2.00~3.00
日期	2018-04	造价阶段	控制价	计价方式	清单计价
结构类型	框架结构	抗震设防烈度	6 度	抗震等级	三级
场地类别	一类	建设地点级别	城市	装修类别	精装
层高	标准层层高 12.00 米				
建筑工程	土石方工程	人机综合开挖坑槽土石方			
	基础工程	C30 带形基础、独立基础			
	砌筑工程	页岩空心砖、厚壁型空心砖			
	防水工程	JS 防水涂膜、聚氨酯防水涂料、BAC 自粘防水卷材、橡胶沥青防水涂料			
	钢筋混凝土工程	C20-C30，C30P6			
	保温工程	垂直纤维岩棉板、泡沫混凝土及挤塑聚苯保温板			
	外装饰工程	干挂石材、真石漆			
	模板工程	复合模板			
	垂直运输工程	塔吊垂直运输			
	楼地面工程	运动地板、防滑砖、不发火地面			
装饰工程	内墙柱面工程	无机涂料、釉面砖、镜面玻璃、木质吸音板			
	天棚工程	硅钙板、铝扣板、石膏板及乳胶漆			
	门窗工程	隔热中空铝合金窗、成品套装门及防火门			
	电气安装	配电系统（低压配电柜出线起），照明（PC 管）、插座系统（PC 管），应急照明系统（SC 管），防雷接地系统			

续表

安装工程	给排水工程	给水系统（PSP 钢塑复合管、PRC 保温复合管、容积式燃气热水器），排水系统（聚丙烯静音排水管、UPVC 塑料排水管、焊接钢管），洁具，附件
	消防工程	消火栓系统（内外涂塑复合钢管、消火栓、阀门、灭火器），火灾报警系统（管线、报警设备），求救呼叫系统
	通风空调工程	防排烟（低噪声防腐离心风机箱、轴流式消防排烟风机、钢质风阀、铝合金百叶风口、排烟口），卫生间通风（通风器、镀锌钢板风管、铝合金百叶风口）
	建筑智能化工程	综合布线（预埋 PVC 管、桥架）

表2 工程造价指标表

序号	项目名称	金额（元）	单方指标（元/m²）	占比指标（%）
	工程费用	14 471 619.71	3 781.16	100.00
1	房屋建筑与装饰工程	9 018 306.45	2 356.31	62.32
1.1	土石方工程	58 136.37	15.19	0.40
1.2	地基处理及支护工程	—	—	—
1.3	桩基工程	—	—	—
1.4	砌筑工程	381 647.90	99.72	2.64
1.5	混凝土工程（含钢筋）	1 690 440.18	441.68	11.68
1.6	金属结构工程	1 553 594.92	405.92	10.74
1.7	木结构工程	—	—	—
1.8	门窗工程	451 640.20	118.00	3.12
1.9	屋面及防水工程	921 128.92	240.67	6.37
1.10	保温、隔热及防腐工程	517 070.46	135.10	3.57
1.11	楼地面装饰	198 917.91	51.97	1.37
1.12	内墙、柱面装饰	192 493.00	50.29	1.33
1.13	外墙、柱面装饰	95 594.40	24.98	0.66
1.14	顶棚装饰	1 031.73	0.27	0.01
1.15	油漆、涂料工程	—	—	—

序号	项目名称	金额（元）	单方指标 （元/m²）	占比指标（%）
1.16	隔断	—	—	—
1.17	其他工程	564 234.00	147.42	3.90
1.18	预制构件工程	—	—	—
1.19	模板及支架工程	776 753.14	202.95	5.37
1.20	脚手架工程	219 066.67	57.24	1.51
1.21	垂直运输工程	98 715.64	25.79	0.68
1.22	施工排水、降水工程	—	—	—
1.23	安全文明及其他措施项目费	400 481.28	104.64	2.77
1.24	规费	185 237.68	48.40	1.28
1.25	税金	712 122.07	186.06	4.92
2	单独装饰工程	4 651 394.83	1 215.32	32.14
2.1	室内装饰工程	2 879 995.33	752.49	19.90
2.1.1	楼地面装饰	775 847.27	202.71	5.36
2.1.2	内墙、柱装饰	702 677.75	183.60	4.86
2.1.3	顶棚装饰	217 861.69	56.92	1.51
2.1.4	油漆、涂料工程	—	—	—
2.1.5	隔断	31 441.20	8.21	0.22
2.1.6	其他内装饰工程	520 373.38	135.96	3.60
2.1.7	措施项目费	277 579.05	72.53	1.92
2.1.8	规费	80 458.89	21.02	0.56
2.1.9	税金	273 756.09	71.53	1.89
2.2	幕墙工程	1 771 399.50	462.83	12.24
2.2.1	石材幕墙	1 771 399.50	462.83	12.24
3	房屋安装工程	801 918.44	209.53	5.54
3.1	电气工程	397 041.27	103.74	2.74
3.1.1	控制设备及低压电器	37 892.39	9.90	0.26
3.1.2	电缆安装	55 519.14	14.51	0.38
3.1.3	防雷及接地装置	31 355.14	8.19	0.22
3.1.4	配管配线	110 278.97	28.81	0.76

续表

序号	项目名称	金额（元）	单方指标（元/m²）	占比指标（%）
3.1.5	照明器具	75 422.36	19.71	0.52
3.1.6	附属工程	1 707.37	0.45	0.01
3.1.7	措施项目费	33 470.00	8.75	0.23
3.1.8	规费	11 406.15	2.98	0.08
3.1.9	税金	39 989.77	10.45	0.28
3.2	建筑智能化工程	38 256.89	10.00	0.26
3.2.1	综合布线系统工程	28 580.87	7.47	0.20
3.2.2	措施项目费	4 111.62	1.07	0.03
3.2.3	规费	1 711.20	0.45	0.01
3.2.4	税金	3 853.21	1.01	0.03
3.3	通风空调工程	99 916.78	26.11	0.69
3.3.1	防排烟系统	81 056.07	21.18	0.56
3.3.2	通风空调工程系统调试	1 041.34	0.27	0.01
3.3.3	措施项目费	5 239.36	1.37	0.04
3.3.4	规费	2 516.45	0.66	0.02
3.3.5	税金	10 063.56	2.63	0.07
3.4	消防工程	92 411.51	24.15	0.64
3.4.1	水灭火系统	36 075.85	9.43	0.25
3.4.2	火灾自动报警系统	36 377.82	9.50	0.25
3.4.3	措施项目费	7 256.37	1.90	0.05
3.4.4	规费	3 393.84	0.89	0.02
3.4.5	税金	9 307.63	2.43	0.06
3.5	给排水工程	174 291.99	45.54	1.20
3.5.1	给水工程	121 991.55	31.87	0.84
3.5.2	排水工程	23 675.14	6.19	0.16
3.5.3	措施项目费	7 635.25	1.99	0.05
3.5.4	规费	3 435.46	0.90	0.02
3.5.5	税金	17 554.59	4.59	0.12

续表

表3 工程量指标表

序号	工程量名称	单位	数量	单位指标（m²）
一、房屋建筑工程				
1	土石方开挖量	m³	622.95	0.16
2	土石方回填量	m³	361.95	0.09
3	桩	m³	—	—
4	砌体	m³	698.70	0.18
5	混凝土	m³	1 951.27	0.51
5.1	基础混凝土	m³	315.71	0.08
5.2	墙、柱混凝土	m³	481.41	0.13
5.3	梁板混凝土	m³	593.22	0.15
5.4	二次结构混凝土	m³	560.93	0.15
6	钢筋	t	189.75	0.05
7	模板	m²	11 030.78	2.88
8	门	m²	291.14	0.08
9	窗	m²	625.65	0.16
10	外墙保温	m²	2 725.45	0.71
二、房屋装饰工程				
1	楼地面	m²	3 652.74	0.95
2	天棚装饰	m²	2 364.89	0.62
3	内墙装饰	m²	6 595.16	1.72
4	外墙装饰	m²	3 849.25	1.01

表4 消耗量指标表

序号	消耗量指标	单位	数量	单位指标（m²）
一、房屋建筑工程				
1	人工费	元	1 807 412.42	472.24
1.1	综合用工	工日	12 161.95	3.18
2	材料费	元	4 295 643.74	1 122.37
2.1	钢筋	t	189.75	0.05

续表

序号	消耗量指标	单位	数量	单位指标（m²）
2.2	型钢	t	116.71	0.03
2.3	水泥	t	84.92	0.02
2.4	商品混凝土	m³	1 951.27	0.51
3	机械费	元	513 969.38	134.29
二、房屋装饰工程				
1	人工费	元	1 220 944.77	319.01
1.1	综合用工	工日	10 207.17	2.67
2	材料费	元	3 235 531.29	845.38
2.1	水泥	t	28.56	0.01
3	机械费	元	188 944.90	49.37
三、房屋安装工程				
1	人工费	元	138 928.16	36.30
1.1	综合用工	工日	1 087.92	0.28
2	材料费	元	467 173.08	122.06
2.1	主材费	元	428 336.04	111.92
3	机械费	元	19 319.58	5.05
4	设备费	元	15 014.81	3.92

表5　主要材料、设备明细表

序号	名称	单位	数量	单价（元）
1	钢材	t	306.30	3 975.46
2	水泥 M32.5	t	84.92	410.00
3	商品混凝土 综合	m³	1 951.27	437.23
4	锯材	m³	66.42	1 681.00
5	砂	t	244.22	121.00
6	石子	t	89.16	90.00
7	标准砖	千块	170.75	396.30

中小学

● 教学楼　案例 11　海南省海口市-中小学教学楼、宿舍楼

表 1　单项工程概况及特征表

单体工程特色：装配式/绿色/节能/仿生等

项目类别	新建	建筑面积（m²）	65 347.00	地上层数（层）	3~16
工程类型	中小学教学楼、宿舍楼	地上建筑面积（m²）	51 551.00	地下层数（层）	1
项目地点	海南省海口市	地下建筑面积（m²）	13 796.00	檐口高度（m）	0.08~23.45
容积率	1.8	首层建筑面积（m²）	7 925.00	基础埋深（m）	6.50
开/竣工日期	2015-09-20/2018-08-28	造价阶段	结算价	计价方式	定额计价
结构类型	框架结构/剪力墙结构/框架—抗震墙结构	抗震设防烈度	9度（教学楼、学生宿舍楼）/8度（教师宿舍楼）	抗震等级	一级（教学楼、学生宿舍楼）/二级（教师宿舍楼）
场地类别	二类	建设地点级别	二线城市	装修类别	精装
层高	地下室层高 3.70 m，地下室底板标高-6.15 m；教学楼首层层高 3.90 m，标准层层高 3.90 m；教师宿舍首层层高 3.90 m，标准层层高 2.90 m；学生宿舍楼首层层高 3.60 m，标准层层高 3.60 m				
建筑工程	围护桩、支撑工程及降排水	基坑支护为围护桩、水泥搅拌桩和混凝土支撑，其中围护桩直径 800.00 mm，有效桩长 15.50 m，桩混凝土为 C30 商品混凝土，水泥搅拌桩直径 500@350，深度 7.50 m，高压旋喷桩直径 900.00 mm，桩长 10.00 m，C25 喷射混凝土 80 厚，内置直径 8@200×200 钢筋网			
	桩基工程	工程包括试桩、工程桩、桩基测试及试验（按国家规范要求），主要为 400.00 mm/500.00 mm 预制管桩，共663 根			
	土石方工程	项目地下室为 1 层，平均挖土深度为 7.40 m 左右，弃土运距约 12 000.00 m，自上到下依次为素填土、粗砂、黏土、粗砂、黏土、粉砂、粗砂、粉砂、粉质黏土，项目顶板、侧墙回填土为素土、红颗粒土回填			

建筑工程	基础工程	基础及挡土墙部分：基础垫层为 C20，学生宿舍楼基础为 C35，教师宿舍楼基础为 C40，教学综合楼基础为 C40，车库基础为 C40
	砌筑工程	（1）所有砂浆均为预搅拌砂浆。 （2）埋入土中部分填充墙采用 M7.5 水泥砂浆砌 MU20 蒸压粉煤灰砖。 （3）其余填充墙除特殊注明外均为轻质砌块墙，轻质砌块墙采用 M5 专用混合砂浆砌 B05 蒸压轻质砂加气混凝土（ACC）砌块（密度不大于 525.00 kg/m³），强度级别 A3.5
	防水工程	室底板采用 3 mm/4 mm 厚自粘性聚合物改性沥青防水卷材，侧墙采用 3 mm 和 4 mm 厚自粘性聚合物改性沥青防水卷材，顶板采用 4 mm 厚 SBS 改性沥青耐根穿刺防水卷材和 3 mm 厚自粘性聚合物改性沥青防水卷材
	钢筋混凝土工程	（1）剪力墙、柱部分 教师宿舍楼部分：基础顶~5 层顶为 C35，5 层顶~屋面为 C30； 教学综合楼部分：基础顶~1 层顶为 C50，1 层顶~屋面为 C40。 （2）梁、板部分 教师宿舍楼梁板均为 C30； 综合楼部分：预应力部分梁为 C40，其余均为 C30； 学生宿舍楼梁板均为 C30。 （3）钢筋工程 主筋多为三级钢，包含 $\Phi14$、$\Phi22$、$\Phi25$
	保温工程	玻化微珠外墙保温砂浆
	外装饰工程	面砖、真石漆、GRC 构件、干挂石材（国产）幕墙、玻璃幕墙、铝板、百叶等
	模板、脚手架工程	主要为木模板及砖胎膜，脚手架工程费用包干
	垂直运输工程	费用包干
	楼地面工程	楼地面面层包括地砖、大理石、人造石等材质，垫层为 60 mm/80 mm 厚细石混凝土，泳池底地面为 10 mm 厚泳池专用面砖
装饰工程	内墙柱面工程	墙面基层为 15 mm 厚水泥砂浆，面层采用墙砖、腻子、石材、木质吸音板、全瓷面砖等材料

装饰工程	天棚工程	天棚面层为白色乳胶漆，基层用腻子抹平，吊顶为轻钢龙骨、铝板和乳胶漆
	门窗工程	木质防火门、钢制防火门、防火卷帘门、铝合金门窗等
	电气安装	（1）变配电工程：高低压配电柜主材品牌均为国产品牌海南威特，电力电缆品牌为广东粤缆。 （2）照明工程：照明工程含普通照明和应急照明，配电箱为国产品牌，部分元器件则为进口品牌，桥架、灯具和电线电缆均为国产品牌。 （3）动力工程：低压配电系统采用~220/380 V放射式与树干式相结合的方式。二级负荷中消防用电设备（如防排烟风机等）及其他重要设备均采用双电源、专用电缆供电，并在末端互投；三级负荷中采用单电源供电。电线电缆均为国产品牌。 （4）防雷接地工程：本工程预计雷击次数详见各单体，防雷等级按二类设防。建筑的防雷装置满足防直击雷、防雷电感应及雷电波的侵入，并设置总等电位连接。在建筑物的地下室或地面层处，建筑物金属体、金属装置、建筑物内系统、进出建筑物的金属管线应与防雷装置做防雷等电位连接，外部防雷装置与建筑物金属体、金属装置、建筑物内系统之间，尚应满足间隔距离的要求
安装工程	给排水工程	给排水系统包含给水系统、排水系统、雨水系统。给水管材为钢塑复合管，排水管出户管和支管为机制柔性接口排水铸铁管，其余排水管为HDPE管，压力排水管为热镀锌钢管，内排雨水管为镀锌钢管，外落雨水管为PVC-U管。水泵、水管/地漏等材料均为国产品牌
	消防工程	（1）消防水系统包括：室内消火栓系统，消防喷淋系统，气体灭火系统和防排烟系统。水泵、阀门、水管及灭火器等主材均为国产品牌。 （2）消防电系统包括：火灾探测报警系统，消防联动控制系统，可燃气体探测报警系统，电气火灾监控系统，防火门监控系统和消防电源监控系统等。主材均为国产品牌
	燃气工程	调压器前管道采用黄色环氧粉末喷涂成品无缝钢管，调压器后管道选用镀锌钢管，管道采用明设方式。灶具连接管采用不锈钢波纹软管

续表

安装工程	通风空调工程	冷水机组品牌为外国品牌开利，分体式空调品牌为国产品牌格力。 （1）教学楼中教室、办公室等房间夏季采用变制冷剂流量多联分体空调系统，室外机均设置于屋面。 （2）教学楼中大报告厅、排球馆及篮球馆采用组合式空气处理机组，冷源采用风冷热泵，风冷热泵设置于屋面，并在屋面设置制冷机房。地下教师活动室采用多联机加热回收式新风换气机组。 （3）消防控制室、教师宿舍楼及学生宿舍楼均采用分体空调进行制冷
	建筑智能化工程	包括综合布线系统、计算机网络系统、视频监控系统、门禁管理系统、信息发布系统、校园广播系统、有线电视系统、会议 AV 系统及多媒体教学系统等

表 2　工程造价指标表

序号	项目名称	金额（元）	单方指标（元/m²）	占比指标（%）
	工程费用	281 330 438.59	4 305.18	100.00
1	房屋建筑与装饰工程	190 687 226.47	2 918.07	67.78
1.1	土石方工程	5 554 508.38	85.00	1.97
1.2	地基处理及支护工程	7 342 490.00	112.36	2.61
1.3	桩基工程	5 126 272.68	78.45	1.82
1.4	砌筑工程	5 757 928.44	88.11	2.05
1.5	混凝土工程	22 123 197.38	338.55	7.86
1.6	钢筋工程	37 288 661.68	570.63	13.25
1.7	金属结构工程	6 801 719.48	104.09	2.42
1.8	木结构工程	—	—	—
1.9	门窗工程	10 475 492.17	160.31	3.72
1.10	屋面及防水工程	9 079 275.08	138.94	3.23
1.11	保温、隔热及防腐工程	1 345 765.85	29.50	0.48
1.12	楼地面装饰	10 043 887.88	153.70	3.57
1.13	内墙、柱面装饰	5 140 548.60	78.67	1.83
1.14	外墙、柱面装饰	5 085 816.40	111.49	1.81

续表

序号	项目名称	金额（元）	单方指标（元/m²）	占比指标（%）
1.15	顶棚装饰	2 635 228.43	40.33	0.94
1.16	油漆、涂料工程	8 734 229.49	133.66	3.10
1.17	隔断	255 926.10	3.92	0.09
1.18	其他工程	12 316 339.43	188.48	4.38
1.19	预制构件工程	18 544.96	0.28	0.01
1.20	模板及支架工程	10 958 240.47	167.69	3.90
1.21	安全文明及其他措施项目费	11 590 804.76	177.37	4.12
1.22	规费	6 685 734.32	102.31	2.38
1.23	税金	6 326 614.51	96.82	2.25
2	单独装饰工程	23 770 719.36	363.76	8.45
2.1	室内装饰工程	15 782 167.78	241.51	5.61
2.1.1	楼地面装饰	4 044 503.50	61.89	1.44
2.1.2	内墙、柱装饰	3 892 796.92	59.57	1.38
2.1.3	顶棚装饰	2 320 905.02	35.52	0.82
2.1.4	油漆、涂料工程	377 126.40	5.77	0.13
2.1.5	隔断	154 945.04	2.37	0.06
2.1.6	其他内装饰工程	2 844 991.06	43.54	1.01
2.1.7	措施项目费	761 338.36	11.65	0.27
2.1.8	规费	518 094.58	7.93	0.18
2.1.9	税金	867 466.90	13.27	0.31
2.2	幕墙工程	7 988 551.58	122.25	2.84
2.2.1	玻璃幕墙	12 385.07	0.19	0.00
2.2.2	石材幕墙	739 484.31	11.32	0.26
2.2.3	装饰板幕墙	1 976 900.17	30.25	0.70
2.2.4	其他外装饰工程	4 198 072.23	64.24	1.49
2.2.5	措施项目费	476 870.75	7.30	0.17
2.2.6	规费	316 423.76	4.84	0.11
2.2.7	税金	268 415.29	4.11	0.10
3	房屋安装工程	58 804 103.45	899.87	20.90

续表

序号	项目名称	金额（元）	单方指标（元/m²）	占比指标（%）
3.1	电气工程	18 847 878.41	288.43	6.70
3.1.1	变压器	245 819.96	3.76	0.09
3.1.2	配电装置	1 616 955.78	24.74	0.57
3.1.3	母线	871 537.49	13.34	0.31
3.1.4	控制设备及低压电器	1 873 067.56	28.66	0.67
3.1.5	电缆安装	4 160 300.36	63.66	1.48
3.1.6	防雷及接地装置	386 599.25	5.92	0.14
3.1.7	10 kV 以下架空配电线路	—	—	—
3.1.8	桥架	1 255 317.59	19.21	0.45
3.1.9	配管配线	1 583 186.77	24.23	0.56
3.1.10	照明器具	1 685 396.30	25.79	0.60
3.1.11	开关插座	316 148.84	4.84	0.11
3.1.12	电梯	1 380 417.08	21.12	0.49
3.1.13	柴油发电机	987 211.53	15.11	0.35
3.1.14	措施项目费	1 081 063.74	16.54	0.38
3.1.15	规费	531 550.15	8.13	0.19
3.1.16	税金	873 306.01	13.36	0.31
3.2	建筑智能化工程	12 594 280.05	192.73	4.48
3.2.1	综合布线系统	1 749 524.30	26.77	0.62
3.2.2	计算机网络系统	1 620 886.94	24.80	0.58
3.2.3	视频监控系统	882 889.28	13.51	0.31
3.2.4	门禁管理系统（含一卡通）	263 674.58	4.03	0.09
3.2.5	信息发布系统	568 477.99	8.70	0.20
3.2.6	广播系统	289 716.86	4.43	0.10
3.2.7	会议系统（含报告厅）	1 483 865.36	22.71	0.53
3.2.8	机房工程	886 659.92	13.57	0.32
3.2.9	有线电视系统	187 850.46	2.87	0.07
3.2.10	停车场管理系统	239 323.55	3.66	0.09
3.2.11	电子巡更系统	9 836.18	0.15	0.00

续表

序号	项目名称	金额（元）	单方指标（元/m²）	占比指标（%）
3.2.12	教学应用平台（一期）	950 161.32	14.54	0.34
3.2.13	多媒体教学系统	1 122 242.72	17.17	0.40
3.2.14	教学录播系统	220 238.37	3.37	0.08
3.2.15	校园电视台系统	493 821.40	7.56	0.18
3.2.16	措施项目费	377 029.02	5.77	0.13
3.2.17	税金	1 248 081.80	19.10	0.44
3.3	通风空调工程	11 204 452.25	171.46	3.98
3.3.1	通风系统	1 548 248.61	23.69	0.55
3.3.2	空调系统	—	—	—
3.3.3	防排烟系统	1 333 103.75	20.40	0.47
3.3.4	人防通风系统	1 712.39	0.03	0.00
3.3.5	空调水系统	571 115.40	8.74	0.20
3.3.6	VRV 系统	5 836 990.54	89.32	2.07
3.3.7	通风空调工程系统调试	5 600.00	0.09	0.00
3.3.8	措施项目费	71 135.86	1.09	0.03
3.3.9	规费	56 362.92	0.86	0.02
3.3.10	税金	1 780 182.78	27.24	0.63
3.4	消防工程	5 962 277.75	91.24	2.12
3.4.1	水灭火系统	2 608 216.34	39.91	0.93
3.4.2	气体灭火系统	133 117.37	2.04	0.05
3.4.3	火灾自动报警系统	1 698 678.40	25.99	0.60
3.4.4	防火门监控系统	110 613.76	1.69	0.04
3.4.5	电气火灾监控系统	27 773.27	0.43	0.01
3.4.6	消防设备电源监控系统	78 682.19	1.20	0.03
3.4.7	漏电火灾报警系统	38 759.09	0.59	0.01
3.4.8	防火卷帘门、挡烟垂壁	133 060.74	2.04	0.05
3.4.9	消防系统调试	89 553.36	1.37	0.03
3.4.10	措施项目费	248 848.84	3.81	0.09
3.4.11	规费	201 062.22	3.08	0.07

续表

序号	项目名称	金额（元）	单方指标（元/m²）	占比指标（%）
3.4.12	税金	593 912.17	9.09	0.21
3.5	给排水工程	7 933 974.61	121.41	2.82
3.5.1	给水工程	1 492 689.02	22.84	0.53
3.5.2	热水工程	1 361 505.82	20.84	0.48
3.5.3	排水工程	1 521 734.53	23.29	0.54
3.5.4	洁具	972 707.94	14.89	0.35
3.5.5	雨水工程	939 452.34	14.38	0.33
3.5.6	压力排水工程	299 852.61	4.59	0.11
3.5.7	措施项目费	672 835.46	10.30	0.24
3.5.8	规费	327 806.88	5.02	0.12
3.5.9	税金	345 390.01	5.29	0.12
3.6	采暖工程	—	—	—
3.7	燃气工程	831 000.00	12.72	0.30
3.7.1	燃气管道	120 432.09	1.84	0.04
3.7.2	支架	1 397.29	0.02	0.00
3.7.3	管道附件	63 248.56	0.97	0.02
3.7.4	燃气器具	100 359.43	1.54	0.04
3.7.5	刷漆工程	419.52	0.01	0.00
3.7.6	箱式调压器（含基础）	21 762.40	0.33	0.01
3.7.7	燃气泄漏报警系统	36 819.69	0.56	0.01
3.7.8	其他费用（包括土方开挖恢复、零星人工及台班费用等）	236 411.75	3.62	0.08
3.7.9	措施项目费	30 950.56	0.47	0.01
3.7.10	规费	22 963.17	0.35	0.01
3.7.11	税金	73 356.59	1.12	0.03
3.7.12	其他配合费用（工程设计费、工程监理费、工程监检费、工程报建费、工程建设管理费）	122 878.95	1.88	0.04

续表

序号	项目名称	金额（元）	单方指标（元/m²）	占比指标（%）
3.8	太阳能工程	1 430 240.38	21.89	0.51
3.8.1	太阳能管道	194 458.44	2.98	0.07
3.8.2	支架	24 215.51	0.37	0.01
3.8.3	管道附件	54 340.76	0.83	0.02
3.8.4	太阳能设备	915 566.33	14.01	0.33
3.8.5	绝热工程	55 106.24	0.84	0.02
3.8.6	税金	186 553.10	2.85	0.07
4	设备采购	3 833 488.27	58.66	1.36
4.1	厨房设备采购	2 658 986.35	40.69	0.95
4.2	泳池设备采购	1 174 501.92	17.97	0.42
5	室外景观工程（机电工程）	242 395.39	3.71	0.09
5.1	绿化灌溉管道	33 428.05	0.51	0.01
5.2	管道附件	6 543.55	0.10	0.00
5.3	阀门井	6 158.39	0.09	0.00
5.4	电缆安装	30 355.55	0.46	0.01
5.5	配管配线	17 253.42	0.26	0.01
5.6	照明器具	117 594.89	1.80	0.04
5.7	配电装置	10 869.94	0.17	0.00
5.8	措施项目费	3 449.83	0.05	0.00
5.9	规费	9 681.71	0.15	0.00
5.10	税金	7 060.06	0.11	0.00
6	室外给排水工程	1 808 649.13	27.68	0.64
6.1	给水工程	364 590.88	5.58	0.13
6.2	排水工程	505 672.81	7.74	0.18
6.3	雨水工程	680 972.69	10.42	0.24
6.4	措施项目费	64 554.04	0.99	0.02
6.5	规费	107 435.46	1.64	0.04
6.6	税金	85 423.25	1.31	0.03
7	室外强弱电工程	2 000 839.44	30.62	0.71

序号	项目名称	金额（元）	单方指标（元/m²）	占比指标（%）
7.1	电力配管	47 605.46	0.73	0.02
7.2	电缆安装	1 033 101.80	15.81	0.37
7.3	围墙灯具	67 778.73	1.04	0.02
7.4	其他费用	282 379.66	4.32	0.10
7.5	措施项目费	59 544.86	0.91	0.02
7.6	规费	50 676.93	0.78	0.02
7.7	税金	459 752.00	7.04	0.16
8	室外消防管网工程	183 017.08	2.80	0.07
8.1	消防管道	90 545.00	1.39	0.03
8.2	管道附件	41 352.04	0.63	0.01
8.3	其他费用（路面破除、土方开挖回复等）	18 984.55	0.29	0.01
8.4	措施项目费	8 466.85	0.13	0.00
8.5	规费	5 531.81	0.08	0.00
8.6	税金	18 136.83	0.28	0.01

表3　工程量指标表

序号	工程量名称	单位	数量	单位指标（m²）
一、房屋建筑工程				
1	土石方开挖量	m³	138 198.72	2.11
2	土石方回填量	m³	39 645.36	0.61
3	桩	m	22 889.90	0.35
4	砌体	m³	9 841.66	0.15
5	混凝土	m³	30 769.58	0.47
5.1	基础混凝土	m³	6 086.89	0.09
5.2	墙、柱混凝土	m³	7 282.23	0.11
5.3	梁板混凝土	m³	14 740.68	0.23
5.4	二次结构混凝土	m³	2 659.78	0.04

序号	工程量名称	单位	数量	单位指标（m²）
6	钢筋	t	6 671.59	0.10
6.1	基础钢筋	t	1 582.15	0.02
6.2	墙、柱钢筋	t	1 867.52	0.03
6.3	梁板钢筋	t	2 494.22	0.04
6.4	二次结构钢筋	t	727.70	0.01
7	模板	m²	201 511.58	3.08
8	门	m²	7 155.14	0.11
9	窗	m²	6 173.20	0.09
10	屋面	m²	8 332.11	0.13
11	外墙保温	m²	23 028.16	0.35
12	预制构件	m³	4.57	0.00
12.1	预制板	m³	4.57	0.00
二、房屋装饰工程				
1	楼地面	m²	51 923.75	0.79
2	天棚装饰	m²	41 294.52	0.63
3	内墙装饰	m²	121 715.39	1.86
4	外墙装饰	m²	45 615.51	0.70
5	幕墙	m²	1 055.27	0.02

表4　消耗量指标表

序号	消耗量指标	单位	数量	单位指标（m²）
一、房屋建筑工程				
1	人工费	元	33 878 010.03	518.43
1.1	综合用工	工日	442 387.18	6.77
2	材料费	元	125 769 720.00	1 924.64
2.1	钢筋	t	7 059.96	0.11

续表

序号	消耗量指标	单位	数量	单位指标（m²）
一、房屋建筑工程				
2.2	型钢	t	790.94	0.01
2.3	水泥	t	3 964.04	0.06
2.4	商品混凝土	m³	46 231.67	0.71
3	机械费	元	7 723 846.30	118.20
二、房屋装饰工程				
1	人工费	元	3 711 598.81	56.80
1.1	综合用工	工日	36 540.91	0.56
2	材料费	元	8 341 742.92	127.65
2.1	水泥	t	605.38	0.01
2.2	混凝土	m³	87.69	0.00
3	机械费	元	64 397.55	0.99
三、房屋安装工程				
1	人工费	元	9 696 634.66	148.39
1.1	综合用工	工日	109 849.58	1.68
2	材料费	元	4 088 709.91	62.57
2.1	主材费	元	32 871 703.57	503.03
3	机械费	元	1 268 300.79	19.41
4	设备费	元	17 863 730.17	273.37

表 5 主要材料设备明细表

序号	材料名称	单位	数量
一、房屋建筑工程			
1	钢筋	t	7 059.96
2	型钢	t	790.94
3	水泥	t	3 964.04
4	商品混凝土	m³	46 231.67
5	蒸压加气混凝土砌块	m³	9 218.71

序号	材料名称	单位	数量
二、房屋装饰工程			
1	水泥	t	605.38
2	浅灰色防滑地砖 CT-10	m²	1 090.25
3	深灰色石材 ST-05	m²	318.86
4	米蓝色墙砖 CT-07	m²	2 152.38
5	铝扣板 AL-01	m²	918.67
三、房屋安装工程			
1	定压补水真空脱气机组	台	1.00
2	综合水处理器	台	1.00
3	不锈钢制方形装配式给水专用水箱	台	1.00
4	电梯 层数：7/7/7 （-1~6F） 载重：1 050 kg 速度：1.1 m/s	部	6.00

案例 12　重庆市－中学教学楼

表 1　单项工程概况及特征表

单体工程特色：装配式/绿色/节能/仿生等

项目类别	新建	建筑面积（m²）	53 909.37	地上层数（层）	7
工程类型	中学教学楼	地上建筑面积（m²）	53 909.37	地下层数（层）	0
项目地点	重庆市	地下建筑面积（m²）	0.00	檐口高度（m）	35.38
容积率	1.08	首层建筑面积（m²）	9 485.84	基础埋深（m）	0.00
开/竣工日期	2015-07/2017-02	造价阶段	结算价	计价方式	清单计价
结构类型	框架结构	抗震设防烈度	6 度	抗震等级	二级
场地类别	一类	建设地点级别	城市	装修类别	初装
层高	首层层高 4.00 m，标准层层高 4.00 m				
建筑工程	土石方工程	基坑、沟槽开挖、回填及房心回填			
	基础工程	独立基础（埋深最浅 1.38 m，最深 4.30 m）			
	砌筑工程	外墙采用厚壁型烧结页岩空心砖，内墙采用烧结页岩空心砖			
	防水工程	屋面采用 2 mm 厚自粘聚酯胎高聚物改性沥青防水卷材，室内有水地面采用 2 mm 厚自粘聚酯胎高聚物改性沥青防水卷材，挡墙采用 1.5 mm 厚石油沥青聚氨酯防水涂料，卫生间及清洁间采用 1.5 mm 厚 JS 防水涂料			
	钢筋混凝土工程	结构柱 C30~C55 混凝土、有梁板 C30~C40 混凝土、屋面 C30~C40 高耐久性（掺 ZY）混凝土			
	保温工程	外墙采用 30 mm 厚改性发泡水泥板，屋面采用难燃型挤塑聚苯板，架空楼板采用 30 mm 厚难燃型挤塑聚苯板，地下室墙面采用 40 mm 厚难燃型挤塑聚苯板，地面采用 50 mm 厚难燃型挤塑聚苯板			
	外装饰工程	1~2 层为石材幕墙，2 层以上为外墙劈开砖局部采用质感涂料			
	模板、脚手架工程	木模板、钢管脚手架			
	垂直运输工程	施工电梯			
	楼地面工程	大面采用水磨石，卫生间、清洁间采用防滑地砖			

装饰工程	内墙柱面工程	乳胶漆
	天棚工程	大面积采用石膏板吊顶刷乳胶漆、600 mm×600 mm 硅钙板吊顶，卫生采用铝扣板吊顶
	门窗工程	成品钢质门（带观察窗）、木质防火门、断桥铝合金窗
	电气安装	普通照明、应急照明、防雷接地
安装工程	给排水工程	给水、排水、雨水、卫生洁具、套管
	消防工程	消火栓、火灾报警、防火门监控
	通风空调工程	卫生间通风风管、通风器，配电房通风

表2　工程造价指标表

序号	项目名称	金额（元）	单方指标（元/m²）	占比指标（%）
	工程费用	108 046 233.90	2 004.22	100.00
1	房屋建筑与装饰工程	96 895 623.97	1 797.38	89.68
1.1	土石方工程	627 231.43	11.63	0.58
1.2	地基处理及支护工程	2 147 078.03	39.83	1.99
1.3	桩基工程	6 948.35	0.13	0.01
1.4	砌筑工程	3 178 279.39	58.96	2.94
1.5	混凝土工程	22 911 407.97	425.00	21.21
1.6	钢筋工程	15 626 914.21	289.87	14.46
1.7	金属结构工程	9 335.67	0.17	0.01
1.8	木结构工程	—	—	—
1.9	门窗工程	3 969 799.70	73.64	3.67
1.10	屋面及防水工程	3 587 281.74	66.54	3.32
1.11	保温、隔热及防腐工程	3 023 920.70	56.09	2.80
1.12	楼地面装饰	6 334 238.82	117.50	5.86
1.13	内墙、柱面装饰	3 960 227.83	73.46	3.67
1.14	外墙、柱面装饰	12 257 231.39	227.37	11.34
1.15	顶棚装饰	4 080 599.22	75.69	3.78
1.16	油漆、涂料工程	1 964 804.16	36.45	1.82

续表

序号	项目名称	金额（元）	单方指标（元/m²）	占比指标（%）
1.17	隔断	425 313.10	7.89	0.39
1.18	其他工程	684 388.40	12.70	0.63
1.19	脚手架工程	1 176 687.28	21.83	1.09
1.20	垂直运输工程	1 851 578.35	34.35	1.71
1.21	安全文明及其他措施项目费	4 287 177.66	79.53	3.97
1.22	规费	1 907 253.30	35.38	1.77
1.23	税金	2 877 927.27	53.38	2.66
2	单独装饰工程	—	—	—
3	房屋安装工程	11 150 609.93	206.84	10.32
3.1	电气工程	8 116 444.52	150.56	7.51
3.1.1	母线	987 278.73	18.31	0.91
3.1.2	控制设备及低压电器	1 804 648.02	33.48	1.67
3.1.3	电缆安装	382 559.20	7.10	0.35
3.1.4	防雷及接地装置	193 868.27	3.60	0.18
3.1.5	配管配线	1 931 655.00	35.83	1.79
3.1.6	照明器具	2 003 862.33	37.17	1.85
3.1.7	附属工程	61 455.18	1.14	0.06
3.1.8	措施项目费	351 618.77	6.52	0.33
3.1.9	规费	126 545.53	2.35	0.12
3.1.10	税金	272 953.49	5.06	0.25
3.2	建筑智能化工程	—	—	—
3.3	通风空调工程	140 882.33	2.61	0.13
3.3.1	通风系统	121 848.79	2.26	0.11
3.3.2	通风空调工程系统调试	1 810.22	0.03	0.00
3.3.3	措施项目费	9 111.66	0.17	0.01
3.3.4	规费	3 373.83	0.06	0.00
3.3.5	税金	4 737.83	0.09	0.00
3.4	消防工程	1 018 197.51	18.89	0.94
3.4.1	水灭火系统	400 992.96	7.44	0.37

序号	项目名称	金额（元）	单方指标（元/m²）	占比指标（%）
3.4.2	火灾自动报警系统	412 337.43	7.65	0.38
3.4.3	消防系统调试	45 762.43	0.85	0.04
3.4.4	措施项目费	92 382.78	1.71	0.09
3.4.5	规费	32 480.24	0.60	0.03
3.4.6	税金	34 241.67	0.64	0.03
3.5	给排水工程	1 875 085.57	34.78	1.74
3.5.1	给水工程	473 030.71	8.77	0.44
3.5.2	排水工程	1 015 916.30	18.84	0.94
3.5.3	雨水工程	180 727.83	3.35	0.17
3.5.4	措施项目费	105 631.69	1.96	0.10
3.5.5	规费	36 720.50	0.68	0.03
3.5.6	税金	63 058.54	1.17	0.06

表3 工程量指标表

序号	工程量名称	单位	数量	单位指标（m²）
一、房屋建筑工程				
1	土石方开挖量	m³	2 329.01	0.04
2	土石方回填量	m³	3 231.92	0.06
3	桩	m³	12.48	0.00
4	砌体	m³	8 706.84	0.16
5	混凝土	m³	23 459.62	0.44
5.1	基础混凝土	m³	2 598.65	0.05
5.2	墙、柱混凝土	m³	3 397.33	0.06
5.3	梁板混凝土	m³	16 327.26	0.30
5.4	二次结构混凝土	m³	1 136.38	0.02
6	钢筋	t	3 352.82	0.06
6.1	基础钢筋	t	139.56	0.00
6.2	墙、柱钢筋	t	804.50	0.01

序号	工程量名称	单位	数量	单位指标（m²）
6.3	梁板钢筋	t	2 294.08	0.04
6.4	二次结构钢筋	t	114.69	0.00
7	模板	m²	129 532.72	2.40
8	门	m²	2 749.01	0.05
9	窗	m²	7 053.04	0.13
10	屋面	m²	10 976.03	0.20
11	外墙保温	m²	29 408.61	0.55
	二、房屋装饰工程			
1	楼地面	m²	49 864.64	0.92
2	天棚装饰	m²	51 343.14	0.95
3	内墙装饰	m²	64 123.95	1.19
4	外墙装饰	m²	33 079.46	0.61
5	幕墙	m²	10 060.79	0.19

表 4　消耗量指标表

序号	消耗量指标	单位	数量	单位指标（m²）
	一、房屋建筑工程			
1	人工费	元	19 368 055.97	359.27
1.1	综合用工	工日	259 267.66	4.81
2	材料费	元	51 785 032.25	960.59
2.1	钢筋	t	3 454.64	0.06
2.2	型钢	t	—	—
2.3	水泥	t	3 776.26	0.07
2.4	商品混凝土	m³	26 552.78	0.49
3	机械费	元	2 327 949.45	43.18
	二、房屋安装工程			
1	人工费	元	1 530 811.70	28.40
1.1	综合用工	工日	27 563.25	0.51
2	材料费	元	7 812 276.10	144.91
2.1	主材费	元	7 328 335.33	135.94
3	机械费	元	84 926.32	1.58

表5 主要材料、设备明细表

序号	名称	单位	数量	单价（元）
1	JS 防水涂料 1.5 mm 厚	kg	89 470.00	5.00
2	石油沥青聚氨酯防水涂料 1.5 mm 厚	kg	5 325.05	5.00
3	聚氨酯防水涂膜 2 mm 厚	kg	35 838.66	5.00
4	自粘聚酯胎高聚物改性沥青防水卷材 2 mm 厚	m²	21 302.16	12.00
5	防滑地砖 300 mm×300 mm	m²	2 277.61	38.00
6	釉面砖 300 mm×450 mm	m²	5 767.77	20.00
7	釉面砖 300 mm×600 mm	m²	29 362.19	20.00
8	黑金花石材 30 mm 厚	m²	1 276.17	80.00
9	铝扣板 300 mm×300 mm	m²	1 352.31	50.00
10	硅钙板 600 mm×600 mm	m²	47 326.99	18.00
11	改性发泡水泥保温板 30 mm 厚	m²	27 746.42	18.00
12	商品混凝土 C30 高耐久性	m³	13 491.61	335.00

● 教学楼　案例 13　重庆市-中学教学楼

表 1　单项工程概况及特征表

单体工程特色：装配式/绿色/节能/仿生等

项目类别	新建	建筑面积（m²）	8 303.34	地上层数（层）	5
工程类型	中学教学楼	地上建筑面积（m²）	8 303.34	地下层数（层）	0
项目地点	重庆市	地下建筑面积（m²）	0.00	檐口高度（m）	19.50
容积率	4.86	首层建筑面积（m²）	1 705.91	基础埋深（m）	0.00
开/竣工日期	—	造价阶段	招标控制价	计价方式	清单计价
结构类型	框架结构	抗震设防烈度	6 度	抗震等级	二级
场地类别	三类	建设地点级别	城市	装修类别	精装
层高	首层层高 3.90 m，标准层层高 3.90 m				
建筑工程	砌筑工程	厚壁型页岩空心砖			
	防水工程	JS 防水涂膜、聚氨酯防水涂料、CPS 耐根穿刺防水卷材、CPS 防水卷材			
	钢筋混凝土工程	C15-C30			
	保温工程	垂直纤维岩棉板、全轻混凝土及挤塑聚苯保温板、玻化微珠真空绝热芯材复合无机板			
	外装饰工程	真石漆、墙砖墙面、石材幕墙			
	模板、脚手架工程	复合模板			
	垂直运输工程	塔吊垂直运输			
	楼地面工程	水磨石、防滑砖、大理石			
装饰工程	内墙柱面工程	墙砖墙面、无机涂料墙面			
	天棚工程	纸面石膏板吊顶、无机涂料			
	门窗工程	隔热中空铝合金窗、成品套装门及防火门、铝合金百叶			
	电气安装	配电系统（低压配电柜出线起），照明（PVC 管），插座系统（PVC 管），应急照明系统（SC 管），防雷接地系统			

安装工程	给排水工程	给水系统（AGR 丙烯酸共聚聚氯乙烯管、水表、可调式减压阀组），排水系统（PP 聚丙烯静音污水管、UPVC 污水管、PP 聚丙烯静音废水管、PP 聚丙烯静音雨水管、UPVC 空调冷凝水管），洁具，附件，SCB-6 60L 开水器
	消防工程	消火栓系统（内外壁热镀锌钢管、消火栓、阀门、灭火器、水箱），火灾报警系统（管线、报警设备），紧急求助系统
	通风空调工程	卫生间通风（通风器、镀锌钢板风管、铝合金百叶风口）
	建筑智能化工程	综合布线（管线、桥架、信息点面板），智能安防（管线），公共广播（管线）

表2　工程造价指标表

序号	项目名称	金额（元）	单方指标（元/m²）	占比指标（%）
	工程费用	23 374 240.17	2 815.04	100.00
1	房屋建筑与装饰工程	12 763 959.27	1 537.21	54.61
1.1	土石方工程	—	—	—
1.2	地基处理及支护工程	—	—	—
1.3	桩基工程	—	—	—
1.4	砌筑工程	820 066.75	98.76	3.51
1.5	混凝土工程	1 633 293.37	196.70	6.99
1.6	钢筋工程	2 423 275.54	291.84	10.37
1.7	金属结构工程	83 578.63	10.07	0.36
1.8	木结构工程	—	—	—
1.9	门窗工程	779 875.70	93.92	3.34
1.10	屋面及防水工程	987 057.62	118.87	4.22
1.11	保温、隔热及防腐工程	666 668.63	80.29	2.85
1.12	楼地面装饰	379 054.32	45.65	1.62
1.13	内墙、柱面装饰	247 159.82	29.77	1.06

续表

序号	项目名称	金额（元）	单方指标 （元/m²）	占比指标（%）
1.14	外墙、柱面装饰	331 718.87	39.95	1.42
1.15	顶棚装饰	212 117.75	25.55	0.91
1.16	模板及支架工程	1 600 049.70	192.70	6.85
1.17	脚手架工程	434 097.78	52.28	1.86
1.18	垂直运输工程	416 143.37	50.12	1.78
1.19	安全文明及其他措施项目费	511 873.42	61.65	2.19
1.20	规费	263 193.38	31.70	1.13
1.21	税金	974 734.62	117.39	4.17
2	单独装饰工程	7 849 907.16	945.39	33.58
2.1	室内装饰工程	7 849 907.16	945.39	33.58
2.1.1	楼地面装饰	1 218 331.45	146.73	5.21
2.1.2	内墙、柱装饰	3 128 827.63	376.82	13.39
2.1.3	顶棚装饰	28 111.84	3.39	0.12
2.1.4	油漆、涂料工程	645 357.47	77.72	2.76
2.1.5	隔断	162 025.00	19.51	0.69
2.1.6	其他内装饰工程	1 122 809.84	135.22	4.80
2.1.7	措施项目费	688 425.61	82.91	2.95
2.1.8	规费	271 581.51	32.71	1.16
2.1.9	税金	584 436.81	70.39	2.50
3	房屋安装工程	2 760 373.74	332.44	11.81
3.1	电气工程	1 275 863.55	153.66	5.46
3.1.1	控制设备及低压电器	116 781.94	14.06	0.50
3.1.2	电缆安装	74 966.72	9.03	0.32
3.1.3	防雷及接地装置	43 648.09	5.26	0.19
3.1.4	配管配线	443 532.76	53.42	1.90
3.1.5	照明器具	354 824.80	42.73	1.52
3.1.6	措施项目费	92 285.32	11.11	0.39

序号	项目名称	金额（元）	单方指标（元/m²）	占比指标（%）
3.1.7	规费	32 993.39	3.97	0.14
3.1.8	税金	116 830.53	14.07	0.50
3.2	建筑智能化工程	576 768.79	69.46	2.47
3.2.1	综合布线系统工程	443 742.43	53.44	1.90
3.2.2	音频、视频系统工程	33 875.69	4.08	0.14
3.2.3	措施项目费	31 796.20	3.83	0.14
3.2.4	规费	14 539.88	1.75	0.06
3.2.5	税金	52 814.59	6.36	0.23
3.3	通风空调工程	58 562.49	7.05	0.25
3.3.1	通风系统	46 288.69	5.57	0.20
3.3.2	措施项目费	4 675.18	0.56	0.02
3.3.3	规费	2 236.07	0.27	0.01
3.3.4	税金	5 362.55	0.65	0.02
3.4	消防工程	240 686.98	28.99	1.03
3.4.1	水灭火系统	164 259.21	19.78	0.70
3.4.2	火灾自动报警系统	31 841.45	3.83	0.14
3.4.3	措施项目费	15 227.46	1.83	0.07
3.4.4	规费	7 319.21	0.88	0.03
3.4.5	税金	22 039.65	2.65	0.09
3.5	给排水工程	608 491.93	73.28	2.60
3.5.1	给水工程	65 653.23	7.91	0.28
3.5.2	排水工程	372 888.97	44.91	1.60
3.5.3	雨水工程	67 146.41	8.09	0.29
3.5.4	措施项目费	32 835.64	3.95	0.14
3.5.5	规费	14 548.22	1.75	0.06
3.5.6	税金	55 719.46	6.71	0.24

表 3　工程量指标表

序号	工程量名称	单位	数量	单位指标（m²）
一、房屋建筑工程				
1	土石方开挖量	m³	—	—
2	土石方回填量	m³	—	—
3	桩	m³	—	—
4	砌体	m³	1 436.67	0.17
5	混凝土	m³	2 684.89	0.32
5.1	墙、柱混凝土	m³	521.90	0.06
5.2	梁板混凝土	m³	1 878.70	0.23
5.3	二次结构混凝土	m³	284.29	0.03
6	钢筋	t	430.27	0.05
6.1	墙、柱钢筋	t	118.14	0.01
6.2	梁板钢筋	t	301.98	0.04
6.3	二次结构钢筋	t	10.15	0.00
7	模板	m²	23 186.80	2.79
8	门	m²	384.75	0.05
9	窗	m²	1 364.68	0.16
10	屋面	m²	1 539.93	0.19
11	外墙保温	m²	4 884.80	0.59
二、房屋装饰工程				
1	楼地面	m²	7 449.15	0.90
2	天棚装饰	m²	8 437.46	1.02
3	内墙装饰	m²	10 307.23	1.24
4	外墙装饰	m²	5 960.54	0.72

表4 消耗量指标表

序号	消耗量指标	单位	数量	单位指标（m²）
一、房屋建筑工程				
1	人工费	元	2 977 398.41	358.58
1.1	综合用工	工日	18 890.43	2.28
2	材料费	元	6 644 584.30	800.23
2.1	钢筋	t	460.32	0.06
2.2	水泥	t	292.87	0.04
2.3	商品混凝土	m³	3 197.36	0.39
3	机械费	元	424 592.86	51.14
二、房屋装饰工程				
1	人工费	元	2 306 192.96	277.74
1.1	综合用工	工日	14 275.46	1.72
2	材料费	元	3 539 155.35	426.23
2.1	水泥	t	261.00	0.03
3	机械费	元	176 388.50	21.24
三、房屋安装工程				
1	人工费	元	418 246.75	50.37
1.1	综合用工	工日	3 111.60	0.38
2	材料费	元	1 228 137.91	147.91
2.1	主材费	元	1 142 471.09	137.59
3	机械费	元	38 889.00	4.68
4	设备费	元	363 577.17	43.79

表5 主要材料、设备明细表

序号	名称	单位	数量	单价（元）
1	钢筋	t	460.32	3 693.35
2	水泥	t	553.87	440.00
3	商品混凝土	m³	3 197.36	467.00
4	特细砂	t	1 035.68	194.00
5	碎石	t	3.31	112.00

续表

序号	名称	单位	数量	单价（元）
6	WDZD-BYJ-2.5 mm²	m	23 334.73	2.75
7	LZSH UTP CAT6	m	14 321.97	1.72
8	WDZC-BYJ-10 mm²	m	11 595.43	2.75
9	WDZCN-BYJ-2.5 mm²	m	6 281.71	8.85
10	WDZD-BYJ-6 mm²	m	5 443.77	4.70
11	PVC20	m	10 677.51	6.67
12	JDG20	m	7 364.50	7.28
13	AGR 丙烯酸共聚聚氯乙烯管 DN15	m	863.19	6.55
14	PP 聚丙烯静音雨水管 DN100	m	536.26	23.31
15	内外壁热镀锌钢管 DN100	m	447.54	50.62

•教学楼 案例 14 河北省廊坊市–中小学教学楼

表 1 单项工程概况及特征表

单体工程特色：无

项目类别	新建	建筑面积（m²）	8 222.10	地上层数（层）	3
工程类型	中小学教学楼	地上建筑面积（m²）	8 222.10	地下层数（层）	0
项目地点	河北省廊坊市	地下建筑面积（m²）	0.00	檐口高度（m）	12.00
容积率	0.60	首层建筑面积（m²）	2 966.10	基础埋深（m）	2.30
开/竣工日期	2018-03/2018-12	造价阶段	结算价	计价方式	清单计价
结构类型	框架结构	抗震设防烈度	7 度	抗震等级	一级
场地类别	三类	建设地点级别	乡镇	装修类别	初装
层高	首层层高 4.00 m，标准层层高 4.00 m				
建筑工程	土石方工程	综合			
	基础工程	独立基础			
	砌筑工程	空心砖砌块			
	防水工程	3 mm 厚 SBS 改性沥青防水卷材			
	钢筋混凝土工程	C30			
	保温工程	100 mm 厚挤塑聚苯板			
	外装饰工程	涂料饰面（真石漆）			
	模板、脚手架工程	综合脚手架			
	楼地面工程	防滑地砖			
装饰工程	内墙柱面工程	内墙混合砂浆抹灰墙			
	天棚工程	乳胶漆顶棚			
	门窗工程	乙级钢制防火门、塑钢双层中空玻璃窗			
安装工程	给排水工程	指标中只含给排水预埋工程			
	消防工程	防火建筑高度为 12.00 m，室内每个防火区分不超过 2 500.00 m²			
	采暖工程	指标中只含采暖预埋工程			

续表

备注	—	（1）本项目综合单价已经包含规费。 （2）工程地质概况：全场地分布黄褐色、松散状、湿、由中沙和细沙以及粉质黏土组成。 （3）教学楼共计 36 个班级

表 2　工程造价指标表

序号	项目名称	金额（元）	单方指标（元/m²）	占比指标（%）
	工程费用	14 708 783.07	1 788.93	100.00
1	房屋建筑与装饰工程	12 424 417.78	1 511.10	84.47
1.1	土石方工程	502 636.71	61.13	3.42
1.2	地基处理及支护工程	—	—	—
1.3	桩基工程	—	—	—
1.4	砌筑工程	663 682.69	80.72	4.51
1.5	混凝土工程	1 644 779.73	200.04	11.18
1.6	钢筋工程	2 604 311.19	316.75	17.71
1.7	金属结构工程	—	—	—
1.8	木结构工程	—	—	—
1.9	门窗工程	733 695.09	89.23	4.99
1.10	屋面及防水工程	1 092 028.51	132.82	7.42
1.11	保温、隔热及防腐工程	803 984.92	97.78	5.47
1.12	楼地面装饰	298 593.28	36.32	2.03
1.13	内墙、柱面装饰	593 851.47	72.23	4.04
1.14	外墙、柱面装饰	26 255.57	3.19	0.18
1.15	顶棚装饰	478 568.98	58.21	3.25
1.16	油漆、涂料工程	123 130.34	14.98	0.84
1.17	其他工程	118 719.36	14.44	0.81
1.18	模板及支架工程	1 508 931.33	183.52	10.26

序号	项目名称	金额（元）	单方指标（元/m²）	占比指标（%）
1.19	税金	1 231 248.61	149.75	8.37
2	单独装饰工程	—	—	—
3	房屋安装工程	2 284 365.29	277.83	15.53
3.1	电气工程	1 399 564.92	170.22	9.52
3.1.1	变压器	543 225.00	66.07	3.69
3.1.2	配电装置	39 408.75	4.79	0.27
3.1.3	母线	11 232.00	1.37	0.08
3.1.4	控制设备及低压电器	257 441.59	31.31	1.75
3.1.5	电缆安装	56 259.00	6.84	0.38
3.1.6	防雷及接地装置	59 852.69	7.28	0.41
3.1.7	配管配线	257 015.28	31.26	1.75
3.1.8	照明器具	36 435.00	4.43	0.25
3.1.9	税金	138 695.62	16.87	0.94
3.2	建筑智能化工程	—	—	—
3.3	通风空调工程	—	—	—
3.4	消防工程	853 883.77	103.85	5.81
3.4.1	水灭火系统	769 264.65	93.56	5.23
3.4.2	税金	84 619.11	10.29	0.58
3.5	给排水工程	17 402.40	2.12	0.12
3.5.1	给水工程	1 552.85	0.19	0.01
3.5.2	排水工程	14 124.99	1.72	0.10
3.5.3	税金	1 724.56	0.21	0.01
3.6	采暖工程	13 514.19	1.64	0.09
3.6.1	采暖管道	12 174.95	1.48	0.08
3.6.2	税金	1 339.24	0.16	0.01

表 3　工程量指标表

序号	工程量名称	单位	数量	单位指标（m²）
一、房屋建筑工程				
1	土石方开挖量	m³	11 015.25	1.34
2	土石方回填量	m³	9 126.43	1.11
3	桩	m³	—	—
4	砌体	m³	6 048.25	0.74
5	混凝土	m³	3 865.56	0.47
5.1	基础混凝土	m³	1 611.88	0.20
5.2	墙、柱混凝土	m³	18.53	0.00
5.3	梁板混凝土	m³	1 695.16	0.21
5.4	二次结构混凝土	m³	539.99	0.07
6	钢筋	t	490.60	0.06
6.1	基础钢筋	t	125.33	0.02
6.2	墙、柱钢筋	t	145.20	0.02
6.3	梁板钢筋	t	143.66	0.02
6.4	二次结构钢筋	t	76.41	0.01
7	模板	m²	28 387.34	3.45
8	门	m²	165.47	0.02
9	窗	m²	1 207.47	0.15
10	屋面及防水	m²	2 933.15	0.36
11	外墙保温	m²	5 038.15	0.61
二、房屋装饰工程				
1	楼地面	m²	6 562.62	0.80
2	天棚装饰	m²	7 045.32	0.86
3	内墙装饰	m²	12 632.50	1.54
4	外墙装饰	m²	5 055.40	0.61

表 4 消耗量指标表

序号	消耗量指标	单位	数量	单位指标（m²）
一、房屋建筑工程				
1	人工费	元	2 342 273.00	284.88
1.1	综合用工	工日	42 237.00	5.14
2	材料费	元	6 508 054.00	791.53
2.1	钢筋	t	490.60	0.06
2.2	水泥	t	174.22	0.02
2.3	商品混凝土	m³	3 965.21	0.48
3	机械费	元	357 699.24	43.50
二、房屋装饰工程				
1	人工费	元	334 662.00	40.70
1.1	综合用工	工日	13 681.18	1.66
2	材料费	元	1 908 300.33	232.09
2.1	水泥	t	247.74	0.03
2.2	混凝土	m³	91.70	0.01
3	机械费	元	43 612.45	5.30
三、房屋安装工程				
1	人工费	元	795 971.00	96.81
1.1	综合用工	工日	19 547.00	2.38
2	材料费	元	1 106 874.48	134.62
2.1	主材费	元	890 342.54	108.29
3	机械费	元	70 894.77	8.62

表 5 主要材料、设备明细表

序号	名称及规格	单位	数量	单价（元）
1	C15 预拌混凝土	m³	223.21	240.00
2	C20 预拌混凝土	m³	321.44	360.00
3	C30 预拌混凝土	m³	236.00	380.00
4	C35 预拌混凝土	m³	3 111.35	395.00
5	带肋钢筋 Φ10 以内	t	111.54	2 824.47

序号	名称及规格	单位	数量	单价（元）
6	带肋钢筋 $\Phi16$ 以内	t	379.06	2 718.03
7	彩色压型钢板 厚 0.6 mm	m²	3 246.00	42.00
8	板方材	m³	22.59	1 900.00
9	烧结标准砖	块	55 386.00	0.58
10	地面砖 0.16 m² 以内	m²	1 020.00	54.60
11	镀锌机螺钉 （2~5）×（4~50）	个	187.20	0.05
12	镀锌木螺钉	个	187.20	0.04
13	硬质合金锯片	片	3.00	45.00
14	电焊条（综合）	kg	896.00	7.78
15	火烧丝	kg	560.00	5.90
16	聚氨酯防水涂料	kg	545.40	16.00
17	乙酸乙酯	kg	151.50	30.50
18	柴油	kg	3 267.74	8.98
19	三元乙丙橡胶防水卷材（冷粘）厚 1.5 mm	m²	3 489.00	25.00
20	氯丁橡胶改性沥青防水涂料	kg	1 468.80	7.50
21	SBS 改性沥青油毡防水卷材（热熔）厚 3 mm	m²	3 860.00	28.00
22	醇酸防锈漆	kg	297.80	16.40
23	胶粘剂	kg	1 212.00	12.70
24	汽油	kg	843.20	9.44
25	汽油 60#~70#	kg	75.00	7.56
26	200 号溶剂汽油	kg	75.40	6.26
27	丁基胶粘剂	kg	561.30	6.57
28	弹性腻子（粉状）	kg	1 550.00	3.00
29	密封胶	kg	220.50	12.90
30	塑料软管 $\Phi7$	m	94.50	0.15
31	聚乙烯棒 $\Phi50$	m	80.00	0.91
32	耐碱玻纤布 宽 200 mm	m	1 666.70	0.18
33	聚苯乙烯泡沫塑料板	m³	3.30	590.00

序号	名称及规格	单位	数量	单价（元）
34	标志牌	个	200.00	0.50
35	密封条	m	2 598.00	1.85
36	室外镀锌钢管接头零件（丝接）	个	2 340.00	0.79
37	压力表（带弯、带阀）0~1.6 MPa	套	20.00	153.10
38	灯具胶吊盒	个	91.80	1.13
39	灯具胶木抓子	个	91.80	1.00
40	普通吊线式灯口	个	91.80	2.18
41	塑料台	个	94.50	1.40
42	塑料碗罩	个	94.50	4.89
43	热缩帽	只	200.00	30.00
44	自粘性橡胶带	卷	10.00	3.57
45	绝缘导线 BV-2.5	m	27.45	1.72
46	绝缘导线 RVS 2×1.0	m	91.62	2.25
47	聚合物（乳液）砂浆 1：2.5：5	m³	0.60	312.00
48	同混凝土等级砂浆（综合）	m³	27.93	480.00
49	复合木模板	m²	836.32	30.00
50	C30 预拌混凝土	m³	3 486.79	410.00
51	粉刷石膏抹灰砂浆 DP-G	m³	10.80	460.00
52	胶粘砂浆 DEA	m³	6.60	5 264.60
53	胶粘剂 DTA 砂浆	m³	5.10	2 200.00
54	界面砂浆 DB	m³	5.20	459.00
55	砌筑砂浆 DM5.0-HR	m³	582.34	459.00
56	砌筑砂浆 DM7.5-HR	m³	6.61	658.10

• 教学楼　案例 15　湖北省应城市–中小学教学楼

表 1　单项工程概况及特征表

单体工程特色：装配式/绿色/节能/仿生等

项目类别	新建	建筑面积（m²）	2 019.40	地上层数（层）	4
工程类型	中小学教学楼	地上建筑面积（m²）	2 019.40	地下层数（层）	0
项目地点	湖北省应城市	地下建筑面积（m²）	0.00	檐口高度（m）	14.60
容积率	—	首层建筑面积（m²）	543.50	基础埋深（m）	1.60
开/竣工日期	2018-10/2019-08	造价阶段	控制价	计价方式	清单计价
结构类型	框架结构	抗震设防烈度	6 度	抗震等级	三级
场地类别	二类	建设地点级别	城市	装修类别	初装
层高	首层层高 3.50 m，标准层层高 3.50 m				
建筑工程	土石方工程	挖基坑土方			
	基础工程	独立基础			
	砌筑工程	加气混凝土砌块			
	防水工程	SBS 改性沥青防水卷材			
	钢筋混凝土工程	商品混凝土 C15、C25；钢筋 HPB300、HRB400、HRB400E			
	保温工程	25 mm 厚玻化微珠墙面保温			
	外装饰工程	水泥砂浆抹灰			
	模板、脚手架工程	胶合板模板、木模板，钢管脚手架			
	垂直运输工程	卷扬机			
	楼地面工程	水磨石楼地面			
装饰工程	内墙柱面工程	石灰砂浆抹灰，卫生间釉面砖高 1.80 m			
	天棚工程	水泥石灰砂浆抹灰			
	门窗工程	木门、丙级防火门，塑钢推拉窗			
	电气安装	计算范围：楼梯间配电总箱至用电末端，包含低压配电照明系统、应急照明系统、动力系统的电缆、桥架、配线配管、开关插座及防雷接地系统			

安装工程	给排水工程	计算范围：室外 1.50 m 处至用水末端（含管道、阀门及卫生洁具的安装）。排水系统出墙 1.50 m，包含所有立管、支管
	消防工程	包含室外消防栓给水系统、室内灭火器及自救卷盘的安装
	建筑智能化工程	包含有线电视系统及网络系统，从户内总弱电柜至户内末端（含配管配线及信息插座的安装）
备注	—	采用增值税计算税率

表2　工程造价指标表

序号	项目名称	金额（元）	单方指标（元/m²）	占比指标（%）
	工程费用	3 451 360.95	1 709.10	100.00
1	房屋建筑与装饰工程	3 115 041.09	1 542.56	90.26
1.1	土石方工程	20 862.81	10.33	0.60
1.2	地基处理及支护工程	—	—	—
1.3	桩基工程	—	—	—
1.4	砌筑工程	198 671.40	98.38	5.76
1.5	混凝土工程	400 640.95	198.40	11.61
1.6	钢筋工程	537 376.84	266.11	15.57
1.7	金属结构工程	—	—	—
1.8	木结构工程	—	—	—
1.9	门窗工程	178 862.08	88.57	5.18
1.10	屋面及防水工程	73 493.49	36.39	2.13
1.11	保温、隔热及防腐工程	64 103.12	31.74	1.86
1.12	楼地面装饰	235 489.12	116.61	6.82
1.13	内墙、柱面装饰	219 627.29	108.76	6.36
1.14	外墙、柱面装饰	126 759.52	62.77	3.67
1.15	顶棚装饰	37 558.94	18.60	1.09
1.16	油漆、涂料工程	74 359.83	36.82	2.15
1.17	隔断	—	—	—

序号	项目名称	金额（元）	单方指标（元/m²）	占比指标（%）
1.18	其他工程	31 451.20	15.57	0.91
1.19	预制构件工程	—	—	—
1.20	模板及支架工程	344 069.08	170.38	9.97
1.21	脚手架工程	64 909.46	32.14	1.88
1.22	垂直运输工程	51 029.41	25.27	1.48
1.23	施工排水、降水工程	—	—	—
1.24	安全文明及其他措施项目费	60 900.57	30.16	1.76
1.25	规费	111 690.43	55.31	3.24
1.26	税金	283 185.55	140.23	8.21
2	单独装饰工程	—	—	—
3	房屋安装工程	336 319.86	166.54	9.74
3.1	电气工程	184 851.93	91.54	5.36
3.1.1	控制设备及低压电器	16 686.13	8.26	0.48
3.1.2	电缆安装	7 294.50	3.61	0.21
3.1.3	防雷及接地装置	5 800.00	2.87	0.17
3.1.4	配管配线	93 269.65	46.19	2.70
3.1.5	照明器具	34 553.24	17.11	1.00
3.1.6	措施项目费	5 607.87	2.78	0.16
3.1.7	规费	4 835.82	2.39	0.14
3.1.8	税金	16 804.72	8.32	0.49
3.2	建筑智能化工程	23 837.12	11.80	0.69
3.2.1	综合布线系统工程	19 839.72	9.82	0.57
3.2.2	措施项目费	986.92	0.49	0.03
3.2.3	规费	843.47	0.42	0.02
3.2.4	税金	2 167.01	1.07	0.06
3.3	通风空调工程	—	—	—
3.4	消防工程	95 744.92	47.41	2.77
3.4.1	水灭火系统	78 887.73	39.06	2.29
3.4.2	措施项目费	4 163.59	2.06	0.12

续表

序号	项目名称	金额（元）	单方指标 （元/m²）	占比指标（%）
3.4.3	规费	3 989.52	1.98	0.12
3.4.4	税金	8 704.08	4.31	0.25
3.5	给排水工程	31 885.89	15.79	0.92
3.5.1	给水工程	5 831.40	2.89	0.17
3.5.2	排水工程	21 844.51	10.82	0.63
3.5.3	措施项目费	730.33	0.36	0.02
3.5.4	规费	580.93	0.29	0.02
3.5.5	税金	2 898.72	1.44	0.08

表3 工程量指标表

序号	工程量名称	单位	数量	单位指标（m²）
一、房屋建筑工程				
1	土石方开挖量	m³	676.40	0.33
2	土石方回填量	m³	775.61	0.38
3	桩	m³	—	—
4	砌体	m³	457.45	0.23
5	混凝土	m³	752.96	0.37
5.1	基础混凝土	m³	139.25	0.07
5.2	墙、柱混凝土	m³	132.78	0.07
5.3	梁板混凝土	m³	414.75	0.21
5.4	二次结构混凝土	m³	66.18	0.03
6	钢筋	t	84.27	0.04
6.1	基础钢筋	t	2.66	0.00
6.2	墙、柱钢筋	t	20.60	0.01
6.3	梁板钢筋	t	53.67	0.03
6.4	二次结构钢筋	t	7.34	0.00
7	模板	m²	5 549.23	2.75
8	门	m²	114.72	0.06
9	窗	m²	407.88	0.20
10	屋面	m²	507.77	0.25
11	外墙保温	m²	995.39	0.49

续表

序号	工程量名称	单位	数量	单位指标（m²）
二、房屋装饰工程				
1	楼地面	m²	1 938.00	0.96
2	天棚装饰	m²	2 037.31	1.01
3	内墙装饰	m²	2 053.70	1.02
4	外墙装饰	m²	1 671.00	0.83

表4 消耗量指标表

序号	消耗量指标	单位	数量	单位指标（m²）
一、房屋建筑工程				
1	人工费	元	445 797.23	220.76
1.1	综合用工	工日	5 092.47	2.52
2	材料费	元	1 249 107.51	618.55
2.1	钢筋	t	87.14	0.04
2.2	水泥	t	24.90	0.01
2.3	商品混凝土	m³	764.12	0.38
3	机械费	元	72 294.55	35.80
二、房屋装饰工程				
1	人工费	元	257 216.57	127.37
1.1	综合用工	工日	3 125.35	1.55
2	材料费	元	350 926.93	173.78
2.1	水泥	t	95.97	0.05
2.2	混凝土	m³	39.39	0.02
3	机械费	元	12 238.73	6.06
三、房屋安装工程				
1	人工费	元	79 893.54	39.56
1.1	综合用工	工日	1 009.74	0.50
2	材料费	元	167 755.76	83.07
2.1	主材费	元	142 199.51	70.42
3	机械费	元	11 722.42	5.80

续表

表5 主要材料、设备明细表

序号	名称	单位	数量	单价（元）
建筑装饰				
1	水泥 M32.5	kg	114 106.77	0.50
2	蒸压灰砂砖 240 mm×115 mm×53 mm	千块	11.85	380.00
3	加气混凝土砌块 600 mm × 300 mm × 100 mm B06，A3.5	m³	3.31	260.00
4	加气混凝土砌块 600 mm × 300 mm × 100 mm 以上 B06，A3.5	m³	431.39	260.00
5	中（粗）砂	m³	225.88	245.00
6	陶瓷锦砖	m²	165.61	40.00
7	陶瓷地砖	m²	89.75	40.00
8	全瓷墙面砖 450 mm×450 mm	m²	1 556.57	60.00
9	乳胶漆	kg	971.84	18.00
10	圆钢 Φ6.5 mm	t	6.05	5 200.00
11	圆钢 Φ8 mm	t	28.03	5 150.00
12	螺纹钢筋 Φ12HRB400E	t	7.80	5 200.00
13	螺纹钢筋 Φ14HRB400E	t	2.15	5 200.00
14	螺纹钢筋 Φ16HRB400E	t	17.24	5 200.00
15	螺纹钢筋 Φ18HRB400E	t	2.40	5 200.00
16	螺纹钢筋 Φ20HRB400E	t	6.95	5 200.00
17	螺纹钢筋 Φ22HRB400E	t	3.66	5 200.00
18	SBS 改性沥青防水卷材玻纤胎 4 mm	m²	805.40	26.00
19	聚氨酯防水涂料	kg	495.44	28.00
20	商品混凝土 C15 碎石 20	m³	39.39	475.00
21	商品混凝土 C25 碎石 20	m³	727.19	485.00
22	防渗抗裂砂浆	kg	5 482.61	2.80
安装工程				
1	NH-BYJ-2.5	m	1 353.72	1.50
2	PC20	m	2 152.70	1.15
3	PC25	m	491.70	1.64

续表

序号	名称	单位	数量	单价（元）
4	PC32	m	158.40	2.70
5	PC50	m	562.10	4.13
6	PVC 管 DN100	m	98.32	20.00
7	SC20	m	266.27	4.86
8	WDZD-BYJ-2.5 mm^2	m	8 190.76	2.35
9	WDZD-BYJ-6 mm^2	m	5 982.90	4.76
10	单管荧光灯	套	177.76	60.00
11	单联单控开关	只	61.20	10.00
12	电缆 WLD-YJE-4×35+1×16 mm^2	m	69.39	104.36
13	镀锌钢管 DN100	m	319.12	62.89
14	桥架 200 mm×100 mm	m	214.37	24.60
15	水龙头 DN20	个	32.32	25.83
16	五孔插座	套	122.40	12.00
17	吸顶灯	套	117.16	54.00

• 教学楼 案例 16 湖北省武汉市-中小学教学楼

表1 单项工程概况及特征表

单体工程特色：装配式/绿色/节能/仿生等

项目类别	新建	建筑面积（m²）	2 977.87	地上层数（层）	5
工程类型	中小学教学楼	地上建筑面积（m²）	2 977.87	地下层数（层）	0
项目地点	湖北省武汉市	地下建筑面积（m²）	0.00	檐口高度（m）	23.40
容积率	1.02	首层建筑面积（m²）	641.47	基础埋深（m）	5.40
开/竣工日期	2016-10/2018-08	造价阶段	结算价	计价方式	清单计价
结构类型	框架结构	抗震设防烈度	6度	抗震等级	三级
场地类别	二类	建设地点级别	城市	装修类别	初装
层高	首层层高 4.50 m，标准层层高 3.60 m				
建筑工程	砌筑工程	加气混凝土砌块			
	防水工程	卫生间地面和墙面采用防水涂膜，屋面采用防水卷材			
	钢筋混凝土工程	商品混凝土 C20、C30、C35；钢筋 HPB300、HRB335、HRB400			
	保温工程	墙面采用 10.00 mm 厚泡沫玻璃保温板、地面采用 20.00 mm 厚 XPS 板、屋面采用 40.00 mm 厚 XPS 板			
	外装饰工程	外墙面砖			
	模板、脚手架工程	胶合板模板、钢管脚手架			
	垂直运输工程	塔吊			
	楼地面工程	块料面层，部分教室采用木地板			
装饰工程	内墙柱面工程	内墙乳胶漆			
	天棚工程	天棚乳胶漆，局部吊顶			
	门窗工程	门采用铝合金中空玻璃断热型材平开门、卫生间成品隔断门、防火门；窗采用铝合金中空玻璃断热型材平开窗、金属百叶窗			
	电气安装	包含动力系统、低压配电照明系统、应急照明系统：楼层配电总箱至用电末端的照明灯具、应急照明灯具、开关插座、接线盒、桥架（支架）、电缆、系统调试及防雷接地			

续表

	给排水工程	给水系统：户外 1.50 m 至用水末端洁具，含管道、阀门及管道套管敷设；排水系统：户外 1.50 m 至户内立管、支管末端，含管道套管
安装工程	消防工程	消火栓给水系统含消火栓及敷设管道、阀门、支架、灭火器；火灾自动报警系统含探测器、报警器、广播、配管配线、模块及接线盒等
	通风空调工程	含排气扇、百叶风口、PVC 风管制作安装
	建筑智能化工程	从弱电控制室（不含弱电控制室设备）出线开始到末端的桥架敷设、配管配线、电话插座、信息插座、电视插座；广播楼层分配器出线算至广播
备注	—	采用增值税计算税率

表 2　工程造价指标表

序号	项目名称	金额（元）	单方指标（元/m²）	占比指标（%）
	工程费用	6 276 303.88	2 107.65	100.00
1	房屋建筑与装饰工程	5 604 935.07	1 882.20	89.30
1.1	土石方工程	—	—	—
1.2	地基处理及支护工程	—	—	—
1.3	桩基工程	—	—	—
1.4	砌筑工程	194 297.62	65.25	3.10
1.5	混凝土工程	682 975.62	229.35	10.88
1.6	钢筋工程	572 019.91	192.09	9.11
1.7	金属结构工程	—	—	—
1.8	木结构工程	—	—	—
1.9	门窗工程	379 574.24	127.47	6.05
1.10	屋面及防水工程	136 425.11	45.81	2.17
1.11	保温、隔热及防腐工程	53 507.86	17.97	0.85
1.12	楼地面装饰	511 990.68	171.93	8.16
1.13	内墙、柱面装饰	469 772.83	157.75	7.48
1.14	外墙、柱面装饰	838 405.37	281.55	13.36

续表

序号	项目名称	金额（元）	单方指标（元/m²）	占比指标（%）
1.15	顶棚装饰	149 053.37	50.05	2.37
1.16	其他工程	85 620.82	28.75	1.36
1.17	模板及支架工程	695 949.32	233.71	11.09
1.18	脚手架工程	115 378.14	38.75	1.84
1.19	垂直运输工程	84 583.30	28.40	1.35
1.20	安全文明及其他措施项目费	173 169.39	58.15	2.76
1.21	规费	270 523.01	90.84	4.31
1.22	税金	191 688.48	64.37	3.05
2	单独装饰工程	—	—	—
3	房屋安装工程	671 368.81	225.45	10.70
3.1	电气工程	323 859.71	108.76	5.16
3.1.1	控制设备及低压电器	67 442.42	22.65	1.07
3.1.2	电缆安装	18 826.31	6.32	0.30
3.1.3	防雷及接地装置	14 705.25	4.94	0.23
3.1.4	配管配线	116 476.39	39.11	1.86
3.1.5	照明器具	60 170.46	20.21	0.96
3.1.6	附属工程	8 778.24	2.95	0.14
3.1.7	电气调整试验	8 871.48	2.98	0.14
3.1.8	措施项目费	9 496.59	3.19	0.15
3.1.9	规费	8 016.89	2.69	0.13
3.1.10	税金	11 075.68	3.72	0.18
3.2	建筑智能化工程	103 231.40	34.67	1.64
3.2.1	综合布线系统工程	93 041.86	31.24	1.48
3.2.2	措施项目费	3 565.93	1.20	0.06
3.2.3	规费	3 093.10	1.04	0.05
3.2.4	税金	3 530.51	1.19	0.06
3.3	通风空调工程	22 863.74	7.68	0.36
3.3.1	通风系统	21 693.04	7.28	0.35
3.3.2	措施项目费	209.50	0.07	0.00

续表

序号	项目名称	金额（元）	单方指标（元/m²）	占比指标（%）
3.3.3	规费	179.26	0.06	0.00
3.3.4	税金	781.94	0.26	0.01
3.4	消防工程	174 536.98	58.61	2.78
3.4.1	水灭火系统	57 758.16	19.40	0.92
3.4.2	火灾自动报警系统	96 455.23	32.39	1.54
3.4.3	措施项目费	7 906.29	2.66	0.13
3.4.4	规费	6 448.14	2.17	0.10
3.4.5	税金	5 969.16	2.00	0.10
3.5	给排水工程	46 876.98	15.74	0.75
3.5.1	给水工程	33 523.95	11.26	0.53
3.5.2	排水工程	9 116.99	3.06	0.15
3.5.3	措施项目费	1 441.78	0.48	0.02
3.5.4	规费	1 191.07	0.40	0.02
3.5.5	税金	1 603.19	0.54	0.03

表 3 工程量指标表

序号	工程量名称	单位	数量	单位指标（m²）
一、房屋建筑工程				
1	土石方开挖量	m³	—	—
2	土石方回填量	m³	—	—
3	桩	m³	—	—
4	砌体	m³	531.06	0.18
5	混凝土	m³	1 296.44	0.44
5.1	墙、柱混凝土	m³	258.45	0.09
5.2	梁板混凝土	m³	768.72	0.26
5.3	二次结构混凝土	m³	269.27	0.09
6	钢筋	t	136.66	0.05
6.1	墙、柱钢筋	t	35.58	0.01
6.2	梁板钢筋	t	81.57	0.03

序号	工程量名称	单位	数量	单位指标（m²）
6.3	二次结构钢筋	t	19.51	0.01
7	模板	m²	11 557.96	3.88
8	门	m²	231.58	0.08
9	窗	m²	598.70	0.20
10	屋面	m²	630.25	0.21
11	外墙保温	m²	707.33	0.24
二、房屋装饰工程				
1	楼地面	m²	2 686.91	0.90
2	天棚装饰	m²	3 464.26	1.16
3	内墙装饰	m²	2 383.53	0.80
4	外墙装饰	m²	5 174.70	1.74

表4　消耗量指标表

序号	消耗量指标	单位	数量	单位指标（m²）
一、房屋建筑工程				
1	人工费	元	663 906.69	222.95
1.1	综合用工	工日	8 342.66	2.80
2	材料费	元	1 412 494.84	474.33
2.1	钢筋	t	142.85	0.05
2.2	水泥	t	12.19	0.00
2.3	商品混凝土	m³	1 340.54	0.45
3	机械费	元	87 799.01	29.48
二、房屋装饰工程				
1	人工费	元	649 840.15	218.22
1.1	综合用工	工日	7 923.42	2.66
2	材料费	元	1 597 537.21	536.47
2.1	水泥	t	87.98	0.03
2.2	混凝土	m³	12.36	0.00
3	机械费	元	31 256.49	10.50

续表

序号	消耗量指标	单位	数量	单位指标（m²）
	三、房屋安装工程			
1	人工费	元	153 988.14	51.71
1.1	综合用工	工日	1 932.99	0.65
2	材料费	元	381 147.37	127.99
2.1	主材费	元	336 830.58	113.11
3	机械费	元	8 347.77	2.80

表5　主要材料、设备明细表

序号	名称	单位	数量	单价（元）
	建筑装饰			
1	水泥 M32.5	kg	12 189.95	0.31
2	商品混凝土 C30 碎石 20	m³	859.31	392.00
3	蒸压灰砂砖 240 mm×115 mm×53 mm	千块	13.76	270.00
4	胶合板模板 1 830 mm×915 mm×12 mm	m²	2 458.90	32.06
5	聚氨酯防水涂料	kg	1 293.27	12.00
6	钢管 SC20	m	3 765.80	4.52
7	绝缘导线 BYJ-4 mm²	m	3 313.83	2.88
8	绝缘导线 BYJ-2.5 mm²	m	3 990.13	1.85
9	绝缘导线 WDZN-BYJ-2.5 mm²	m	7 236.50	2.31

•教学楼　案例 17　甘肃省兰州市-中小学教学楼

表 1　单项工程概况及特征表

单体工程特色：装配式/绿色/节能/仿生等

项目类别	新建	建筑面积（m²）	22 642.16	地上层数（层）	4
工程类型	中小学教学楼	地上建筑面积（m²）	22 642.16	地下层数（层）	0
项目地点	甘肃省兰州市	地下建筑面积（m²）	0.00	檐口高度（m）	16.80
容积率	—	首层建筑面积（m²）	5 856.33	基础埋深（m）	6.80
开/竣工日期	2019-06/2021-03	造价阶段	控制价	计价方式	清单计价
结构类型	框架结构	抗震设防烈度	8 度	抗震等级	二级
场地类别	二类	建设地点级别	乡镇	装修类别	精装
层高	首层层高 4.57 m，标准层层高 4.20 m				
建筑工程	桩基工程	机械成孔灌注桩，桩径 800 mm，深度≥6 m			
	土石方工程	一、二类土			
	基础工程	桩基础+承台+基础梁			
	砌筑工程	框架结构的外围护填充墙为加气混凝土砌块墙。内隔墙采用 200 mm 厚加气混凝土砌块，局部 100 mm 厚加气混凝土砌块墙			
	防水工程	坡屋面采用 3 mm 厚 SBS 防水卷材（Ⅱ型，聚酯毡胎），平屋面采用 SBS 防水卷材（Ⅱ型，聚酯毡胎），卫生间采用 2 mm 厚聚合物水泥防水涂料（Ⅱ型）			
	钢筋混凝土工程	框架柱使用 C45 商品混凝土，基础、梁、板使用 C30 商品混凝土，构造柱圈梁使用 C25 商品混凝土；钢筋使用 HRB400 及 HPB300，直径≥25 mm 时使用直螺纹机械连接，竖向构件直径 14~22 mm 时使用电渣压力焊，水平构件直径 14~22 mm 时使用双面焊连接			

续表

建筑工程	保温工程	60 mm 厚岩棉保温板保温
	外装饰工程	外墙面装饰主要有真石漆和柔性饰面砖两种
	模板、脚手架工程	模板采用木模，脚手架按综合脚手架计算
	垂直运输工程	檐高 20.00 m 以上塔式起重机施工，住宅框架及框剪结构檐高 30.00 m 以内，层数为 7-10
	楼地面工程	地面设计为地暖采暖块料楼地面
装饰工程	内墙柱面工程	卫生间、电梯前室采用块料墙面，其他房间采用涂料墙面
	天棚工程	天棚为轻钢龙骨吊顶天棚，面层为石膏板、岩棉板
	门窗工程	窗户采用断桥隔热铝合金材质，内门采用木质材质
	电气安装	应急照明为二级负荷，普通照明为三级负荷
安装工程	给排水工程	给水使用内衬塑复合钢管，污水使用柔性抗震铸铁排水管
	消防工程	消火栓灭火与自动喷淋灭火
	采暖工程	采用低温热水地面辐射供暖系统
	通风空调工程	公共卫生间采用机械排风，其他房间采用自然通风

表 2　工程造价指标表

序号	项目名称	金额（元）	单方指标（元/m²）	占比指标（%）
	工程费用	66 979 880.61	2 958.19	100.00
1	房屋建筑与装饰工程	42 582 464.13	1 880.67	63.58
1.1	土石方工程	99 544.15	4.40	0.15
1.2	地基处理及支护工程	—	—	—
1.3	桩基工程	1 687 049.05	74.51	2.52
1.4	砌筑工程	1 615 842.28	71.36	2.41
1.5	混凝土工程	5 694 634.40	251.51	8.50
1.6	钢筋工程	8 271 291.01	365.30	12.35
1.7	金属结构工程	—	—	—
1.8	木结构工程	—	—	—
1.9	门窗工程	3 666 187.90	161.92	5.47
1.10	屋面及防水工程	2 136 577.66	94.36	3.19

序号	项目名称	金额（元）	单方指标（元/m²）	占比指标（%）
1.11	保温、隔热及防腐工程	1 902 809.16	84.04	2.84
1.12	楼地面装饰	961 885.34	42.48	1.44
1.13	内墙、柱面装饰	964 632.21	42.60	1.44
1.14	外墙、柱面装饰	680 677.64	30.06	1.02
1.15	油漆、涂料工程	683 725.03	30.20	1.02
1.16	其他工程	1 042 485.37	46.04	1.56
1.17	模板及支架工程	5 061 192.48	223.53	7.56
1.18	脚手架工程	755 568.88	33.37	1.13
1.19	垂直运输工程	1 165 677.99	51.48	1.74
1.20	安全文明及其他措施项目费	1 403 885.71	62.00	2.10
1.21	规费	1 272 814.59	56.21	1.90
1.22	税金	3 515 983.28	155.28	5.25
2	单独装饰工程	14 925 777.05	659.20	22.28
2.1	室内装饰工程	14 925 777.05	659.20	22.28
2.1.1	楼地面装饰	5 955 021.21	263.01	8.89
2.1.2	内墙、柱装饰	3 504 404.92	154.77	5.23
2.1.3	顶棚装饰	3 019 705.98	133.37	4.51
2.1.4	油漆、涂料工程	—	—	—
2.1.5	隔断	230 520.64	10.18	0.34
2.1.6	其他内装饰工程	109 957.00	4.86	0.16
2.1.7	措施项目费	387 652.37	17.12	0.58
2.1.8	规费	486 111.32	21.47	0.73
2.1.9	税金	1 232 403.61	54.43	1.84
3	房屋安装工程	9 471 639.43	418.32	14.14
3.1	电气工程	4 580 984.19	202.32	6.84
3.1.1	控制设备及低压电器	206 235.44	9.11	0.31
3.1.2	电缆安装	1 147 391.19	50.67	1.71
3.1.3	防雷及接地装置	157 639.57	6.96	0.24
3.1.4	配管配线	1 242 050.82	54.86	1.85

序号	项目名称	金额（元）	单方指标 （元/m²）	占比指标（%）
3.1.5	照明器具	1 172 833.90	51.80	1.75
3.1.6	附属工程	4 275.20	0.19	0.01
3.1.7	措施项目费	157 515.02	6.96	0.24
3.1.8	规费	114 796.65	5.07	0.17
3.1.9	税金	378 246.40	16.71	0.56
3.2	建筑智能化工程	—	—	—
3.3	通风空调工程	135 966.12	6.00	0.20
3.3.1	通风系统	53 376.97	2.36	0.08
3.3.2	防排烟系统	64 626.80	2.85	0.10
3.3.3	通风空调工程系统调试	1 126.13	0.05	0.00
3.3.4	措施项目费	3 200.38	0.14	0.00
3.3.5	规费	2 409.28	0.11	0.00
3.3.6	税金	11 226.56	0.50	0.02
3.4	消防工程	1 640 994.03	72.48	2.45
3.4.1	水灭火系统	622 841.03	27.51	0.93
3.4.2	火灾自动报警系统	692 313.97	30.58	1.03
3.4.3	消防系统调试	49 194.87	2.17	0.07
3.4.4	措施项目费	82 464.00	3.64	0.12
3.4.5	规费	58 685.24	2.59	0.09
3.4.6	税金	135 494.92	5.98	0.20
3.5	给排水工程	965 414.82	42.64	1.44
3.5.1	给水工程	288 916.05	12.76	0.43
3.5.2	排水工程	491 448.65	21.71	0.73
3.5.3	雨水工程	60 359.09	2.67	0.09
3.5.4	措施项目费	26 412.63	1.17	0.04
3.5.5	规费	18 565.25	0.82	0.03
3.5.6	税金	79 713.15	3.52	0.12
3.6	采暖工程	2 148 280.27	94.88	3.21
3.6.1	采暖管道	1 058 625.85	46.75	1.58

序号	项目名称	金额（元）	单方指标（元/m²）	占比指标（%）
3.6.2	支架	36 838.02	1.63	0.05
3.6.3	管道附件	209 281.22	9.24	0.31
3.6.4	供暖器具	89 297.65	3.94	0.13
3.6.5	采暖设备	—	—	—
3.6.6	刷油工程	7 551.60	0.33	0.01
3.6.7	绝热工程	445 123.05	19.66	0.66
3.6.8	采暖工程系统调试	3 391.99	0.15	0.01
3.6.9	措施项目费	73 990.00	3.27	0.11
3.6.10	规费	46 799.95	2.07	0.07
3.6.11	税金	177 380.94	7.83	0.26

表3　工程量指标表

序号	工程量名称	单位	数量	单位指标（m²）
一、房屋建筑工程				
1	土石方开挖量	m³	2 829.31	0.12
2	土石方回填量	m³	2 177.14	0.10
3	桩	m³	1 530.39	0.07
4	砌体	m³	3 597.96	0.16
5	混凝土	m³	11 915.67	0.53
5.1	基础混凝土	m³	3 193.52	0.14
5.2	墙、柱混凝土	m³	1 602.93	0.07
5.3	梁板混凝土	m³	6 417.21	0.28
5.4	二次结构混凝土	m³	702.01	0.03
6	钢筋	t	1 404.42	0.06
6.1	基础钢筋	t	97.97	0.00
6.2	墙、柱钢筋	t	275.67	0.01
6.3	梁板钢筋	t	953.51	0.04
6.4	二次结构钢筋	t	77.27	0.00

续表

序号	工程量名称	单位	数量	单位指标（m²）
7	模板	m²	68 415.14	3.02
8	门	m²	1 473.75	0.07
9	窗	m²	3 976.15	0.18
10	屋面	m²	7 432.51	0.33
11	外墙保温	m²	8 906.19	0.39
二、房屋装饰工程				
1	楼地面	m²	19 330.97	0.85
2	天棚装饰	m²	19 755.34	0.87
3	内墙装饰	m²	30 266.27	1.34
4	外墙装饰	m²	10 499.52	0.46

表4 消耗量指标表

序号	消耗量指标	单位	数量	单位指标（m²）
一、房屋建筑工程				
1	人工费	元	5 079 717.62	224.35
1.1	综合用工	工日	76 880.00	3.40
2	材料费	元	15 656 919.10	691.49
2.1	钢筋	t	1 535.31	0.07
2.2	型钢	t	20.50	0.00
2.3	水泥	t	757.64	0.03
2.4	商品混凝土	m³	13 693.52	0.60
3	机械费	元	611 095.90	26.99
二、房屋装饰工程				
1	人工费	元	2 999 388.64	132.47
1.1	综合用工	工日	29 846.00	1.32
2	材料费	元	8 809 779.24	389.09
2.1	水泥	t	765.71	0.03
2.2	混凝土	m³	37.01	0.00
3	机械费	元	48 561.60	2.14

序号	消耗量指标	单位	数量	单位指标（m²）
三、房屋安装工程				
1	人工费	元	1 413 472.82	62.43
1.1	综合用工	工日	14 559.00	0.64
2	材料费	元	513 402.87	22.67
2.1	主材费	元	5 303 419.40	234.23
3	机械费	元	181 210.98	8.00
4	设备费	元	13 500.00	0.60

表5 主要材料、设备明细表

序号	名称	单位	数量	单价（元）
1	商品混凝土 C15	m³	1 043.32	398.00
2	商品混凝土 C20	m³	757.38	408.00
3	商品混凝土 C25	m³	684.32	417.00
4	商品混凝土 C30	m³	9 303.60	427.00
5	商品混凝土 C45	m³	1 588.50	524.00
6	墙面砖	m²	2 411.09	85.47
7	防滑地砖 300 mm×300 mm	m²	2 132.57	63.65
8	纸面石膏板 9.5 mm 厚	m²	15 206.26	12.00
9	乳胶漆	kg	11 220.73	15.00

● 教学楼　案例 18　重庆市-小学教学楼

表 1　单项工程概况及特征表

单体工程特色：装配式/绿色/节能/仿生等

项目类别	新建	建筑面积（m²）	15 271.18	地上层数（层）	5
工程类型	小学教学楼	地上建筑面积（m²）	10 861.25	地下层数（层）	2
项目地点	重庆市	地下建筑面积（m²）	4 409.93	檐口高度（m）	19.50
容积率	4.89	首层建筑面积（m²）	2 107.23	基础埋深（m）	7.80
日期	2019-03	造价阶段	控制价	计价方式	清单计价
结构类型	框架结构	抗震设防烈度	7 度	抗震等级	二级
场地类别	三类	建设地点级别	城市	装修类别	初装
层高	地下室层高 3.90/4.80 m，地下室底板标高-8.70 m，首层层高 3.90 m，标准层层高 3.90 m					
建筑工程	围护桩、支撑工程及降排水	室外边坡，结构形式为格沟边坡			
	桩基工程	旋挖机挖孔桩			
	土石方工程	沟槽开挖、基坑开挖，坑、沟槽回填及房芯回填			
	基础工程	旋挖机挖孔桩、筏板基础			
	砌筑工程	MU5 蒸压加气混凝土砌块、MU10 烧结多孔砖、MU3.5 烧结页岩空心砖墙			
	防水工程	SBS 聚酯胎改性沥青卷材、石油沥青聚氨酯防水涂料、高聚物改性沥青防水涂膜、聚氨酯防水涂膜、水泥基防水涂膜、防水砂浆			
	钢筋混凝土工程	C30P6 抗渗混凝土、C35 混凝土、C35P6 混凝土、C30 混凝土			
	保温工程	屋面采用难燃性聚苯板、陶粒混凝土，外墙采用改性发泡水泥保温板，架空楼板采用岩棉板，功能转换楼板采用全轻混凝土，音乐教室采用挤塑聚苯乙烯泡沫塑料板			

建筑工程	外装饰工程	外墙采用真石漆饰面
	模板、脚手架工程	综合脚手架面积为 15 271.18 m²
	垂直运输工程	垂直运输面积为 15 271.18 m²
	楼地面工程	车库专用漆，防滑地砖，静电地板、木地板，水磨石楼地面
装饰工程	内墙柱面工程	瓷砖墙面、隔声板墙面、乳胶漆墙面
	天棚工程	铝合金条板吊顶、穿孔吸声板吊顶、石膏板吊顶、乳胶漆天棚
	门窗工程	门采用甲级木质防火门、乙级木质防火门、钢木门、塑钢百叶门、格栅卷帘门、防火卷帘门；窗采用塑钢百叶窗、塑钢窗、塑钢隔声窗、甲级防火窗
安装工程	电气安装	配电系统（低压配电柜出线起），照明（PC 管）、插座系统（PC 管），应急照明系统（SC 管），防雷接地系统
	给排水工程	给水系统（PSP 钢塑复合压力给水管），排水系统（UPVC 塑料排水管），雨水系统（UPVC 塑料排水管），空调排水系统（UPVC 塑料排水管），洁具，压力排水系统（内外壁热浸镀锌钢管），室外给排水（含室外消防管网）
	消防工程	消火栓系统，喷淋系统（内外壁热浸镀锌钢管），水箱及配件，消防泵房系统，自动报警系统
	通风空调工程	安装百叶风口、离心风机、防火阀、镀锌薄钢板矩形风管、排气扇、挡烟垂壁
	建筑智能化工程	预埋配管（PC 管）、金属桥架及支吊架安装
备注	—	本工程桩基土层平均深度约 2.34 m，岩层平均深度约 5.46 m，岩层类型为软质岩。沟坑槽土石比为 6∶4，岩石类型为软质岩

表 2　工程造价指标表

序号	项目名称	金额（元）	单方指标 （元/m²）	占比指标（%）
	工程费用	47 228 684.64	3 092.67	100.00
1	房屋建筑与装饰工程	42 256 845.18	2 767.10	89.47
1.1	土石方工程	243 001.69	15.91	0.51
1.2	地基处理及支护工程	7 873 090.77	515.55	16.67
1.3	桩基工程	1 572 100.38	102.95	3.33
1.4	砌筑工程	1 217 682.04	79.74	2.58
1.5	混凝土工程	3 432 283.94	224.76	7.27
1.6	钢筋工程	5 514 788.36	361.12	11.68
1.7	金属结构工程	99 925.81	6.54	0.21
1.8	木结构工程	—	—	—
1.9	门窗工程	1 139 536.87	74.62	2.41
1.10	屋面及防水工程	1 731 110.61	113.36	3.67
1.11	保温、隔热及防腐工程	1 219 273.41	79.84	2.58
1.12	楼地面装饰	2 000 901.19	131.02	4.24
1.13	内墙、柱面装饰	1 513 469.60	99.11	3.20
1.14	外墙、柱面装饰	10 114.91	0.66	0.02
1.15	顶棚装饰	590 524.83	38.67	1.25
1.16	油漆、涂料工程	1 490 545.45	97.61	3.16
1.17	隔断	110 322.03	7.22	0.23
1.18	其他工程	407 979.89	26.72	0.86
1.19	预制构件工程	71 252.15	4.67	0.15
1.20	模板及支架工程	3 532 698.28	231.33	7.48
1.21	脚手架工程	734 379.49	48.09	1.55
1.22	垂直运输工程	508 530.29	33.30	1.08
1.23	安全文明及其他措施项目费	2 212 196.48	144.86	4.68
1.24	规费	1 224 560.14	80.19	2.59
1.25	税金	3 806 576.59	249.27	8.06
2	单独装饰工程	—	—	—

序号	项目名称	金额（元）	单方指标（元/m²）	占比指标（%）
3	房屋安装工程	4 971 839.46	325.57	10.53
3.1	电气工程	2 530 382.31	165.70	5.36
3.1.1	母线	86 097.45	5.64	0.18
3.1.2	控制设备及低压电器	275 769.57	18.06	0.58
3.1.3	电缆安装	379 493.52	24.85	0.80
3.1.4	防雷及接地装置	64 138.86	4.20	0.14
3.1.5	配管配线	517 766.95	33.90	1.10
3.1.6	照明器具	197 797.74	12.95	0.42
3.1.7	附属工程	600 000.00	39.29	1.27
3.1.8	措施项目费	134 701.01	8.82	0.29
3.1.9	规费	46 675.57	3.06	0.10
3.1.10	税金	227 941.63	14.93	0.48
3.2	建筑智能化工程	142 308.74	9.32	0.30
3.2.1	综合布线系统工程	105 519.74	6.91	0.22
3.2.2	措施项目费	16 902.34	1.11	0.04
3.2.3	规费	7 067.22	0.46	0.01
3.2.4	税金	12 819.44	0.84	0.03
3.3	通风空调工程	198 186.24	12.98	0.42
3.3.1	通风系统	160 254.41	10.49	0.34
3.3.2	通风空调工程系统调试	2 009.01	0.13	0.01
3.3.3	措施项目费	12 344.27	0.81	0.03
3.3.4	规费	5 725.56	0.37	0.01
3.3.5	税金	17 852.99	1.17	0.04
3.4	消防工程	1 092 767.88	71.56	2.31
3.4.1	水灭火系统	598 192.54	39.17	1.27
3.4.2	火灾自动报警系统	277 696.30	18.18	0.59
3.4.3	消防系统调试	7 906.35	0.52	0.02
3.4.4	措施项目费	75 291.06	4.93	0.16
3.4.5	规费	35 243.04	2.31	0.07

续表

序号	项目名称	金额（元）	单方指标 （元/m²）	占比指标（%）
3.4.6	税金	98 438.59	6.45	0.21
3.5	给排水工程	1 008 194.29	66.02	2.13
3.5.1	给水工程	224 732.99	14.72	0.48
3.5.2	排水工程	522 029.39	34.18	1.11
3.5.3	雨水工程	55 192.28	3.61	0.12
3.5.4	压力排水工程	29 091.73	1.91	0.06
3.5.5	措施项目费	60 196.72	3.94	0.13
3.5.6	规费	26 131.13	1.71	0.06
3.5.7	税金	90 820.05	5.95	0.19

表 3　工程量指标表

序号	工程量名称	单位	数量	单位指标（m²）
一、房屋建筑工程				
1	土石方开挖量	m³	1 752.03	0.11
2	土石方回填量	m³	850.52	0.06
3	桩	m³	999.82	0.07
4	砌体	m³	2 169.19	0.14
5	混凝土	m³	7 586.59	0.50
5.1	基础混凝土	m³	1 589.75	0.10
5.2	墙、柱混凝土	m³	2 052.78	0.13
5.3	梁板混凝土	m³	3 631.79	0.24
5.4	二次结构混凝土	m³	312.27	0.02
6	钢筋	t	1 119.76	0.07
6.1	基础钢筋	t	34.99	0.00
6.2	墙、柱钢筋	t	500.30	0.03
6.3	梁板钢筋	t	523.05	0.03
6.4	二次结构钢筋	t	61.42	0.00
7	模板	m²	38 326.24	2.51
8	门	m²	807.51	0.05

序号	工程量名称	单位	数量	单位指标（m²）
9	窗	m²	1 920.79	0.13
10	屋面	m²	3 921.27	0.26
11	外墙保温	m²	2 699.68	0.18
12	预制构件	m³	54.01	0.00
12.1	预制梁	m³	54.01	0.00
二、房屋装饰工程				
1	楼地面	m²	13 588.37	0.89
2	天棚装饰	m²	20 197.97	1.32
3	内墙装饰	m²	17 903.07	1.17
4	外墙装饰	m²	7 393.27	0.48

表4 消耗量指标表

序号	消耗量指标	单位	数量	单位指标（m²）
一、房屋建筑工程				
1	人工费	元	7 331 504.96	480.09
1.1	综合用工	工日	551 928.59	36.14
2	材料费	元	17 245 229.38	1 129.27
2.1	钢筋	t	1 153.35	0.08
2.2	水泥	t	2 083.83	0.14
2.3	商品混凝土	m³	7 700.39	0.50
3	机械费	元	3 004 499.15	196.74
二、房屋装饰工程				
1	人工费	元	1 289 646.84	84.45
1.1	综合用工	工日	10 156.17	0.67
2	材料费	元	1 907 357.99	124.90
2.1	水泥	t	14.95	0.00
2.2	混凝土	m³	17.33	0.00
3	机械费	元	15 419.79	1.01

续表

序号	消耗量指标	单位	数量	单位指标（m²）
三、房屋安装工程				
1	人工费	元	687 986.45	45.05
1.1	综合用工	工日	5 234.54	0.34
2	材料费	元	2 496 261.01	163.46
2.1	主材费	元	2 319 227.06	151.87
3	机械费	元	47 313.65	3.10

表5 主要材料、设备明细表

序号	名称	单位	数量	单价（元）
1	钢筋	t	1 153.35	3 700.00
2	水泥 32.5R	t	2 083.83	390.00
3	机制砂	t	2 250.30	44.30
4	石粉	t	1.16	62.00
5	碎石	t	622.78	46.67
6	标准砖 240 mm×115 mm×53 mm	千块	21.05	466.00
7	标准砖 200 mm×95 mm×53 mm	千块	570.27	379.00
8	烧结页岩空心砖 MU3.5	m³	470.18	233.00
9	加气混凝土块 MU5.0	m³	594.70	311.00
10	锯材	m³	363.75	1 422.00
11	防滑耐磨缸砖 300 mm×300 mm×10 mm	m²	971.85	48.00
12	甲级木质防火门	m²	47.87	284.48
13	乙级木质防火门	m²	32.78	275.86
14	塑钢推拉窗中透光 LOW－E－12A＋6 钢化中空透明玻璃 6 mm 厚 90 系列 V 塑钢窗框	m²	1 813.05	330.00
15	乳胶漆	kg	5 604.88	7.93
16	商品混凝土 C30 泵送	m³	3 993.32	539.43

● 教学楼　案例 19　江苏省南京市-小学教学楼

表 1　单项工程概况及特征表

单体工程特色：装配式/绿色/节能

项目类别	新建	建筑面积（m²）	9 556.52	地上层数（层）	4
工程类型	小学教学楼	地上建筑面积（m²）	9 556.52	地下层数（层）	0
项目地点	江苏省南京市	地下建筑面积（m²）	0.00	檐口高度（m）	16.05
容积率	0.62	首层建筑面积（m²）	2 356.64	基础埋深（m）	1.70
开/竣工日期	2017-08-26/ 2018-05-07	造价阶段	控制价	计价方式	清单计价
结构类型	框架结构	抗震设防烈度	7 度	抗震等级	三级
场地类别	三类	建设地点级别	城市	装修类别	初装
层高	首层层高 4.20 m，标准层层高 3.80 m					
建筑工程	土石方工程	土方工程类型平整场地、基坑挖填土				
	基础工程	独立基础，局部带形基础				
	砌筑工程	外墙采用煤矸石烧结保温砌块，内墙采用蒸压加气混凝土条板				
	防水工程	屋面采用双层黏结型高分子湿铺防水卷材、地面采用 1.2 mm 厚高分子防水涂料、墙面采用 1.5 mm 厚高分子防水涂料				
	钢筋混凝土工程	楼盖局部采用装配式混凝土叠合底板，预制率 72%；柱、梁、板、混凝土墙、基础混凝土强度等级为 C30，基础垫层混凝土强度等级为 C15，砌体中的圈梁、构造柱、过梁混凝土强度等级为 C25；钢筋型号为 HPB300、HRB335				
	保温工程	屋面采用 70 mm 厚挤塑聚苯板、天棚采用 60 mm 厚岩棉板、外墙面采用 50 mm 厚发泡陶瓷保温板、内墙面采用 20 mm 厚石膏保温砂浆				
	外装饰工程	真石漆外墙面，断桥隔热铝合金 LOW-E 中空玻璃门窗				

续表

建筑工程	模板、脚手架工程	复合木模板，满堂脚手架
	垂直运输工程	垂直运输费地上部分按 1 台考虑
	楼地面工程	劳动教室、卫生保健室、普通教室、办公室采用水磨石楼面，楼梯间、候梯厅等公共区域采用水磨石楼面，卫生间、盥洗室采用块料楼面
装饰工程	内墙柱面工程	劳动教室、卫生保健室、普通教室、办公室采用乳胶漆内墙面，楼梯间、候梯厅等公共区域采用瓷砖内墙面、乳胶漆内墙面，卫生间、盥洗室采用瓷砖内墙面
	天棚工程	劳动教室、卫生保健室、普通教室、办公室、楼梯间采用乳胶漆天棚面，候梯厅采用铝板吊顶、局部乳胶漆天棚面，卫生间、盥洗室采用纸面石膏板吊顶天棚、乳胶漆天棚面
	门窗工程	防火门、成品钢木门、断桥隔热铝合金 LOW-E 中空玻璃门窗
	电气安装	配电箱柜、焊接钢管、JDG 管电缆电线保护管、镀锌槽式桥架、铜芯配线配缆、中档灯具、应急及疏散指示标志灯具
安装工程	给排水工程	内衬不锈钢复合钢管、铝合金衬塑 PP-R 管给水管、U-PVC 排水管、U-PVC 防紫外线承压雨水管、洁具
	消防工程	室内消火栓箱、磷酸铵盐干粉灭火器、电气火灾监控控制器
	通风空调工程	壁式风机、镀锌钢板风管
	建筑智能化工程	计算机应用、网络系统工程，综合布线系统工程，建筑信息综合管理系统工程，音频、视频系统工程，安全防范系统工程

表2 工程造价指标表

序号	项目名称	金额（元）	单方指标 （元/m²）	占比指标（%）
	工程费用	34 692 477.93	3 630.24	100.00
1	房屋建筑与装饰工程	20 779 790.36	2 174.41	59.90
1.1	土石方工程	255 958.43	26.78	0.74
1.2	地基处理及支护工程	—	—	—
1.3	桩基工程	—	—	—
1.4	砌筑工程	585 235.96	61.24	1.69
1.5	混凝土工程	1 985 157.33	207.73	5.72
1.6	钢筋工程	2 793 641.71	292.33	8.05
1.7	金属结构工程	10 127.89	1.06	0.03
1.8	木结构工程	—	—	—
1.9	门窗工程	1 428 528.51	149.48	4.12
1.10	屋面及防水工程	937 174.50	98.07	2.70
1.11	保温、隔热及防腐工程	1 141 215.46	119.42	3.29
1.12	楼地面装饰	855 124.05	89.48	2.46
1.13	内墙、柱面装饰	493 464.28	51.64	1.42
1.14	外墙、柱面装饰	—	—	—
1.15	顶棚装饰	153 811.57	16.09	0.44
1.16	油漆、涂料工程	1 111 157.17	116.27	3.20
1.17	隔断	—	—	—
1.18	其他工程	573 750.15	60.04	1.65
1.19	预制构件工程	1 698 702.75	177.75	4.90
1.20	模板及支架工程	1 546 699.18	161.85	4.46
1.21	脚手架工程	678 575.31	71.01	1.96
1.22	垂直运输工程	364 227.95	38.11	1.05
1.23	施工排水、降水工程	—	—	—
1.24	安全文明及其他措施项目费	1 581 340.23	165.47	4.56

序号	项目名称	金额（元）	单方指标 （元/m²）	占比指标（%）
1.25	规费	696 826.08	72.92	2.01
1.26	税金	1 889 071.85	197.67	5.45
2	单独装饰工程	6 002 187.27	628.07	17.30
2.1	室内装饰工程	6 002 187.27	628.07	17.30
2.1.1	楼地面装饰	1 596 774.83	167.09	4.60
2.1.2	内墙、柱装饰	1 463 180.79	153.11	4.22
2.1.3	顶棚装饰	848 122.58	88.75	2.44
2.1.4	油漆、涂料工程	453 191.23	47.42	1.31
2.1.5	其他内装饰工程	404 365.79	42.31	1.17
2.1.6	措施项目费	584 728.00	61.19	1.69
2.1.7	规费	156 230.61	16.35	0.45
2.1.8	税金	495 593.44	51.86	1.43
3	房屋安装工程	7 672 500.30	802.86	22.12
3.1	电气工程	1 629 790.65	170.54	4.70
3.1.1	控制设备及低压电器	208 632.73	21.83	0.60
3.1.2	电缆安装	104 465.35	10.93	0.30
3.1.3	防雷及接地装置	66 308.64	6.94	0.19
3.1.4	配管配线	549 162.00	57.46	1.58
3.1.5	照明器具	160 701.68	16.82	0.46
3.1.6	附属工程	257 227.32	26.92	0.74
3.1.7	措施项目费	95 775.59	10.02	0.28
3.1.8	规费	42 038.63	4.40	0.12
3.1.9	税金	145 478.71	15.22	0.42
3.2	建筑智能化工程	4 448 026.88	465.44	12.82
3.2.1	计算机应用、网络系统工程	1 690 132.71	176.86	4.87
3.2.2	综合布线系统工程	597 609.51	62.53	1.72
3.2.3	建筑设备自动化系统工程	—	—	—

序号	项目名称	金额（元）	单方指标（元/m²）	占比指标（%）
3.2.4	建筑信息综合管理系统工程	180 152.16	18.85	0.52
3.2.5	有线电视、卫星接收系统工程	—	—	—
3.2.6	音频、视频系统工程	993 710.65	103.98	2.86
3.2.7	安全防范系统工程	512 474.53	53.63	1.48
3.2.8	措施项目费	48 359.18	5.06	0.14
3.2.9	规费	41 952.88	4.39	0.12
3.2.10	税金	383 635.26	40.14	1.11
3.3	通风空调工程	56 842.48	5.95	0.16
3.3.1	通风系统	47 500.83	4.97	0.14
3.3.2	措施项目费	3 198.18	0.33	0.01
3.3.3	规费	1 450.05	0.15	0.00
3.3.4	税金	4 693.42	0.49	0.01
3.4	消防工程	261 527.21	27.37	0.75
3.4.1	水灭火系统	185 259.10	19.39	0.53
3.4.2	火灾自动报警系统	29 297.23	3.07	0.08
3.4.3	措施项目费	16 450.28	1.72	0.05
3.4.4	规费	6 745.40	0.71	0.02
3.4.5	税金	23 775.20	2.49	0.07
3.5	给排水工程	1 276 313.08	133.55	3.68
3.5.1	给水工程	70 402.14	7.37	0.20
3.5.2	排水工程	971 759.10	101.69	2.80
3.5.3	雨水工程	26 965.10	2.82	0.08
3.5.4	措施项目费	67 006.62	7.01	0.19
3.5.5	规费	33 175.09	3.47	0.10
3.5.6	税金	107 005.03	11.20	0.31
4	设备采购	238 000.00	24.90	0.69
4.1	电梯采购安装	238 000.00	24.90	0.69

表 3　工程量指标表

序号	工程量名称	单位	数量	单位指标（m²）
一、房屋建筑工程				
1	土石方开挖量	m³	3 884.37	0.41
2	土石方回填量	m³	3 237.20	0.34
3	桩	m³	—	—
4	砌体	m³	925.33	0.10
5	混凝土	m³	3 472.16	0.36
5.1	基础混凝土	m³	472.33	0.05
5.2	墙、柱混凝土	m³	1 001.87	0.10
5.3	梁板混凝土	m³	1 608.21	0.17
5.4	二次结构混凝土	m³	389.75	0.04
6	钢筋	t	487.40	0.05
6.1	基础钢筋	t	225.75	0.02
6.2	墙、柱钢筋	t	140.64	0.01
6.3	梁板钢筋	t	66.30	0.01
6.4	二次结构钢筋	t	54.71	0.01
7	模板	m²	20 395.96	2.13
8	门	m²	463.60	0.05
9	窗	m²	1 488.16	0.16
10	屋面	m²	2 280.40	0.24
11	外墙保温	m²	9 598.96	1.00
12	预制构件	m³	516.06	0.05
12.1	预制墙	m³	201.68	0.02
12.2	预制板	m³	314.38	0.03
二、房屋装饰工程				
1	楼地面	m²	8 649.25	0.91
2	天棚装饰	m²	10 053.83	1.05
3	内墙装饰	m²	10 818.96	1.13
4	外墙装饰	m²	10 286.48	1.08

表4 消耗量指标表

序号	消耗量指标	单位	数量	单位指标（m²）
一、房屋建筑工程				
1	人工费	元	3 056 949.79	319.88
1.1	综合用工	工日	32 834.18	3.44
2	材料费	元	11 640 846.19	1 218.11
2.1	钢筋	t	527.19	0.06
2.2	型钢	t	8.77	0.00
2.3	水泥	t	29.51	0.00
2.4	商品混凝土	m³	3 922.49	0.41
3	机械费	元	605 452.16	63.35
二、房屋装饰工程				
1	人工费	元	1 588 922.44	166.27
1.1	综合用工	工日	13 465.44	1.41
2	材料费	元	2 426 724.29	253.93
3	机械费	元	71 463.55	7.48
三、房屋安装工程				
1	人工费	元	701 186.35	73.37
1.1	综合用工	工日	7 870.11	0.82
2	材料费	元	4 682 835.28	490.01
2.1	主材费	元	2 472 076.17	258.68
3	机械费	元	48 350.02	5.06
4	设备费	元	844 802.38	88.40

表5 主要材料、设备明细表

序号	名称	单位	数量	单价（元）
1	钢筋Ⅲ级钢 $\Phi \leqslant 12$	t	199.18	3 910.43
2	钢筋Ⅲ级钢 $\Phi \leqslant 25$（E）	t	199.68	3 859.48
3	C30 泵送预拌混凝土	m³	2 993.54	439.09
4	断热铝合金推拉窗 6 高透光 LOW-E+12 空气+6 玻璃	m²	1 458.08	691.82

序号	名称	单位	数量	单价（元）
5	仿石型外墙涂料	kg	46 289.16	17.30
6	成品钢木门	m²	414.64	864.77
7	预制混凝土叠合板（双向板）含钢筋及吊装埋件	m³	308.32	3 640.70
8	墙面砖 45 mm×195 mm	m²	1 763.33	129.72
9	墙面砖 300 mm×600 mm	m²	3 584.84	129.72
10	铝板 500 mm×500 mm×0.6 mm	m²	4 444.42	86.48
11	防火板隔断（含五金及支撑）	m²	654.46	259.44
12	PVC 百叶窗帘（成品）	m²	1 565.47	69.18
13	水泥砂浆	t	299.57	394.81
14	感应龙头	套	119.00	1 600.00
15	大便感应器	组	10.00	4 230.00
16	智能班牌一体机	m²	16.00	5 335.00
17	智能触控一体机	m²	24.00	19 060.00
18	学生计算机	台	48.00	3 500.00
19	交互式数字临摹台	套	47.00	2 800.00

• 综合楼　案例 20　重庆市–中学综合楼

表 1　单项工程概况及特征表

单体工程特色：装配式/绿色/节能/仿生等

项目类别	新建	建筑面积（m²）	8 692.31	地上层数（层）	5
工程类型	中学综合楼	地上建筑面积（m²）	8 692.31	地下层数（层）	0
项目地点	重庆市	地下建筑面积（m²）	0.00	檐口高度（m）	19.50
容积率	4.85	首层建筑面积（m²）	1 788.94	基础埋深（m）	11.36
开/竣工日期	—	造价阶段	控制价	计价方式	清单计价
结构类型	框架结构	抗震设防烈度	6 度	抗震等级	二级/三级
场地类别	二类	建设地点级别	城市	装修类别	精装
层高	首层层高 3.90 m，标准层层高 3.90 m				
建筑工程	桩基工程	机械旋挖钻孔灌注桩			
	基础工程	C30 机械旋挖钻孔灌注桩基础			
	砌筑工程	页岩空心砖、厚壁型空心砖、多孔砖			
	防水工程	高分子防水湿铺防水卷材、JS–Ⅱ型防水涂料、聚氨酯防水涂膜			
	钢筋混凝土工程	C20–C40，C30P6			
	保温工程	难燃型挤塑聚苯板、高性能绝热芯材复合无机板、全轻混凝土			
	外装饰工程	外墙真石漆、红软磁面砖、天然花岗岩			
	模板、脚手架工程	复合模板			
	垂直运输工程	塔吊垂直运输			
	楼地面工程	防滑地砖、大理石、水磨石、复合实木木地板			
装饰工程	内墙柱面工程	墙砖、墙纸、无机涂料、穿孔木质吸声板			
	天棚工程	石膏板吊顶、无机涂料、铝扣板			
	门窗工程	隔热中空铝合金窗、成品套装门及防火门			
	电气安装	配电系统（低压配电柜出线起），照明（PVC 管），插座系统（PVC 管），应急照明系统（SC 管），防雷接地系统			

安装工程	给排水工程	给水系统（AGR 丙烯酸共聚聚氯乙烯管、水表、可调式减压阀组），排水系统（PP 聚丙烯静音污水管、UPVC 污水管、PP 聚丙烯静音废水管、PP 聚丙烯静音雨水管、UPVC 空调冷凝水管），洁具，附件，SCB-6 60L 开水器
	消防工程	消火栓系统（内外壁热镀锌钢管、消火栓、阀门、灭火器、水箱），火灾报警系统（管线、报警设备），紧急求助系统
	通风空调工程	卫生间通风（通风器、镀锌钢板风管、铝合金百叶风口）
	建筑智能化工程	综合布线（管线、桥架、信息点面板），智能安防（管线），公共广播（管线）

表 2 工程造价指标表

序号	项目名称	金额（元）	单方指标（元/m²）	占比指标（%）
	工程费用	26 587 843.06	3 058.78	100.00
1	房屋建筑与装饰工程	15 486 672.13	1 781.65	58.25
1.1	土石方工程	123 622.73	14.22	0.46
1.2	地基处理及支护工程	—	—	—
1.3	桩基工程	742 469.16	85.42	2.79
1.4	砌筑工程	918 074.60	105.62	3.45
1.5	混凝土工程	2 051 943.16	236.06	7.72
1.6	钢筋工程	3 140 515.23	361.30	11.81
1.7	金属结构工程	78 494.97	9.03	0.30
1.8	木结构工程	—	—	—
1.9	门窗工程	900 375.30	103.58	3.39
1.10	屋面及防水工程	955 405.08	109.91	3.59
1.11	保温、隔热及防腐工程	697 867.78	80.29	2.62
1.12	楼地面装饰	302 326.44	34.78	1.14
1.13	内墙、柱面装饰	309 655.47	35.62	1.16

序号	项目名称	金额（元）	单方指标 （元/m²）	占比指标（%）
1.14	外墙、柱面装饰	278 156.20	32.00	1.05
1.15	顶棚装饰	188 315.95	21.66	0.71
1.16	其他工程	225 271.75	25.92	0.85
1.17	模板及支架工程	1 882 785.74	216.60	7.08
1.18	脚手架工程	276 763.15	31.84	1.04
1.19	垂直运输工程	267 201.61	30.74	1.00
1.20	施工排水、降水工程	663 796.35	76.37	2.50
1.21	规费	300 541.99	34.58	1.13
1.22	税金	1 183 089.47	136.11	4.45
2	单独装饰工程	8 485 302.51	976.18	31.91
2.1	室内装饰工程	8 485 302.51	976.18	31.91
2.1.1	楼地面装饰	1 257 439.64	144.66	4.73
2.1.2	内墙、柱装饰	4 126 403.95	474.72	15.52
2.1.3	顶棚装饰	501 353.28	57.68	1.89
2.1.4	油漆、涂料工程	172 689.40	19.87	0.65
2.1.5	隔断	279 694.85	32.18	1.05
2.1.6	其他内装饰工程	272 875.00	31.39	1.03
2.1.7	措施项目费	942 791.63	108.46	3.55
2.1.8	规费	294 436.49	33.87	1.11
2.1.9	税金	637 618.27	73.35	2.40
3	房屋安装工程	2 615 868.42	300.94	9.84
3.1	电气工程	1 372 980.73	157.95	5.16
3.1.1	控制设备及低压电器	109 793.97	12.63	0.41
3.1.2	电缆安装	326 183.11	37.53	1.23
3.1.3	防雷及接地装置	61 012.39	7.02	0.23
3.1.4	配管配线	381 437.55	43.88	1.43
3.1.5	照明器具	246 579.90	28.37	0.93

续表

序号	项目名称	金额（元）	单方指标 （元/m²）	占比指标（%）
3.1.6	措施项目费	90 010.86	10.36	0.34
3.1.7	规费	32 239.42	3.71	0.12
3.1.8	税金	125 723.42	14.46	0.47
3.2	建筑智能化工程	426 187.00	49.03	1.60
3.2.1	综合布线系统工程	312 301.73	35.93	1.17
3.2.2	音频、视频系统工程	39 988.99	4.60	0.15
3.2.3	措施项目费	23 954.17	2.76	0.09
3.2.4	规费	10 916.27	1.26	0.04
3.2.5	税金	39 025.84	4.49	0.15
3.3	通风空调工程	139 853.00	16.09	0.53
3.3.1	通风系统	112 968.13	13.00	0.43
3.3.2	措施项目费	9 539.98	1.10	0.04
3.3.3	规费	4 538.67	0.52	0.02
3.3.4	税金	12 806.32	1.47	0.05
3.4	消防工程	204 474.59	23.52	0.77
3.4.1	水灭火系统	118 888.09	13.68	0.45
3.4.2	火灾自动报警系统	46 195.85	5.31	0.17
3.4.3	措施项目费	13 956.97	1.61	0.05
3.4.4	规费	6 709.99	0.77	0.03
3.4.5	税金	18 723.69	2.15	0.07
3.5	给排水工程	472 373.10	54.34	1.78
3.5.1	给水工程	62 683.33	7.21	0.24
3.5.2	排水工程	249 484.58	28.70	0.94
3.5.3	雨水工程	68 159.24	7.84	0.26
3.5.4	措施项目费	33 813.12	3.89	0.13
3.5.5	规费	14 977.74	1.72	0.06
3.5.6	税金	43 255.09	4.98	0.16

表3 工程量指标表

序号	工程量名称	单位	数量	单位指标（m²）
一、房屋建筑工程				
1	土石方开挖量	m³	1 895.64	0.22
2	土石方回填量	m³	1 097.60	0.13
3	桩	m³	606.60	0.07
4	砌体	m³	1 553.89	0.18
5	混凝土	m³	3 197.92	0.37
5.1	基础混凝土	m³	252.99	0.03
5.2	墙、柱混凝土	m³	564.82	0.07
5.3	梁板混凝土	m³	2 047.83	0.24
5.4	二次结构混凝土	m³	332.28	0.04
6	钢筋	t	582.47	0.07
6.1	基础钢筋	t	29.12	0.00
6.2	墙、柱钢筋	t	174.74	0.02
6.3	梁板钢筋	t	372.78	0.04
6.4	二次结构钢筋	t	5.82	0.00
7	模板	m²	27 026.62	3.11
8	门	m²	355.53	0.04
9	窗	m²	1 557.62	0.18
10	屋面	m²	2 955.39	0.34
11	外墙保温	m²	4 802.19	0.55
二、房屋装饰工程				
1	楼地面	m²	7 390.53	0.85
2	天棚装饰	m²	9 122.71	1.05
3	内墙装饰	m²	11 040.65	1.27
4	外墙装饰	m²	6 513.30	0.75

表4　消耗量指标表

序号	消耗量指标	单位	数量	单位指标（m²）
一、房屋建筑工程				
1	人工费	元	3 451 860.04	397.12
1.1	综合用工	工日	21 729.10	2.50
2	材料费	元	8 368 522.98	962.75
2.1	钢筋	t	599.94	0.07
2.2	型钢	t	—	—
2.3	水泥	t	363.80	0.04
2.4	商品混凝土	m³	4 613.97	0.53
3	机械费	元	484 532.81	55.74
二、房屋装饰工程				
1	人工费	元	2 483 212.54	285.68
1.1	综合用工	工日	15 524.08	1.79
2	材料费	元	3 828 976.09	440.50
2.1	水泥	t	248.07	0.03
2.2	混凝土	m³	—	—
3	机械费	元	182 025.62	20.94
三、房屋安装工程				
1	人工费	元	418 246.75	48.12
1.1	综合用工	工日	3 111.60	0.36
2	材料费	元	1 332 121.89	153.25
2.1	主材费	元	1 246 455.07	143.40
3	机械费	元	38 889.00	4.47
4	设备费	元	280 798.99	32.30

表5　主要材料、设备明细表

序号	名称	单位	数量	单价（元）
1	钢材	t	599.94	3 693.35
2	水泥	t	611.88	440.00
3	商品混凝土	m³	4 613.99	467.00
4	特细砂	t	801.44	194.00
5	碎石	t	94.69	112.00
6	WDZC-BYJ-4 mm²	m	23 259.41	3.25
7	WDZD-BYJ-2.5 mm²	m	15 642.20	2.75
8	PVC20	m	6 741.71	1.72
9	WDZBN-BYJ-2.5 mm²	m	6 709.60	2.75
10	JDG20	m	5 109.26	8.85
11	WDZD-BYJ-6 mm²	m	3 180.23	4.70
12	SC20	m	2 779.96	6.67
13	WDZD-BYJ-10 mm²	m	1 012.18	7.28
14	AGR 丙烯酸共聚聚氯乙烯管 DN15	m	1 008.42	6.55
15	PP 聚丙烯静音雨水管 DN100	m	496.80	23.31
16	内外壁热镀锌钢管 DN100	m	399.21	50.62

● 综合楼　案例 21　江苏省南京市-小学综合楼

表 1　单项工程概况及特征表

单体工程特色：装配式/绿色/节能

项目类别	新建	建筑面积（m²）	7 366.66	地上层数（层）	4
工程类型	小学综合楼	地上建筑面积（m²）	7 366.66	地下层数（层）	0
项目地点	江苏省南京市	地下建筑面积（m²）	0.00	檐口高度（m）	19.70
容积率	0.62	首层建筑面积（m²）	1 988.16	基础埋深（m）	1.20
开/竣工日期	2017-08-26/2018-05-07	造价阶段	控制价	计价方式	清单计价
结构类型	框架结构	抗震设防烈度	7 度	抗震等级	三级
场地类别	三类	建设地点级别	城市	装修类别	初装
层高	首层层高 3.80 m，标准层层高 3.80 m				
建筑工程	土石方工程	土方工程类型：平整场地、基坑挖填土			
	基础工程	独立基础，局部满堂基础			
	砌筑工程	外墙采用煤矸石烧结保温砌块，内墙采用蒸压加气混凝土条板			
	防水工程	屋面采用双层黏结型高分子湿铺防水卷材、地面采用 1.2 mm 厚高分子防水涂料、墙面采用 1.5 mm 厚高分子防水涂料			
	钢筋混凝土工程	楼盖局部采用装配式混凝土叠合底板，预制率为 70%。柱、梁、板混凝土强度等级为 C40，混凝土墙、基础混凝土强度等级为 C30，基础垫层混凝土强度等级为 C15，砌体中的圈梁、构造柱、过梁混凝土强度等级为 C25。钢筋型号为 HPB300、HRB335			
	保温工程	屋面采用 70 mm 厚挤塑聚苯板、地面采用 50 mm 厚挤塑聚苯板、天棚采用 60 mm 厚岩棉板、外墙面采用 50 mm 厚发泡陶瓷保温板、内墙面采用 20 mm 厚石膏保温砂浆			

建筑工程	外装饰工程	真石漆外墙面，断桥隔热铝合金 LOW-E 中空玻璃门窗
	模板、脚手架工程	复合木模板，满堂脚手架
	垂直运输工程	垂直运输费地上部分按 1 台考虑
	楼地面工程	电子阅览室采用地胶垫楼面，书法教室、美术教室、阅览室、科学教室、劳动教室、计算机教室、自动录播室、书库、网络控制室、办公室、配电间、候梯厅、楼梯间采用水磨石楼面，卫生间、盥洗室采用块料楼面
装饰工程	内墙柱面工程	电子阅览室、书法教室、美术教室、阅览室、科学教室、劳动教室、计算机教室、自动录播室、书库采用瓷砖墙裙、乳胶漆内墙面，网络控制室、办公室、配电间采用乳胶漆内墙面，候梯厅采用瓷砖墙裙、乳胶漆内墙面、局部石材墙面，楼梯间、卫生间、盥洗室采用瓷砖内墙面
	天棚工程	电子阅览室、书法教室、美术教室、阅览室、科学教室、劳动教室、计算机教室、自动录播室、书库、网络控制室、配电间采用乳胶漆天棚面，办公室采用高晶板吊顶天棚，候梯厅铝板吊顶，楼梯间采用防水乳胶漆天棚面，卫生间、盥洗室采用纸面石膏板防水乳胶漆吊顶
	门窗工程	防火门、成品钢木门、断桥隔热铝合金 LOW-E 中空玻璃门窗
	电气安装	配电箱柜，焊接钢管、JDG 管电缆电线保护管，镀锌槽式桥架，铜芯配线配缆，中档灯具、应急及疏散指示标志灯具
安装工程	给排水工程	内衬不锈钢复合钢管、铝合金衬塑 PP-R 管给水管，U-PVC 排水管，U-PVC 防紫外线承压雨水管，洁具
	消防工程	室内消火栓箱、磷酸铵盐干粉灭火器，漏电探测器
	通风空调工程	吸顶式排气扇、镀锌钢板风管
	建筑智能化工程	计算机应用、网络系统工程，综合布线系统工程，建筑信息综合管理系统工程，音频、视频系统工程，安全防范系统工程

表 2　工程造价指标表

序号	项目名称	金额（元）	单方指标（元/m²）	占比指标（%）
	工程费用	23 374 565.50	3 173.02	100.00
1	房屋建筑与装饰工程	13 442 264.46	1 824.74	57.51
1.1	土石方工程	117 396.63	15.94	0.50
1.2	地基处理及支护工程	—	—	—
1.3	桩基工程	—	—	—
1.4	砌筑工程	323 131.96	43.86	1.38
1.5	混凝土工程	1 256 689.65	170.59	5.38
1.6	钢筋工程	1 854 874.12	251.79	7.94
1.7	金属结构工程	3 616.76	0.49	0.02
1.8	木结构工程	—	—	—
1.9	门窗工程	1 216 129.57	165.09	5.20
1.10	屋面及防水工程	727 872.31	98.81	3.11
1.11	保温、隔热及防腐工程	399 479.64	54.23	1.71
1.12	楼地面装饰	570 069.82	77.39	2.44
1.13	内墙、柱面装饰	259 109.97	35.17	1.11
1.14	外墙、柱面装饰	—	—	—
1.15	顶棚装饰	50 157.40	6.81	0.21
1.16	油漆、涂料工程	461 227.79	62.61	1.97
1.17	隔断	—	—	—
1.18	其他工程	169 015.51	22.94	0.72
1.19	预制构件工程	1 645 818.00	223.41	7.04
1.20	模板及支架工程	973 293.74	132.12	4.16
1.21	脚手架工程	501 733.08	68.11	2.15
1.22	垂直运输工程	187 618.35	25.47	0.80
1.23	安全文明及其他措施项目费	1 052 235.43	142.84	4.50
1.24	规费	450 770.69	61.19	1.93

序号	项目名称	金额（元）	单方指标（元/m²）	占比指标（%）
1.25	税金	1 222 024.04	165.89	5.23
2	单独装饰工程	4 382 437.88	594.90	18.75
2.1	室内装饰工程	4 382 437.88	594.90	18.75
2.1.1	楼地面装饰	1 060 825.94	144.00	4.54
2.1.2	内墙、柱装饰	1 297 661.11	176.15	5.55
2.1.3	顶棚装饰	498 515.41	67.67	2.13
2.1.4	油漆、涂料工程	316 512.16	42.97	1.35
2.1.5	其他内装饰工程	294 970.04	40.04	1.26
2.1.6	措施项目费	438 030.32	59.46	1.87
2.1.7	规费	114 070.23	15.48	0.49
2.1.8	税金	361 852.67	49.12	1.55
3	房屋安装工程	5 311 863.16	721.07	22.72
3.1	电气工程	1 151 477.16	156.31	4.93
3.1.1	控制设备及低压电器	138 628.20	18.82	0.59
3.1.2	电缆安装	110 698.08	15.03	0.47
3.1.3	防雷及接地装置	48 664.24	6.61	0.21
3.1.4	配管配线	315 904.92	42.88	1.35
3.1.5	照明器具	133 732.60	18.15	0.57
3.1.6	附属工程	203 721.99	27.65	0.87
3.1.7	措施项目费	67 216.56	9.12	0.29
3.1.8	规费	29 666.39	4.03	0.13
3.1.9	税金	103 244.18	14.02	0.44
3.2	建筑智能化工程	3 428 769.24	465.44	14.67
3.2.1	计算机应用、网络系统工程	1 302 841.73	176.86	5.57
3.2.2	综合布线系统工程	460 668.33	62.53	1.97
3.2.3	建筑信息综合管理系统工程	138 870.61	18.85	0.59

续表

序号	项目名称	金额（元）	单方指标 （元/m²）	占比指标（%）
3.2.4	音频、视频系统工程	766 003.58	103.98	3.28
3.2.5	安全防范系统工程	395 041.88	53.63	1.69
3.2.6	措施项目费	37 277.76	5.06	0.16
3.2.7	规费	32 339.45	4.39	0.14
3.2.8	税金	295 725.90	40.14	1.27
3.3	通风空调工程	16 871.67	2.29	0.07
3.3.1	通风系统	14 084.16	1.91	0.06
3.3.2	措施项目费	955.28	0.13	0.00
3.3.3	规费	439.16	0.06	0.00
3.3.4	税金	1 393.07	0.19	0.01
3.4	消防工程	300 347.86	40.77	1.28
3.4.1	水灭火系统	220 069.38	29.87	0.94
3.4.2	火灾自动报警系统	35 359.76	4.80	0.15
3.4.3	措施项目费	12 517.48	1.70	0.05
3.4.4	规费	5 096.89	0.69	0.02
3.4.5	税金	27 304.35	3.71	0.12
3.5	给排水工程	414 397.23	56.25	1.77
3.5.1	给水工程	29 357.75	3.99	0.13
3.5.2	排水工程	300 302.57	40.77	1.28
3.5.3	雨水工程	16 789.63	2.28	0.07
3.5.4	措施项目费	22 219.66	3.02	0.10
3.5.5	规费	10 765.16	1.46	0.05
3.5.6	税金	34 962.46	4.75	0.15
4	设备采购	238 000.00	32.31	1.02
4.1	电梯采购安装	238 000.00	32.31	1.02

表3 工程量指标表

序号	工程量名称	单位	数量	单位指标（m²）
一、房屋建筑工程				
1	土石方开挖量	m³	1 763.81	0.24
2	土石方回填量	m³	1 378.28	0.19
3	桩	m³	—	—
4	砌体	m³	508.67	0.07
5	混凝土	m³	2 142.53	0.29
5.1	基础混凝土	m³	447.02	0.06
5.2	墙、柱混凝土	m³	348.40	0.05
5.3	梁板混凝土	m³	1 129.10	0.15
5.4	二次结构混凝土	m³	218.01	0.03
6	钢筋	t	326.60	0.04
6.1	基础钢筋	t	172.12	0.02
6.2	墙、柱钢筋	t	53.11	0.01
6.3	梁板钢筋	t	68.14	0.01
6.4	二次结构钢筋	t	33.23	0.00
7	模板	m²	13 413.57	1.82
8	门	m²	388.20	0.05
9	窗	m²	1 287.52	0.17
10	屋面	m²	2 000.64	0.27
11	外墙保温	m²	2 967.90	0.40
12	预制构件	m³	504.63	0.07
12.1	预制墙	m³	197.82	0.03
12.2	预制板	m³	306.81	0.04
二、房屋装饰工程				
1	楼地面	m²	6 850.99	0.93
2	天棚装饰	m²	8 029.66	1.09
3	内墙装饰	m²	8 472.47	1.15
4	外墙装饰	m²	6 596.66	0.90

表 4　消耗量指标表

序号	消耗量指标	单位	数量	单位指标（m²）
一、房屋建筑工程				
1	人工费	元	1 814 239.84	246.28
1.1	综合用工	工日	19 474.79	2.64
2	材料费	元	7 822 992.28	1 061.95
2.1	钢筋	t	351.10	0.05
2.2	型钢	t	5.28	0.00
2.3	水泥	t	21.41	0.00
2.4	商品混凝土	m³	2 536.30	0.34
3	机械费	元	342 889.82	46.55
二、房屋装饰工程				
1	人工费	元	1 125 149.66	152.74
1.1	综合用工	工日	9 535.17	1.29
2	材料费	元	1 823 266.03	247.50
3	机械费	元	54 603.29	7.41
三、房屋安装工程				
1	人工费	元	478 094.44	64.90
1.1	综合用工	工日	5 355.18	0.73
2	材料费	元	3 300 985.89	448.10
2.1	主材费	元	1 426 280.68	193.61
3	机械费	元	35 670.81	4.84
4	设备费	元	651 217.38	88.40

表 5　主要材料、设备明细表

序号	名称	单位	数量	单价（元）
1	钢筋Ⅲ级钢 Φ≤12	t	99.02	3 910.43
2	钢筋Ⅲ级钢 Φ≤25（E）	t	173.51	3 859.48
3	C40 泵送预拌混凝土	m³	1 604.26	460.46
4	断热铝合金推拉窗 6 高透光 LOW-E+12 空气+6 玻璃	m²	1 287.52	691.82

序号	名称	单位	数量	单价（元）
5	仿石型外墙涂料	kg	19 224.95	17.30
6	成品钢木门	m²	299.80	864.77
7	黏结型高分子湿铺防水卷材厚1.5 mm	m²	4 205.43	69.18
8	预制混凝土叠合板（双向板）含钢筋及吊装埋件	m³	76.18	3 640.70
9	预制混凝土叠合板（单向板）含钢筋及吊装埋件	m³	230.64	3 640.70
10	墙面砖 45 mm×195 mm	m²	2 472.08	129.72
11	墙面砖 300 mm×600 mm	m²	2 870.16	129.72
12	铝板 500 mm×500 mm×0.6 mm	m²	2 463.17	86.48
13	PVC 百叶窗帘（成品）	m²	1 147.36	69.18
14	水泥砂浆	t	217.41	394.81
15	大便感应器	组	10.00	4 230.00
16	智能班牌一体机	m²	12.00	5 335.00
17	智能触控一体机	m²	19.00	19 060.00
18	学生计算机	台	37.00	3 500.00
19	交互式数字临摹台	套	36.00	2 800.00

●行政楼　案例 22　重庆市–中小学行政楼

表 1　单项工程概况及特征表

单体工程特色：装配式/绿色/节能/仿生等

项目类别	新建	建筑面积（m²）	2 320.32	地上层数（层）	4
工程类型	中小学行政楼	地上建筑面积（m²）	2 320.32	地下层数（层）	0
项目地点	重庆市	地下建筑面积（m²）	0.00	檐口高度（m）	15.70
容积率	3.72	首层建筑面积（m²）	600.78	基础埋深（m）	15.91
开/竣工日期	2016-05-05/ 2017-08-25	造价阶段	结算价	计价方式	定额计价
结构类型	框架结构	抗震设防烈度	6 度	抗震等级	三级
场地类别	三类	建设地点级别	城市	装修类别	毛坯/初装
层高	首层层高 4.00 m，标准层层高 3.90 m				
建筑工程	桩基工程	旋挖桩基础，桩径约 1.00~1.80 m，桩深平均 15.91 m			
	土石方工程	石方以软质岩为主			
	基础工程	独立基础共 23.27 m³，占比 4.26%，基础平均深度约 2.41 m；条形基础共 28.61 m³，占比 5.24%，基础平均深度约 0.63 m；旋挖桩基础共 494.53 m³，占比 90.50%，基础平均深度约 15.91 m			
	砌筑工程	主要为实心砖、多孔砖、加气混凝土砌块			
	防水工程	主要为聚氨酯防水涂膜、4 mm 厚 SBS 耐根穿刺卷材			
	钢筋混凝土工程	钢筋主要型号为 A8、A10、C8、C10、C12E、C16-C25E；混凝土主要型号为 C30、C40			
	保温工程	轻质加气混凝土板墙板（ALC 板）、难燃型挤塑聚苯板、垂直纤维岩棉板			
	外装饰工程	木纹漆、真石漆			
	模板、脚手架工程	模板采用组合钢模板、复合模板；脚手架采用综合脚手架、单项脚手架			
	楼地面工程	地面砖、水磨石、麻面花岗石、细石混凝土、水泥砂浆			

装饰工程	内墙柱面工程	乳胶漆、真石漆、防腐木、水泥砂浆、面砖
	天棚工程	乳胶漆、水泥砂浆、铝合金扣板、吸音石膏板
	门窗工程	铝合金固定窗、铝合金推拉窗、铝合金百叶窗、钢质防盗门
	电气安装	配电箱安装、电缆及电缆桥架安装、线管敷设
安装工程	给排水工程	塑料给水管、塑料雨水排水管、铸铁排水管、套管制安
	消防工程	消火栓及管道安装、阀门安装、灭火器安装
	通风空调工程	百叶风口安装
	建筑智能化工程	中型阻燃 PVC 管、金属软管、光缆敷设、桥架制安

表2　工程造价指标表

序号	项目名称	金额（元）	单方指标（元/m²）	占比指标（%）
	工程费用	7 551 502.18	3 254.51	100.00
1	房屋建筑与装饰工程	6 324 942.55	2 725.89	83.76
1.1	土石方工程	66 533.06	28.67	0.88
1.2	地基处理及支护工程	—	—	—
1.3	桩基工程	728 028.66	313.76	9.64
1.4	砌筑工程	207 271.09	89.33	2.74
1.5	混凝土工程	1 106 139.37	476.72	14.65
1.6	钢筋工程	980 528.60	422.58	12.98
1.7	金属结构工程	1 960.11	0.84	0.03
1.8	木结构工程	—	—	—
1.9	门窗工程	321 641.55	138.62	4.26
1.10	屋面及防水工程	153 688.99	66.24	2.04
1.11	保温、隔热及防腐工程	223 717.38	96.42	2.96
1.12	楼地面装饰	340 568.12	146.78	4.51
1.13	内墙、柱面装饰	778 212.01	335.39	10.31
1.14	顶棚装饰	10 800.13	4.65	0.14
1.15	油漆、涂料工程	21 257.49	9.16	0.28

续表

序号	项目名称	金额（元）	单方指标（元/m²）	占比指标（%）
1.16	其他工程	168 304.61	72.54	2.23
1.17	脚手架工程	47 938.76	20.66	0.63
1.18	垂直运输工程	86 330.49	37.21	1.14
1.19	安全文明及其他措施项目费	314 287.62	135.45	4.16
1.20	规费	131 358.35	56.61	1.74
1.21	税金	636 376.16	274.26	8.43
2	单独装饰工程	—	—	—
3	房屋安装工程	1 226 559.63	528.62	16.24
3.1	电气工程	842 557.35	363.12	11.16
3.1.1	控制设备及低压电器	130 387.53	56.19	1.73
3.1.2	电缆安装	161 552.43	69.63	2.14
3.1.3	防雷及接地装置	46 040.08	19.84	0.61
3.1.4	配管配线	78 884.54	34.00	1.04
3.1.5	照明器具	40 724.29	17.55	0.54
3.1.6	附属工程	46 876.28	20.20	0.62
3.1.7	电梯	243 756.07	105.05	3.23
3.1.8	措施项目费	26 264.42	11.32	0.35
3.1.9	规费	8 731.04	3.76	0.12
3.1.10	税金	59 340.67	25.57	0.79
3.2	建筑智能化工程	124 428.09	53.63	1.65
3.2.1	综合布线系统工程	105 836.32	45.61	1.40
3.2.2	措施项目费	3 276.13	1.41	0.04
3.2.3	规费	2 984.93	1.29	0.04
3.2.4	税金	12 330.71	5.31	0.16
3.3	通风空调工程	1 848.68	0.80	0.02
3.3.1	通风系统	1 517.05	0.65	0.02
3.3.2	措施项目费	111.29	0.05	0.00
3.3.3	规费	37.14	0.02	0.00
3.3.4	税金	183.20	0.08	0.00

序号	项目名称	金额（元）	单方指标（元/m²）	占比指标（%）
3.4	消防工程	175 642.45	75.70	2.33
3.4.1	水灭火系统	58 032.78	25.01	0.77
3.4.2	火灾自动报警系统	84 611.96	36.47	1.12
3.4.3	措施项目费	11 908.21	5.13	0.16
3.4.4	规费	3 683.49	1.59	0.05
3.4.5	税金	17 406.01	7.50	0.23
3.5	给排水工程	82 083.06	35.38	1.09
3.5.1	给水工程	26 316.42	11.34	0.35
3.5.2	排水工程	40 419.08	17.42	0.54
3.5.3	措施项目费	5 475.56	2.36	0.07
3.5.4	规费	1 737.64	0.75	0.02
3.5.5	税金	8 134.36	3.51	0.11

表 3　工程量指标表

序号	工程量名称	单位	数量	单位指标（m²）
一、房屋建筑工程				
1	土石方开挖量	m³	542.12	0.23
2	土石方回填量	m³	76.66	0.03
3	桩	m³	543.64	0.23
4	砌体	m³	488.82	0.21
5	混凝土	m³	1 868.19	0.81
5.1	基础混凝土	m³	620.87	0.27
5.2	墙、柱混凝土	m³	287.53	0.12
5.3	梁板混凝土	m³	854.61	0.37
5.4	二次结构混凝土	m³	105.19	0.05
6	钢筋	t	198.88	0.09
6.1	基础钢筋	t	8.96	0.00
6.2	墙、柱钢筋	t	41.51	0.02
6.3	梁板钢筋	t	125.19	0.05

序号	工程量名称	单位	数量	单位指标（m²）
6.4	二次结构钢筋	t	23.23	0.01
7	模板	m²	—	—
8	门	m²	103.98	0.04
9	窗	m²	492.18	0.21
10	屋面	m²	682.03	0.29
11	外墙保温	m²	391.37	0.17
	二、房屋装饰工程			
1	楼地面	m²	2 444.96	1.05
2	天棚装饰	m²	3 401.95	1.47
3	内墙装饰	m²	3 947.45	1.70
4	外墙装饰	m²	3 154.96	1.36
5	幕墙	m²	—	—

表4　消耗量指标表

序号	消耗量指标	单位	数量	单位指标（m²）
	一、房屋建筑工程			
1	人工费	元	468 793.47	202.04
1.1	综合用工	工日	11 251.27	4.85
2	材料费	元	1 949 358.61	840.12
2.1	钢筋	t	226.15	0.10
2.2	型钢	t	18.73	0.01
2.3	水泥	t	80.93	0.03
2.4	商品混凝土	m³	1 978.87	0.85
3	机械费	元	488 285.78	210.44
	二、房屋装饰工程			
1	人工费	元	294 568.14	126.95
1.1	综合用工	工日	7 030.07	3.03
2	材料费	元	1 069 881.43	461.09
2.1	水泥	t	145.19	0.06
2.2	混凝土	m³	1.04	0.00
3	机械费	元	12 880.23	5.55

续表

序号	消耗量指标	单位	数量	单位指标（m²）
三、房屋安装工程				
1	人工费	元	105 427.80	45.44
1.1	综合用工	工日	2 683.57	1.16
2	材料费	元	40 118.88	17.29
2.1	主材费	元	799 265.49	344.46
3	机械费	元	21 877.26	9.43

表5 主要材料、设备明细表

序号	名称	单位	数量	单价（元）
1	镀锌钢板 厚1 mm	m²	4 858.37	36.37
2	镀锌钢板 厚1.2 mm	m²	4 241.63	43.65
3	镀锌钢管 DN150	m	1 423.01	83.10
4	镀锌钢管 DN100	m	2 219.16	49.51
5	绝缘导线 WBZBN-BYJ-2.5 mm²	m	49 639.49	2.16
6	绝缘导线 WDZB-BYJ-2.5 mm²	m	62 175.90	1.79
7	电缆 WDZA-YJY-4×120+1×70 mm²	m	467.73	267.00
8	电缆 WDZA-YJY-3×120+2×70 mm²	m	652.75	252.00
9	矿物绝缘电缆 NG-A（BTLY）-3×50+2×25 mm²	m	453.35	237.01
10	桥架 200×100	m	1 695.47	67.68
11	罐式管网叠压恒压供水设备	台	1.00	167 200.00
12	角钢 L60	kg	34 228.95	3.50
13	角钢 L40×4	kg	27 872.00	3.50
14	7#楼送餐电梯	部	2.00	151 000.00
15	消防水泵控制柜 3D	台（块）	1.00	38 774.33
16	消防水泵控制柜 5D	台（块）	1.00	43 167.59
17	消防巡检柜 XJD	台（块）	1.00	57 271.14

序号	名称	单位	数量	单价（元）
18	发电机配电屏 AE1	台（块）	1.00	41 089.31
19	发电机配电屏 AE2	台（块）	1.00	49 487.75
20	发电机配电屏 AE3	台（块）	1.00	59 936.01
21	柴油发电机组 LG825C 600 kW ~ 0.4 kV（常载功率）	台	1.00	376 179.00

• 行政楼　案例 23　江苏省南京市-小学行政楼

表 1　单项工程概况及特征表

单体工程特色：装配式/绿色/节能

项目类别	新建	建筑面积（m²）	1 570.35	地上层数（层）	3
工程类型	小学行政楼	地上建筑面积（m²）	1 570.35	地下层数（层）	0
项目地点	江苏省南京市	地下建筑面积（m²）	0.00	檐口高度（m）	12.25
容积率	0.62	首层建筑面积（m²）	421.74	基础埋深（m）	1.70
开/竣工日期	2017-08-26/ 2018-05-07	造价阶段	控制价	计价方式	清单计价
结构类型	框架结构	抗震设防烈度	7 度	抗震等级	三级
场地类别	三类	建设地点级别	城市	装修类别	初装
层高	首层层高 4.20 m，标准层层高 3.80 m				
建筑工程	土石方工程	土方工程类型室内土方回填			
	砌筑工程	外墙采用煤矸石烧结保温砌块，内墙采用蒸压加气混凝土条板			
	防水工程	屋面采用双层粘结型高分子湿铺防水卷材、地面采用 1.2 mm 厚高分子防水涂料、墙面采用 1.5 mm 厚高分子防水涂料			
	钢筋混凝土工程	楼盖局部采用装配式混凝土叠合底板，预制率为 70%；柱、梁、板、混凝土墙、基础混凝土强度等级为 C30，基础垫层混凝土强度等级为 C15，砌体中的圈梁、构造柱、过梁混凝土强度等级为 C25；钢筋型号为 HPB300、HRB335			
	保温工程	屋面采用 70 mm 厚挤塑聚苯板，地面采用 50 mm 厚挤塑聚苯板，天棚采用 60 mm 厚岩棉板，外墙面采用 50 mm 厚发泡陶瓷保温板，内墙面采用 20 mm 厚石膏保温砂浆			
	外装饰工程	真石漆外墙面、断桥隔热铝合金 LOW-E 中空玻璃门窗			
	模板、脚手架工程	复合木模板、满堂脚手架			
	垂直运输工程	垂直运输费地上部分按 1 台考虑			
	楼地面工程	非机动车库、楼梯间、走道、办公室、接待室、校长办公室水磨石楼面，校史馆地胶垫楼面，卫生间、盥洗室块料楼面			

装饰工程	内墙柱面工程	非机动车库、楼梯间、卫生间、盥洗室采用瓷砖内墙面；走道、办公室、校史馆采用乳胶漆内墙面；接待室、校长办公室采用木饰面板内墙面，局部乳胶漆内墙面
	天棚工程	非机动车库、走道铝板吊顶，楼梯间采用乳胶漆天棚面，办公室、校长办公室采用高晶板吊顶天棚，卫生间、盥洗室、接待室、校史馆采用纸面石膏板吊顶天棚、乳胶漆天棚面
	门窗工程	防火门、成品钢木门、断桥隔热铝合金 LOW-E 中空玻璃门窗
	电气安装	配电箱柜、焊接钢管、JDG 管电缆电线保护管、镀锌槽式桥架、铜芯配线配缆、中档灯具、应急及疏散指示标志灯具
安装工程	给排水工程	内衬不锈钢复合钢管、铝合金衬塑 PP-R 管给水管、U-PVC 排水管、U-PVC 防紫外线承压雨水管、洁具
	消防工程	室内消火栓箱、磷酸铵盐干粉灭火器、漏电探测器
	通风空调工程	吸顶式排气扇、镀锌钢板风管
	建筑智能化工程	计算机应用、网络系统工程，综合布线系统工程，建筑信息综合管理系统工程，音频、视频系统工程，安全防范系统工程

表 2　工程造价指标表

序号	项目名称	金额（元）	单方指标（元/m²）	占比指标（%）
	工程费用	7 121 991.97	4 535.29	100.00
1	房屋建筑与装饰工程	4 241 750.28	2 701.15	59.56
1.1	土石方工程	18 539.22	11.81	0.26
1.2	地基处理及支护工程	—	—	—
1.3	桩基工程	—	—	—
1.4	砌筑工程	115 249.67	73.39	1.62
1.5	混凝土工程	325 659.64	207.38	4.57
1.6	钢筋工程	653 061.45	415.87	9.17
1.7	金属结构工程	1 901.32	1.21	0.03

序号	项目名称	金额（元）	单方指标（元/m²）	占比指标（%）
1.8	木结构工程	—	—	—
1.9	门窗工程	256 818.55	163.54	3.61
1.10	屋面及防水工程	314 381.54	200.20	4.41
1.11	保温、隔热及防腐工程	129 199.37	82.27	1.81
1.12	楼地面装饰	170 236.23	108.41	2.39
1.13	内墙、柱面装饰	80 282.45	51.12	1.13
1.14	外墙、柱面装饰	—	—	—
1.15	顶棚装饰	11 301.37	7.20	0.16
1.16	油漆、涂料工程	204 072.31	129.95	2.87
1.17	隔断	—	—	—
1.18	其他工程	121 505.56	77.37	1.71
1.19	预制构件工程	483 740.08	308.05	6.79
1.20	模板及支架工程	337 219.98	214.74	4.73
1.21	脚手架工程	130 328.40	82.99	1.83
1.22	垂直运输工程	54 527.15	34.72	0.77
1.23	安全文明及其他措施项目费	305 870.18	194.78	4.29
1.24	规费	142 242.15	90.58	2.00
1.25	税金	385 613.66	245.56	5.41
2	单独装饰工程	1 616 465.23	1 029.37	22.70
2.1	室内装饰工程	1 616 465.23	1 029.37	22.70
2.1.1	楼地面装饰	346 339.16	220.55	4.86
2.1.2	内墙、柱装饰	269 974.94	171.92	3.79
2.1.3	顶棚装饰	404 163.81	257.37	5.67
2.1.4	油漆、涂料工程	122 197.65	77.82	1.72
2.1.5	其他内装饰工程	161 675.24	102.95	2.27
2.1.6	措施项目费	136 569.93	86.97	1.92
2.1.7	规费	42 074.89	26.79	0.59

序号	项目名称	金额（元）	单方指标（元/m²）	占比指标（%）
2.1.8	税金	133 469.61	84.99	1.87
3	房屋安装工程	1 025 776.46	653.22	14.40
3.1	电气工程	226 522.77	144.25	3.18
3.1.1	控制设备及低压电器	22 233.16	14.16	0.31
3.1.2	电缆安装	29 733.87	18.93	0.42
3.1.3	防雷及接地装置	26 069.40	16.60	0.37
3.1.4	配管配线	53 211.24	33.88	0.75
3.1.5	照明器具	41 869.38	26.66	0.59
3.1.6	附属工程	14 026.76	8.93	0.20
3.1.7	措施项目费	13 408.44	8.54	0.19
3.1.8	规费	5 856.13	3.73	0.08
3.1.9	税金	20 114.39	12.81	0.28
3.2	建筑智能化工程	730 910.31	465.44	10.26
3.2.1	计算机应用、网络系统工程	277 726.61	176.86	3.90
3.2.2	综合布线系统工程	98 200.61	62.53	1.38
3.2.3	建筑信息综合管理系统工程	29 603.03	18.85	0.42
3.2.4	音频、视频系统工程	163 288.89	103.98	2.29
3.2.5	安全防范系统工程	84 211.03	53.63	1.18
3.2.6	措施项目费	7 946.49	5.06	0.11
3.2.7	规费	6 893.80	4.39	0.10
3.2.8	税金	63 039.85	40.14	0.89
3.3	通风空调工程	4 366.01	2.78	0.06
3.3.1	通风系统	3 644.00	2.32	0.05
3.3.2	措施项目费	247.87	0.16	0.00
3.3.3	规费	113.64	0.07	0.00
3.3.4	税金	360.50	0.23	0.01
3.4	消防工程	44 345.08	28.24	0.62

续表

序号	项目名称	金额（元）	单方指标（元/m²）	占比指标（%）
3.4.1	水灭火系统	28 239.35	17.98	0.40
3.4.2	火灾自动报警系统	8 055.74	5.13	0.11
3.4.3	措施项目费	2 874.86	1.83	0.04
3.4.4	规费	1 143.76	0.73	0.02
3.4.5	税金	4 031.37	2.57	0.06
3.5	给排水工程	19 632.29	12.50	0.28
3.5.1	给水工程	7 395.54	4.71	0.10
3.5.2	排水工程	4 947.74	3.15	0.07
3.5.3	雨水工程	3 665.66	2.33	0.05
3.5.4	措施项目费	1 332.24	0.85	0.02
3.5.5	规费	506.36	0.32	0.01
3.5.6	税金	1 784.75	1.14	0.03
4	设备采购	238 000.00	151.56	3.34
4.1	电梯采购安装	238 000.00	151.56	3.34

表3　工程量指标表

序号	工程量名称	单位	数量	单位指标（m²）
一、房屋建筑工程				
1	土石方开挖量	m³	—	—
2	土石方回填量	m³	379.98	0.24
3	桩	m³	—	—
4	砌体	m³	202.16	0.13
5	混凝土	m³	540.18	0.34
5.1	墙、柱混凝土	m³	113.89	0.07
5.2	梁板混凝土	m³	381.73	0.24
5.3	二次结构混凝土	m³	44.56	0.03
6	钢筋	t	113.69	0.07

续表

序号	工程量名称	单位	数量	单位指标（m²）
6.1	墙、柱钢筋	t	23.97	0.02
6.2	梁板钢筋	t	80.34	0.05
6.3	二次结构钢筋	t	9.38	0.01
7	模板	m²	4 072.99	2.59
8	门	m²	125.88	0.08
9	窗	m²	224.73	0.14
10	屋面	m²	933.92	0.59
11	外墙保温	m²	647.98	0.41
12	预制构件	m³	130.91	0.08
12.1	预制墙	m³	30.86	0.02
12.2	预制板	m³	100.05	0.06
二、房屋装饰工程				
1	楼地面	m²	1 460.43	0.93
2	天棚装饰	m²	1 805.90	1.15
3	内墙装饰	m²	3 113.23	1.98
4	外墙装饰	m²	1 890.26	1.20

表4 消耗量指标表

序号	消耗量指标	单位	数量	单位指标（m²）
一、房屋建筑工程				
1	人工费	元	589 203.13	375.20
1.1	综合用工	工日	6 317.62	4.02
2	材料费	元	2 478 852.76	1 578.54
2.1	钢筋	t	119.14	0.08
2.2	型钢	t	1.06	0.00
2.3	水泥	t	6.01	0.00
2.4	商品混凝土	m³	654.56	0.42
3	机械费	元	84 051.28	53.52

序号	消耗量指标	单位	数量	单位指标（m²）
二、房屋装饰工程				
1	人工费	元	406 984.50	259.17
1.1	综合用工	工日	3 449.02	2.20
2	材料费	元	686 099.32	436.91
3	机械费	元	19 555.77	12.45
三、房屋安装工程				
1	人工费	元	108 126.65	68.86
1.1	综合用工	工日	1 211.82	0.77
2	材料费	元	655 417.40	417.37
2.1	主材费	元	294 068.93	187.26
3	机械费	元	7 864.01	5.01
4	设备费	元	138 819.93	88.40

表5　主要材料、设备明细表

序号	名称	单位	数量	单价（元）
1	钢筋Ⅲ级钢 $\Phi \leq 12$	t	52.25	3 910.43
2	钢筋Ⅲ级钢 $\Phi \leq 25$（E）	t	39.57	3 859.48
3	外走廊金属栏杆 $\Phi \leq 25$（E）	m	173.70	518.86
4	泵送预拌混凝土 C30	m³	501.38	439.09
5	断热铝合金推拉窗 6 高透光 LOW-E+12 空气+6 玻璃	m²	221.04	691.82
6	仿石型外墙涂料	kg	8 506.17	17.30
7	粘结型高分子湿铺防水卷材 厚 1.5 mm	m²	2 004.03	69.18
8	预制混凝土叠合板（双向板）含钢筋及吊装埋件	m³	81.44	3 640.70
9	墙面砖 300 mm×600 mm	m²	622.54	129.72
10	铝板 500 mm×500 mm×0.6 mm	m²	616.67	86.48

续表

序号	名称	单位	数量	单价（元）
11	铝合金 T 型主龙骨	m	3 847.48	6.84
12	轻钢龙骨（大）60 系列	m	2 742.50	10.03
13	高晶板 600 mm×600 mm	m²	1 383.14	103.78
14	水泥砂浆	t	83.18	394.81
15	大便感应器	组	10.00	4 230.00
16	智能班牌一体机	m²	3.00	5 335.00
17	智能触控一体机	m²	4.00	19 060.00
18	学生电脑	台	8.00	3 500.00
19	交互式数字临摹台	套	8.00	2 800.00

●学生公寓 案例 24 湖南省长沙市-中学宿舍

表 1 单项工程概况及特征表

单体工程特色：装配式/绿色/节能/仿生等

项目类别	新建	建筑面积（m²）	5 064.65	地上层数（层）	6
工程类型	中学宿舍楼	地上建筑面积（m²）	5 064.65	地下层数（层）	0
项目地点	湖南省长沙市	地下建筑面积（m²）	0.00	檐口高度（m）	20.80
容积率	0.83%	首层建筑面积（m²）	856.83	基础埋深（m）	1.10
开/竣工日期	—	造价阶段	控制价	计价方式	清单计价
结构类型	框架结构	抗震设防烈度	7 度	抗震等级	三级
场地类别	二类	建设地点级别	城市	装修类别	初装
层高	首层层高 4.00 m，标准层层高 3.30 m				
建筑工程	围护桩、支撑工程及降排水	降排水费按 25.00 万元暂估			
	桩基工程	长螺旋钻孔灌注桩桩长暂按 20.00 m 计取			
	土石方工程	地下室大基坑土石比例按照土方 60%石方 40%计取，艺术楼土石方按照土方 20%石方 80%计取			
	基础工程	桩承台			
	砌筑工程	烧结页岩多孔砖墙、加气混凝土砌块			
	防水工程	上人屋面： （1）C30 UEA 补偿收缩混凝土 40 mm 厚防水层，表面压光，内配 Φ4 钢筋双向中距 150； （2）满铺 0.3 mm 厚聚乙烯薄膜一层； （3）自粘无胎防水卷材两道，每道厚度为 1.50 mm，总厚度为 3.00 mm 坡屋面； （4）厚度 3+3 mm 双层 SBS 改性沥青防水卷材			
	钢筋混凝土工程	商品混凝土			
	保温工程	外墙内保温： （1）界面剂； （2）60 mm 厚泡沫玻璃板； （3）40 mm 厚耐碱玻纤网格布，抗裂砂浆			

续表

建筑工程	外装饰工程	面砖外墙面（颜色综合）、面砖外墙漆（颜色综合）
	模板、脚手架工程	综合脚手架、模板竹胶合板（15 mm 双面覆膜）
	垂直运输工程	塔吊
	楼地面工程	花岗岩地面、地砖地面、水磨石地面
装饰工程	内墙柱面工程	面砖墙面、乳胶漆内墙面、吸声墙面
	天棚工程	轻钢龙骨纸面石膏板吊顶、铝合金方形板吊顶、铝合金格栅吊顶、乳胶漆顶棚、吸声板吊顶
	门窗工程	平开夹板门、木质防火门、中空玻璃门、铝合金窗
	电气安装	配电箱、电力电缆、桥架、配管配线、灯具、风扇、开关插座
安装工程	给排水工程	UPVC 排水管、钢塑复合管给水管、PPR 给水管、水龙头、阀门、套管
	消防工程	消火栓系统、自动火灾报警、电气火灾监控、消防电源监控、防火门监控
备注	—	本次招标控制价编制范围为 12 栋单体建筑的土建工程，包括土石方、基础、主体结构、外立面装修、建筑物内装修、明沟散水外边线以内的室外工程（含室外楼梯、室外台阶、室外坡道、室外栏杆等）；单体建筑的安装工程，包括给排水工程、电气工程（弱电只计取预埋工程）、消防工程、暖通工程；施工图纸包括的室外附属工程，包括给排水、化粪池、电气、消防、景观绿化、道路铺装、小品等

表 2 工程造价指标表

序号	项目名称	金额（元）	单方指标（元/m²）	占比指标（%）
	工程费用	13 415 146.84	2 648.78	100.00
1	房屋建筑与装饰工程	11 348 383.18	2 240.70	84.59
1.1	土石方工程	64 855.32	12.81	0.48
1.2	地基处理及支护工程	—	—	—
1.3	桩基工程	653 774.51	129.09	4.87
1.4	砌筑工程	533 095.54	105.26	3.97

序号	项目名称	金额（元）	单方指标（元/m²）	占比指标（%）
1.5	混凝土工程	1 523 296.45	300.77	11.36
1.6	钢筋工程	1 244 947.82	245.81	9.28
1.7	金属结构工程	299.74	0.06	0.00
1.8	木结构工程	—	—	—
1.9	门窗工程	794 465.81	156.86	5.92
1.10	屋面及防水工程	359 684.84	71.02	2.68
1.11	保温、隔热及防腐工程	513 218.48	101.33	3.83
1.12	楼地面装饰	717 549.11	141.68	5.35
1.13	内墙、柱面装饰	592 069.16	116.90	4.41
1.14	外墙、柱面装饰	323 017.25	63.78	2.41
1.15	顶棚装饰	93 279.26	18.42	0.70
1.16	油漆、涂料工程	264 246.35	52.17	1.97
1.17	隔断	—	—	—
1.18	其他工程	292 476.59	57.75	2.18
1.19	预制构件工程	—	—	—
1.20	模板及支架工程	894 424.09	176.60	6.67
1.21	脚手架工程	191 094.67	37.73	1.42
1.22	垂直运输工程	301 230.89	59.48	2.25
1.23	施工排水、降水工程	—	—	—
1.24	安全文明及其他措施项目费	297 450.05	58.73	2.22
1.25	规费	587 341.60	115.97	4.38
1.26	税金	1 106 565.65	218.49	8.25
2	单独装饰工程	—	—	—
3	房屋安装工程	2 066 763.66	408.08	15.41
3.1	电气工程	703 771.41	138.96	5.25
3.2	建筑智能化工程	16 134.89	3.19	0.12
3.3	消防工程	84 538.31	16.69	0.63
3.4	给排水工程	673 486.36	132.98	5.02
3.5	采暖工程	588 832.69	116.26	4.39

表 3　工程量指标表

序号	工程量名称	单位	数量	单位指标（m²）
一、房屋建筑工程				
1	土石方开挖量	m³	1 741.38	0.34
2	土石方回填量	m³	598.40	0.12
3	桩	m³	412.13	0.08
4	砌体	m³	1 103.49	0.22
5	混凝土	m³	2 165.54	0.43
5.1	基础混凝土	m³	520.09	0.10
5.2	墙、柱混凝土	m³	327.54	0.06
5.3	梁板混凝土	m³	1 284.27	0.25
5.4	二次结构混凝土	m³	33.64	0.01
6	钢筋	t	230.27	0.05
6.1	基础钢筋	t	4.68	0.00
6.2	墙、柱钢筋	t	34.66	0.01
6.3	梁板钢筋	t	167.51	0.03
6.4	二次结构钢筋	t	23.43	0.00
7	模板	m²	11 478.43	2.27
8	门	m²	492.22	0.10
9	窗	m²	610.90	0.12
10	屋面	m²	759.38	0.15
11	外墙保温	m²	1 966.66	0.39
12	预制构件	m²	793.81	0.16
12.1	预制板	m³	793.81	0.16
二、房屋装饰工程				
1	楼地面	m²	4 859.39	0.96
2	天棚装饰	m²	1 158.94	0.23
3	内墙装饰	m²	10 215.31	2.02
4	外墙装饰	m²	2 896.32	0.57

表 4 消耗量指标表

序号	消耗量指标	单位	数量	单位指标（m²）
一、房屋建筑工程				
1	人工费	元	1 480 697.86	292.36
1.1	综合用工	工日	17 854.49	3.53
2	材料费	元	—	—
2.1	钢筋	t	230.27	0.05
2.2	水泥	t	36.92	0.01
2.3	商品混凝土	m³	2 500.09	0.49
3	机械费	元	435 653.41	86.02
二、房屋装饰工程				
1	人工费	元	932 963.01	184.21
1.1	综合用工	工日	9 525.62	1.88
2	材料费	元	1 911 646.02	377.45
2.1	水泥	t	20.15	0.00
3	机械费	元	33 629.61	6.64
三、房屋安装工程				
1	人工费	元	306 647.74	60.55
1.1	综合用工	工日	3 667.46	0.72
2	材料费	元	1 468 185.70	289.89
2.1	主材费	元	1 345 766.62	265.72
3	机械费	元	16 498.49	3.26

• 报告厅　案例 25　江苏省南京市-小学报告厅

表 1　单项工程概况及特征表

单体工程特色：绿色/节能

项目类别	新建	建筑面积（m²）	1 537.72	地上层数（层）	2
工程类型	小学报告厅	地上建筑面积（m²）	1 537.72	地下层数（层）	0
项目地点	江苏省南京市	地下建筑面积（m²）	0.00	檐口高度（m）	12.35
容积率	0.62	首层建筑面积（m²）	564.00	基础埋深（m）	1.75
开/竣工日期	2017-08-26/ 2018-05-07	造价阶段	控制价	计价方式	清单计价
结构类型	框架结构	抗震设防烈度	7 度	抗震等级	三级
场地类别	三类	建设地点级别	城市	装修类别	初装
层高	首层层高 4.4 m，标准层层高 0.00 m				
建筑工程	土石方工程	土方工程类型为平整场地、基坑挖填土、室内购土回填			
	基础工程	独立基础、局部条形基础			
	砌筑工程	外墙采用煤矸石烧结保温砌块，内墙采用加气混凝土砌块			
	防水工程	屋面采用双层粘结型高分子湿铺防水卷材、地面采用 1.2 mm 厚高分子防水涂料、墙面采用 1.5 mm 厚高分子防水涂料			
	钢筋混凝土工程	柱、梁、板、混凝土墙混凝土强度等级为 C40，基础混凝土强度等级为 C30，基础垫层混凝土强度等级为 C15，砌体中的圈梁、构造柱、过梁混凝土强度等级为 C25，看台部分为现场预制平板，混凝土强度等级为 C30；钢筋型号为 HPB300、HRB335			
	保温工程	屋面采用 70 mm 厚挤塑聚苯板、地面采用 50 mm 厚挤塑聚苯板、外墙面采用 50 mm 厚发泡陶瓷保温板、内墙面采用 20 mm 厚石膏保温砂浆、天棚采用 60 mm 厚岩棉板			
	外装饰工程	真石漆外墙面、断桥隔热铝合金 LOW-E 中空玻璃门窗			

建筑工程	模板、脚手架工程	复合木模板、满堂脚手架
	垂直运输工程	垂直运输费地上部分按1台考虑
	楼地面工程	报告厅、准备室采用地胶垫楼面，大厅地砖楼面，休息室、报警阀间、储藏室、配电间、弱电间、总务仓库、消防控制室、公共区域、管理间、声控室采用水磨石楼面，卫生间、盥洗室采用块料楼面
装饰工程	内墙柱面工程	报告厅采用陶铝吸音板内墙面、局部纸面石膏板乳胶漆内墙面，大厅采用仿大理石瓷砖内墙面，休息室、准备室、报警阀间、储藏室、配电间、弱电间、总务仓库、消防控制室、管理间、声控室采用乳胶漆内墙面，卫生间、盥洗室采用瓷砖内墙面
	天棚工程	报告厅采用陶铝吸音版吊顶天棚，大厅、休息室、准备室采用纸面石膏板乳胶漆吊顶天棚，报警阀间、储藏室、配电间、弱电间、总务仓库、消防控制室、公共区域、管理间、声控室采用乳胶漆天棚面，卫生间、盥洗室采用纸面石膏板防水乳胶漆吊顶天棚
	门窗工程	防火门、成品木门、断桥隔热铝合金 LOW-E 中空玻璃门窗
	电气安装	配电箱柜、焊接钢管、JDG 管电缆电线保护管、镀锌槽式桥架、铜芯配线配缆、中档灯具、应急及疏散指示标志灯具
安装工程	给排水工程	内衬不锈钢复合钢管、铝合金衬塑 PP-R 管给水管、U-PVC 排水管、U-PVC 防紫外线承压雨水管、洁具
	消防工程	室内消火栓箱、磷酸铵盐干粉灭火器、直立型喷淋头、智能烟感探测器、声光报警器、漏电探测器
	通风空调工程	壁式风机、吸顶式排气扇、镀锌钢板风管
	建筑智能化工程	计算机应用、网络系统工程，综合布线系统工程，建筑信息综合管理系统工程，音频、视频系统工程，安全防范系统工程

表 2 工程造价指标表

序号	项目名称	金额（元）	单方指标（元/m²）	占比指标（%）
	工程费用	8 071 400.95	5 248.94	100.00
1	房屋建筑与装饰工程	4 916 900.96	3 197.53	60.92
1.1	土石方工程	229 501.73	149.25	2.84
1.2	地基处理及支护工程	—	—	—
1.3	桩基工程	—	—	—
1.4	砌筑工程	215 266.24	139.99	2.67
1.5	混凝土工程	562 262.12	365.65	6.97
1.6	钢筋工程	1 072 506.18	697.47	13.29
1.7	金属结构工程	1 964.25	1.28	0.02
1.8	木结构工程	—	—	—
1.9	门窗工程	169 104.41	109.97	2.10
1.10	屋面及防水工程	300 817.48	195.63	3.73
1.11	保温、隔热及防腐工程	187 772.72	122.11	2.33
1.12	楼地面装饰	82 357.56	53.56	1.02
1.13	内墙、柱面装饰	64 955.41	42.24	0.80
1.14	外墙、柱面装饰	—	—	—
1.15	顶棚装饰	7 962.30	5.18	0.10
1.16	油漆、涂料工程	175 118.68	113.88	2.17
1.17	隔断	—	—	—
1.18	其他工程	16 189.43	10.53	0.20
1.19	预制构件工程	37 875.52	24.63	0.47
1.20	模板及支架工程	562 437.47	365.76	6.97
1.21	脚手架工程	198 107.69	128.83	2.45
1.22	垂直运输工程	66 273.29	43.10	0.82
1.23	安全文明及其他措施项目费	354 554.92	230.57	4.39
1.24	规费	164 882.56	107.23	2.04
1.25	税金	446 991.00	290.68	5.54
2	单独装饰工程	1 532 234.16	996.43	18.98

续表

序号	项目名称	金额（元）	单方指标（元/m²）	占比指标（%）
2.1	室内装饰工程	1 532 234.16	996.43	18.98
2.1.1	楼地面装饰	263 545.07	171.39	3.27
2.1.2	内墙、柱装饰	424 000.01	275.73	5.25
2.1.3	顶棚装饰	303 884.59	197.62	3.76
2.1.4	油漆、涂料工程	64 484.67	41.94	0.80
2.1.5	隔断	—	—	—
2.1.6	其他内装饰工程	189 966.82	123.54	2.35
2.1.7	措施项目费	119 955.80	78.01	1.49
2.1.8	规费	39 882.45	25.94	0.49
2.1.9	税金	126 514.75	82.27	1.57
3	房屋安装工程	1 622 265.83	1 054.98	20.10
3.1	电气工程	178 257.62	115.92	2.21
3.1.1	控制设备及低压电器	32 921.77	21.41	0.41
3.1.2	电缆安装	24 518.78	15.94	0.30
3.1.3	防雷及接地装置	23 782.02	15.47	0.29
3.1.4	配管配线	31 739.50	20.64	0.39
3.1.5	照明器具	24 152.73	15.71	0.30
3.1.6	附属工程	9 888.97	6.43	0.12
3.1.7	措施项目费	10 700.82	6.96	0.13
3.1.8	规费	4 604.98	2.99	0.06
3.1.9	税金	15 948.05	10.37	0.20
3.2	建筑智能化工程	715 722.86	465.44	8.87
3.2.1	计算机应用、网络系统工程	271 955.78	176.86	3.37
3.2.2	综合布线系统工程	96 160.12	62.53	1.19
3.2.3	建筑信息综合管理系统工程	28 987.91	18.85	0.36
3.2.4	音频、视频系统工程	159 895.94	103.98	1.98
3.2.5	安全防范系统工程	82 461.22	53.63	1.02
3.2.6	措施项目费	7 781.38	5.06	0.10
3.2.7	规费	6 750.55	4.39	0.08

序号	项目名称	金额（元）	单方指标 （元/m²）	占比指标（%）
3.2.8	税金	61 729.96	40.14	0.76
3.3	通风空调工程	9 526.97	6.20	0.12
3.3.1	通风系统	7 982.31	5.19	0.10
3.3.2	措施项目费	527.75	0.34	0.01
3.3.3	规费	230.28	0.15	0.00
3.3.4	税金	786.63	0.51	0.01
3.4	消防工程	493 797.34	321.12	6.12
3.4.1	水灭火系统	95 680.78	62.22	1.19
3.4.2	火灾自动报警系统	328 369.11	213.54	4.07
3.4.3	措施项目费	18 008.99	11.71	0.22
3.4.4	规费	6 847.79	4.45	0.08
3.4.5	税金	44 890.67	29.19	0.56
3.5	给排水工程	224 961.04	146.30	2.79
3.5.1	给水工程	10 553.27	6.86	0.13
3.5.2	排水工程	175 125.12	113.89	2.17
3.5.3	雨水工程	2 857.65	1.86	0.04
3.5.4	措施项目费	11 740.03	7.63	0.15
3.5.5	规费	5 848.05	3.80	0.07
3.5.6	税金	18 836.92	12.25	0.23

表3　工程量指标表

序号	工程量名称	单位	数量	单位指标（m²）
一、房屋建筑工程				
1	土石方开挖量	m³	689.99	0.45
2	土石方回填量	m³	1 587.23	1.03
3	桩	m³	—	—
4	砌体	m³	508.67	0.33
5	混凝土	m³	994.02	0.65

序号	工程量名称	单位	数量	单位指标（m²）
5.1	基础混凝土	m³	246.13	0.16
5.2	墙、柱混凝土	m³	236.99	0.15
5.3	梁板混凝土	m³	449.14	0.29
5.4	二次结构混凝土	m³	61.76	0.04
6	钢筋	t	181.25	0.12
6.1	基础钢筋	t	98.21	0.06
6.2	墙、柱钢筋	t	27.68	0.02
6.3	梁板钢筋	t	44.59	0.03
6.4	二次结构钢筋	t	10.76	0.01
7	模板	m²	7 337.11	4.77
8	门	m²	85.32	0.06
9	窗	m²	174.38	0.11
10	屋面	m²	938.15	0.61
11	外墙保温	m²	1 686.15	1.10
12	预制构件	m³	42.12	0.03
12.1	预制板	m³	42.12	0.03
二、房屋装饰工程				
1	楼地面	m²	1 384.04	0.90
2	天棚装饰	m²	1 475.40	0.96
3	内墙装饰	m²	2 018.21	1.31
4	外墙装饰	m²	1 622.07	1.05

表 4　消耗量指标表

序号	消耗量指标	单位	数量	单位指标（m²）
一、房屋建筑工程				
1	人工费	元	901 197.42	586.06
1.1	综合用工	工日	9 754.54	6.34
2	材料费	元	2 528 668.94	1 644.43
2.1	钢筋	t	188.43	0.12

序号	消耗量指标	单位	数量	单位指标（m²）
2.2	型钢	t	0.35	0.00
2.3	水泥	t	6.91	0.00
2.4	商品混凝土	m³	1 129.52	0.73
3	机械费	元	129 020.33	83.90
二、房屋装饰工程				
1	人工费	元	304 117.81	197.77
1.1	综合用工	工日	2 577.27	1.68
2	材料费	元	787 987.08	512.44
3	机械费	元	13 079.23	8.51
三、房屋安装工程				
1	人工费	元	165 860.93	107.86
1.1	综合用工	工日	1 878.12	1.22
2	材料费	元	1 212 564.88	788.55
2.1	主材费	元	434 252.78	282.40
3	机械费	元	11 978.28	7.79
4	设备费	元	135 935.42	88.40

表5 主要材料、设备明细表

序号	名称	单位	数量	单价（元）
1	钢筋Ⅲ级钢 $\Phi \leqslant 12$	t	52.99	3 910.43
2	钢筋Ⅲ级钢 $\Phi \leqslant 25$（E）	t	73.74	3 859.48
3	钢筋 HTRB630 $\Phi \leqslant 12$	t	37.03	4 930.91
4	C30 泵送预拌混凝土	m³	335.49	439.09
5	C40 泵送预拌混凝土	m³	558.91	460.46
6	断热铝合金推拉窗6高透光 LOW-E+12 空气+6 玻璃	m²	157.10	691.82
7	仿石型外墙涂料	kg	7 299.32	17.30

序号	名称	单位	数量	单价（元）
8	粘结型高分子湿铺防水卷材 厚 1.5 mm	m²	1 936.92	69.18
9	火灾报警系统控制主机	台	1.00	161 712.64
10	墙面砖 300×600	m²	276.96	129.72
11	防火板隔断（含五金及支撑）	m²	115.17	259.44
12	地胶垫	m²	739.35	155.66
13	细木工板 厚 18 mm	m²	1 363.41	48.79
14	陶铝吸音板	m²	747.83	138.37
15	陶铝吸音板	m²	646.31	138.37
16	电动遮光卷帘（成品）	m²	91.20	345.92
17	电动舞台幕布（成品）	m²	81.20	345.92
18	大便感应器	组	16.00	4 230.00
19	智能班牌一体机	m²	3.00	5 335.00
20	智能触控一体机	m²	4.00	19 060.00
21	学生电脑	台	8.00	3 500.00
22	交互式数字临摹台	套	7.00	2 800.00

● 食堂和其他　案例 26　湖南省长沙市–中学食堂和体育馆

表 1　单项工程概况及特征表

单体工程特色：装配式/绿色/节能/仿生等

项目类别	新建	建筑面积（m²）	10 470.90	地上层数（层）	3
工程类型	中学食堂和体育馆	地上建筑面积（m²）	10 470.90	地下层数（层）	0
项目地点	湖南省长沙市	地下建筑面积（m²）	10 470.90	檐口高度（m）	23.80
容积率	0.83%	首层建筑面积（m²）	2 616.00	基础埋深（m）	1.50
开/竣工日期	—	造价阶段	控制价	计价方式	清单计价
结构类型	框剪结构	抗震设防烈度	7 度	抗震等级	二级
场地类别	二类	建设地点级别	城市	装修类别	简装
层高	首层层高 4.50 m，无标准层				
建筑工程	围护桩、支撑工程及降排水	降排水费按 25.00 万元暂估			
	桩基工程	人工挖孔桩			
	土石方工程	地下室大基坑土石比例按照土方 60%、石方 40% 计取，艺术楼土石方按照土方 20%、石方 80% 计取			
	基础工程	桩承台、筏板基础			
	砌筑工程	混凝土空心砌块、页岩多孔砖墙			
	防水工程	屋面 1（不上人平屋面）： （1）3 mm 厚 SBS 改性沥青防水卷材； （2）2 mm 厚自粘聚酯胎Ⅱ型 SBS 改性沥青防水卷材 屋面 2（坡屋面）： （1）满铺 0.5 mm 厚聚乙烯膜一层； （2）3 mm 厚 SBS 改性沥青防水卷材； （3）2 mm 厚自粘聚酯胎Ⅱ型 SBS 改性沥青防水卷材			

续表

建筑工程	钢筋混凝土工程	GBF 蜂巢芯箱体、商品混凝土
	保温工程	外墙内保温： （1）4 mm 厚耐碱玻纤网格布抗裂砂浆； （2）4 mm 厚半硬质玻璃棉板 保温隔热楼地面： （1）5 mm 厚聚合物抗裂砂浆（敷设耐碱玻纤网格布一层）； （2）50 mm 厚挤塑聚苯板
	外装饰工程	块料墙面（外墙1）： 5~7 mm 厚通体面砖，陶瓷墙地砖胶粘剂粘贴，填缝剂填缝。 抹灰面油漆（外墙2）： （1）喷或滚刷底氟碳漆涂料一遍； （2）喷或滚刷面层氟碳漆涂料两遍
	模板、脚手架工程	综合脚手架、模板竹胶合板（15 mm 双面覆膜）
	垂直运输工程	塔吊
	楼地面工程	水磨石地面、8 mm 厚 300 mm×300 mm 无釉防滑地砖
装饰工程	内墙柱面工程	基层预拌砂浆内墙面，面层抹涂白色环保型内墙漆底漆一遍、面漆两遍，面砖墙面
	天棚工程	白色环保型内墙漆底漆一遍、面漆两遍，轻钢龙骨纸面石膏板吊顶，石灰砂浆天棚
	门窗工程	钢制防火门、钢制节能外门、夹板门、断热铝合金低辐射中空玻璃窗
	电气安装	配电箱、电力电缆、桥架、配管配线、灯具、开关插座
安装工程	给排水工程	UPVC 排水管、内衬塑钢管给水管、水龙头、阀门、套管
	消防工程	消火栓系统、自动火灾报警、电气火灾监控、消防电源监控、防火门监控

表 2　工程造价指标表

序号	项目名称	金额（元）	单方指标（元/m²）	占比指标（%）
	工程费用	27 881 928.01	2 662.80	100.00
1	房屋建筑与装饰工程	26 156 198.74	2 497.99	93.81
1.1	土石方工程	155 947.12	14.89	0.56
1.2	地基处理及支护工程	—	—	—
1.3	桩基工程	1 870 593.06	178.65	6.71
1.4	砌筑工程	804 024.01	76.79	2.88
1.5	混凝土工程	2 878 693.11	274.92	10.32
1.6	钢筋工程	4 271 036.35	407.90	15.32
1.7	金属结构工程	2 316 600.88	221.24	8.31
1.8	木结构工程	—	—	—
1.9	门窗工程	917 068.67	87.58	3.29
1.10	屋面及防水工程	477 440.91	45.60	1.71
1.11	保温、隔热及防腐工程	992 576.58	94.79	3.56
1.12	楼地面装饰	1 115 096.45	106.49	4.00
1.13	内墙、柱面装饰	526 692.88	50.30	1.89
1.14	外墙、柱面装饰	776 185.46	74.13	2.78
1.15	顶棚装饰	256 973.52	24.54	0.92
1.16	油漆、涂料工程	148 248.23	14.16	0.57
1.17	隔断	—	—	—
1.18	其他工程	372 039.27	35.53	1.33
1.19	预制构件工程	453 718.26	—	—
1.20	模板及支架工程	2 915 416.78	278.43	10.46
1.21	脚手架工程	525 149.19	50.15	1.88
1.22	垂直运输工程	587 218.54	56.08	2.11
1.23	安全文明及其他措施项目费	566 862.51	54.14	2.03

序号	项目名称	金额（元）	单方指标 （元/m²）	占比指标（%）
1.24	规费	1 120 169.84	106.98	4.02
1.25	税金	2 108 447.12	201.36	7.56
2	单独装饰工程	—	—	—
3	房屋安装工程	1 725 729.27	164.81	6.19
3.1	电气工程	1 335 551.74	127.55	5.11
3.2	通风空调工程	83 198.55	7.95	0.32
3.3	消防工程	169 154.06	16.15	0.65
3.4	给排水工程	137 824.92	13.16	0.53

表3 工程量指标表

序号	工程量名称	单位	数量	单位指标（m²）
一、房屋建筑工程				
1	土石方开挖量	m³	2 766.99	0.26
2	土石方回填量	m³	1 450.73	0.14
3	桩	m³	965.55	0.09
4	砌体	m³	1 312.76	0.13
5	混凝土	m³	5 875.12	0.56
5.1	基础混凝土	m³	882.14	0.08
5.2	墙、柱混凝土	m³	926.53	0.09
5.3	梁板混凝土	m³	1 401.88	0.13
5.4	二次结构混凝土	m³	129.29	0.01
6	钢筋	t	580.30	0.06
6.1	基础钢筋	t	62.26	10 470.90
6.2	墙、柱钢筋	t	141.44	0.01
6.3	梁板钢筋	t	289.32	0.03
6.4	二次结构钢筋	t	87.28	0.01

序号	工程量名称	单位	数量	单位指标（m²）
7	模板	m²	26 471.07	2.53
8	门	m²	344.90	0.03
9	窗	m²	1 121.40	0.11
10	屋面	m²	885.47	0.08
11	外墙保温	m²	4 687.79	0.45
二、房屋装饰工程				
1	楼地面	m²	4 948.78	0.47
2	天棚装饰	m²	5 120.52	0.49
3	内墙装饰	m²	12 482.75	1.19
4	外墙装饰	m²	8 398.18	0.80

表 4   消耗量指标表

序号	消耗量指标	单位	数量	单位指标（m²）
一、房屋建筑工程				
1	人工费	元	3 503 408.92	334.59
1.1	综合用工	工日	42 483.00	4.06
2	材料费	元	6 745 844.10	644.25
2.1	钢筋	t	580.30	0.06
2.2	型钢	t	96.64	0.01
2.3	水泥	t	31.40	0.00
2.4	商品混凝土	m³	5 627.68	0.54
3	机械费	元	960 154.89	91.70
二、房屋装饰工程				
1	人工费	元	1 109 724.74	105.98
1.1	综合用工	工日	11 326.00	1.08
2	材料费	元	2 010 641.11	192.02
2.1	水泥	t	83.72	0.01
3	机械费	元	37 984.04	3.63

序号	消耗量指标	单位	数量	单位指标（m²）
三、房屋安装工程				
1	人工费	元	295 846.20	28.25
1.1	综合用工	工日	4 190.66	0.40
2	材料费	元	1 542 342.31	147.30
2.1	主材费	元	1 410 763.85	134.73
3	机械费	元	41 386.06	3.95
4	设备费	元	29 965.80	2.86

● 食堂和其他　案例 27　重庆市-中学食堂

表 1　单项工程概况及特征表

单体工程特色：装配式/绿色/节能/仿生等

项目类别	新建	建筑面积（m²）	4 004.56	地上层数（层）	3
工程类型	中学食堂	地上建筑面积（m²）	3 164.51	地下层数（层）	1
项目地点	重庆市	地下建筑面积（m²）	840.05	檐口高度（m）	13.50
容积率	4.08	首层建筑面积（m²）	981.64	基础埋深（m）	11.36
开/竣工日期	—	造价阶段	控制价	计价方式	清单计价
结构类型	框架结构	抗震设防烈度	6 度	抗震等级	三级
场地类别	三类	建设地点级别	城市	装修类别	精装
层高	地下室层高 4.50 m，地下室底板标高-4.50 m，首层层高 4.50 m，标准层层高 4.50 m				
建筑工程	桩基工程	机械旋挖钻孔灌注桩			
	基础工程	C30 机械旋挖钻孔灌注桩基础			
	砌筑工程	页岩空心砖、厚壁型空心砖、烧结页岩多孔砖			
	防水工程	JS 防水涂膜、CPS 反应粘结性高分子湿铺防水卷			
	钢筋混凝土工程	C15-C30、C30P6			
	保温工程	泡沫混凝土、全轻混凝土、玻化微珠真空绝热芯材复合无机板及挤塑聚苯保温板			
	外装饰工程	柔性饰面砖、干挂石材、真石漆、GRC 装饰线条			
	模板、脚手架工程	复合模板			
	垂直运输工程	塔吊垂直运输			
	楼地面工程	水磨石、防滑砖			
装饰工程	内墙柱面工程	墙砖、无机涂料			
	天棚工程	石膏板、铝扣板及无机涂料			
	门窗工程	隔热中空铝合金窗、成品套装门及防火门			
	电气安装	配电系统（低压配电柜出线起），照明（PVC 管）、插座系统（PVC 管），应急照明系统（SC 管），防雷接地系统			

安装工程	给排水工程	给水系统（AGR丙烯酸共聚聚氯乙烯管、PRC保温复合管、水表、可调式减压阀组、循环泵、空气热源泵、室外型容积式燃气热水炉、闭式承压水罐、水箱），排水系统（PP聚丙烯静音污水管、UPVC污水管、PP聚丙烯静音废水管、PP聚丙烯静音雨水管、UPVC空调冷凝水管），洁具，附件，SCB-6 60L开水器，压力排水
	消防工程	消火栓系统（内外壁热镀锌钢管、消火栓、阀门、灭火器、水箱），火灾报警系统（管线、报警设备），电气火灾监控系统，消防设备电源监控系统，防火门监控系统，紧急求助系统
	通风空调工程	防排烟（双速轴流排烟风机、箱式管道离心风机、风阀、铝合金百叶风口），卫生间通风（通风器、镀锌钢板风管、铝合金百叶风口）
	建筑智能化工程	综合布线（管线、桥架、信息点面板），智能安防（管线）

表2　工程造价指标表

序号	项目名称	金额（元）	单方指标（元/m²）	占比指标（%）
	工程费用	13 014 336.70	3 249.88	100.00
1	房屋建筑与装饰工程	7 262 273.60	1 813.50	55.80
1.1	土石方工程	25 427.79	6.35	0.20
1.2	地基处理及支护工程	—	—	—
1.3	桩基工程	178 563.69	44.59	1.37
1.4	砌筑工程	565 641.96	141.25	4.35
1.5	混凝土工程（含钢筋）	2 934 962.10	732.91	22.55
1.6	金属结构工程	39 057.35	9.75	0.30
1.7	木结构工程	—	—	—
1.8	门窗工程	51 559.04	12.88	0.40
1.9	屋面及防水工程	282 223.16	70.48	2.17
1.10	保温、隔热及防腐工程	345 231.07	86.21	2.65
1.11	楼地面装饰	152 145.05	37.99	1.17

续表

序号	项目名称	金额（元）	单方指标（元/m²）	占比指标（%）
1.12	内墙、柱面装饰	208 546.99	52.08	1.60
1.13	外墙、柱面装饰	128 824.33	32.17	0.99
1.14	顶棚装饰	131 070.41	32.73	1.01
1.15	油漆、涂料工程	—	—	—
1.16	隔断	—	—	—
1.17	其他工程	6 919.54	1.73	0.05
1.18	模板及支架工程	882 251.61	220.31	6.78
1.19	脚手架工程	127 505.19	31.84	0.98
1.20	垂直运输工程	123 100.17	30.74	0.95
1.21	安全文明及其他措施项目费	309 498.51	77.29	2.38
1.22	规费	150 685.41	37.63	1.16
1.23	税金	619 060.23	154.59	4.76
2	单独装饰工程	3 673 148.47	917.24	28.22
2.1	室内装饰工程	3 673 148.47	917.24	28.22
2.1.1	楼地面装饰	565 394.58	141.19	4.34
2.1.2	内墙、柱装饰	1 110 800.15	277.38	8.54
2.1.3	顶棚装饰	77 192.87	19.28	0.59
2.1.4	油漆、涂料工程	369 030.87	92.15	2.84
2.1.5	隔断	92 692.00	23.15	0.71
2.1.6	其他内装饰工程	658 323.83	164.39	5.06
2.1.7	措施项目费	375 638.22	93.80	2.89
2.1.8	规费	123 721.82	30.90	0.95
2.1.9	税金	300 354.13	75.00	2.31
3	房屋安装工程	2 078 914.63	519.14	15.97
3.1	电气工程	850 997.79	212.51	6.54
3.1.1	控制设备及低压电器	115 722.78	28.90	0.89
3.1.2	电缆安装	212 601.59	53.09	1.63
3.1.3	配管配线	203 238.09	50.75	1.56
3.1.4	照明器具	176 340.14	44.03	1.35

续表

序号	项目名称	金额（元）	单方指标（元/m²）	占比指标（%）
3.1.5	措施项目费	47 962.66	11.98	0.37
3.1.6	规费	17 206.86	4.30	0.13
3.1.7	税金	77 925.67	19.46	0.60
3.2	建筑智能化工程	118 233.54	29.52	0.91
3.2.1	综合布线系统工程	75 841.65	18.94	0.58
3.2.2	音频、视频系统工程	24 253.57	6.06	0.19
3.2.3	措施项目费	5 008.87	1.25	0.04
3.2.4	规费	2 302.84	0.58	0.02
3.2.5	税金	10 826.61	2.70	0.08
3.3	通风空调工程	280 944.75	70.16	2.16
3.3.1	防排烟系统	223 193.76	55.73	1.71
3.3.2	措施项目费	21 601.04	5.39	0.17
3.3.3	规费	10 423.91	2.60	0.08
3.3.4	税金	25 726.04	6.42	0.20
3.4	消防工程	424 979.31	106.12	3.27
3.4.1	水灭火系统	191 813.54	47.90	1.47
3.4.2	火灾自动报警系统	144 465.91	36.08	1.11
3.4.3	措施项目费	33 571.25	8.38	0.26
3.4.4	规费	16 213.35	4.05	0.12
3.4.5	税金	38 915.26	9.72	0.30
3.5	给排水工程	403 759.24	100.82	3.10
3.5.1	给水工程	223 388.71	55.78	1.72
3.5.2	排水工程	103 690.79	25.89	0.80
3.5.3	雨水工程	13 102.08	3.27	0.10
3.5.4	措施项目费	18 315.20	4.57	0.14
3.5.5	规费	8 290.32	2.07	0.06
3.5.6	税金	36 972.14	9.23	0.28

表 3　工程量指标表

序号	工程量名称	单位	数量	单位指标（m²）
一、房屋建筑工程				
1	土石方开挖量	m³	581.83	0.15
2	土石方回填量	m³	361.43	0.09
3	桩	m³	262.42	0.07
4	砌体	m³	943.72	0.24
5	混凝土	m³	1 947.08	0.49
5.1	基础混凝土	m³	431.50	0.11
5.2	墙、柱混凝土	m³	376.17	0.09
5.3	梁板混凝土	m³	937.52	0.23
5.4	二次结构混凝土	m³	201.89	0.05
6	钢筋	t	322.40	0.08
6.1	基础钢筋	t	8.17	0.00
6.2	墙、柱钢筋	t	123.34	0.03
6.3	梁板钢筋	t	185.00	0.05
6.4	二次结构钢筋	t	5.89	0.00
7	模板	m²	12 773.57	3.19
8	门	m²	303.22	0.08
9	窗	m²	700.44	0.18
10	屋面	m²	1 374.75	0.34
11	外墙保温	m²	2 320.18	0.58
二、房屋装饰工程				
1	楼地面	m²	3 670.51	0.92
2	天棚装饰	m²	5 213.62	1.30
3	内墙装饰	m²	6 672.43	1.67
4	外墙装饰	m²	2 564.57	0.64

表4 消耗量指标表

序号	消耗量指标	单位	数量	单位指标（m²）
一、房屋建筑工程				
1	人工费	元	1 754 097.50	438.03
1.1	综合用工	工日	4 748.99	1.19
2	材料费	元	4 410 535.91	1 101.38
2.1	钢筋	t	325.69	0.08
2.2	水泥	t	157.63	0.04
2.3	商品混凝土	m³	1 976.29	0.49
3	机械费	元	118 058.04	29.48
二、房屋装饰工程				
1	人工费	元	977 113.98	244.00
1.1	综合用工	工日	2 788.91	0.70
2	材料费	元	1 158 060.75	289.19
2.1	水泥	t	111.79	0.03
3	机械费	元	40 197.54	10.04
三、房屋安装工程				
1	人工费	元	318 704.79	79.59
1.1	综合用工	工日	2 357.19	0.59
2	材料费	元	928 633.83	231.89
2.1	主材费	元	866 706.99	216.43
3	机械费	元	38 901.40	9.71
4	设备费	元	280 646.52	70.08

表5 主要材料、设备明细表

序号	名称	单位	数量	单价（元）
1	钢筋	t	325.69	3 693.35
2	水泥	t	269.42	440.00
3	商品混凝土	m³	1 976.29	467.00

续表

序号	名称	单位	数量	单价（元）
4	特细砂	t	616.01	194.00
5	碎石	t	27.65	112.00
6	WDZDN-BYJ-2.5 mm^2	m	8 778.13	2.75
7	WDZD-BYJ-2.5 mm^2	m	8 511.94	2.75
8	SC20	m	4 170.68	6.67
9	WDZD-BYJ-4 mm^2	m	1 870.05	3.25
10	PVC20	m	2 512.84	1.72
11	JDG20	m	1 108.54	8.85
12	AGR 丙烯酸共聚聚氯乙烯管 DN15	m	387.02	6.55
13	内外壁热镀锌钢管 DN100	m	327.50	50.62

● 食堂和其他 案例 28 河北省廊坊市-中小学食堂和操场

表 1 单项工程概况及特征表

单体工程特色：无

项目类别	新建	建筑面积（m²）	4 675.67	地上层数	2
工程类型	中小学食堂和操场	地上建筑面积（m²）	3 988.27	地下层数	1
项目地点	河北省廊坊市	地下建筑面积（m²）	687.40	檐口高度	11.45
容积率	0.6	首层建筑面积（m²）	3 148.27	基础埋深	-2.30
日期	2018-03-12	造价阶段	结算价	计价方式	清单计价
结构类型	框架结构	抗震设防烈度	7 度	抗震等级	一级
场地类别	三类	建设地点级别	乡镇	装修类别	初装
建筑工程	土石方工程	综合			
	基础工程	独立基础			
	砌筑工程	空心砖砌块			
	防水工程	3 mm 厚 SBS 改性沥青防水卷材			
	钢筋混凝土工程	C30			
	保温工程	100 mm 厚挤塑聚苯板			
	外装饰工程	涂料饰面（真石漆）			
	模板、脚手架工程	综合脚手架			
	楼地面工程	防滑地砖以及塑胶跑道			
装饰工程	内墙柱面工程	内墙混合砂浆抹灰墙			
	天棚工程	乳胶漆顶棚			
	门窗工程	乙级钢制防火门、塑钢双层中空玻璃窗			
安装工程	给排水工程	指标中只含给排水预埋工程			
	消防工程	防火建筑高度 12.00 m，室内每个防火区分不超过 2 500.00 m²			
	采暖工程	指标中只含采暖预埋工程			
	通风空调工程	指标中只含空调水系统预埋工程			

续表

备注	—	（1）本项目综合单价已经包含规费。 （2）工程地质概况：全场地分布黄褐色、松散状、湿、由中沙和细沙以及粉质粘土组成。 （3）食堂檐口高 11.45 m，主席台顶标高 3.30 m

表 2　工程造价指标表

序号	项目名称	金额（元）	单方指标 （元/m²）	占比指标（%）
	工程费用	11 003 898.85	2 353.44	100.00
1	房屋建筑与装饰工程	9 533 270.85	2 038.91	86.64
1.1	土石方工程	479 801.05	102.62	4.36
1.2	地基处理及支护工程	—	—	—
1.3	桩基工程	—	—	—
1.4	砌筑工程	497 927.36	106.49	4.53
1.5	混凝土工程	1 071 083.76	229.08	9.73
1.6	钢筋工程	1 064 712.77	227.71	9.68
1.7	金属结构工程	—	—	—
1.8	木结构工程	—	—	—
1.9	门窗工程	555 120.95	118.73	5.04
1.10	屋面及防水工程	1 824 039.37	390.11	16.58
1.11	保温、隔热及防腐工程	509 997.69	109.07	4.63
1.12	楼地面装饰	294 393.94	62.96	2.68
1.13	内墙、柱面装饰	587 821.92	125.72	5.34
1.14	外墙、柱面装饰	374 002.95	79.99	3.40
1.15	顶棚装饰	83 562.19	17.87	0.76
1.16	其他工程	121 315.10	25.95	1.10
1.17	模板及支架工程	1 124 753.25	240.55	10.22
1.18	税金	944 738.55	202.05	8.59
2	单独装饰工程	—	—	—
3	房屋安装工程	1 470 628.00	314.53	13.36

序号	项目名称	金额（元）	单方指标（元/m²）	占比指标（%）
3.1	电气工程	710 732.36	152.01	6.46
3.1.1	配电装置	6 333.55	1.35	0.06
3.1.2	防雷及接地装置	51 300.46	10.97	0.47
3.1.3	配管配线	202 727.15	43.36	1.84
3.1.4	税金	28 639.73	6.13	0.26
3.2	通风空调工程	3 243.84	0.69	0.03
3.2.1	空调水系统	2 922.38	0.63	0.03
3.2.2	税金	321.46	0.07	0.00
3.3	消防工程	744 803.30	159.29	6.77
3.3.1	水灭火系统	670 993.96	143.51	6.10
3.3.2	税金	73 809.34	15.79	0.67
3.4	给排水工程	8 839.24	1.89	0.08
3.4.1	给水工程	1 502.55	0.32	0.01
3.4.2	排水工程	6 460.73	1.38	0.06
3.4.3	税金	875.96	0.19	0.01
3.5	采暖工程	3 009.27	0.64	0.03
3.5.1	采暖管道	2 711.05	0.58	0.02
3.5.2	税金	298.22	0.06	0.00

表3 工程量指标表

序号	工程量名称	单位	数量	单位指标（m²）
一、房屋建筑工程				
1	土石方开挖量	m³	9 897.00	2.12
2	土石方回填量	m³	3 004.00	0.64
3	桩	m³	—	—
4	砌体	m³	1 076.00	0.23
5	混凝土	m³	1 810.98	0.39
5.1	基础混凝土	m³	261.68	0.06

续表

序号	工程量名称	单位	数量	单位指标（m²）
5.2	墙、柱混凝土	m³	664.68	0.14
5.3	梁板混凝土	m³	747.24	0.16
5.4	二次结构混凝土	m³	137.38	0.03
6	钢筋	t	236.75	0.05
6.1	基础钢筋	t	48.90	0.01
6.2	墙、柱钢筋	t	63.73	0.01
6.3	梁板钢筋	t	104.62	0.02
6.4	二次结构钢筋	t	19.50	0.00
7	模板	m²	30 697.00	6.57
8	门	m²	275.73	0.06
9	窗	m²	715.51	0.15
10	屋面	m²	3 363.64	0.72
11	外墙保温	m²	4 321.77	0.92
二、房屋装饰工程				
1	楼地面	m²	3 123.92	0.67
2	天棚装饰	m²	3 390.32	0.73
3	内墙装饰	m²	12 581.39	2.69
4	外墙装饰	m²	4 321.78	0.92

表 4　消耗量指标表

序号	消耗量指标	单位	数量	单位指标（m²）
一、房屋建筑工程				
1	人工费	元	1 432 132.00	306.29
1.1	综合用工	工日	19 447.00	4.16
2	材料费	元	4 858 112.00	1 039.02
2.1	钢筋	t	243.62	0.05
2.2	水泥	t	83.45	0.02
2.3	商品混凝土	m³	1 861.21	0.40
3	机械费	元	187 643.23	40.13

序号	消耗量指标	单位	数量	单位指标（m²）
	二、房屋装饰工程			
1	人工费	元	334 226.00	71.48
1.1	综合用工	工日	7 681.22	1.64
2	材料费	元	1 755 500.54	375.45
2.1	水泥	t	127.86	0.03
2.2	混凝土	m³	61.26	0.01
3	机械费	元	22 512.45	4.81
	三、房屋安装工程			
1	人工费	元	295 632.00	63.23
1.1	综合用工	工日	8 947.00	1.91
2	材料费	元	896 832.48	191.81
2.1	主材费	元	710 332.54	151.92
3	机械费	元	87 894.77	18.80

表5　主要材料、设备明细表

序号	名称及规格	单位	数量	单价（元）
1	预拌混凝土 C15	m³	221.45	240.00
2	预拌混凝土 C20	m³	354.24	360.00
3	预拌混凝土 C30	m³	1 246.78	380.00
4	钢筋 Φ10 以外	t	166.49	2 713.55
5	钢筋 Φ6~Φ10	t	67.13	2 595.52
6	普通钢板厚 16~20	kg	703.80	4.49
7	镀锌钢管 15	m	3 345.00	6.78
8	彩色压型钢板厚 0.6 mm	m²	1 027.90	42.00
9	烧结标准砖	块	8 885.80	0.58
10	地面砖 0.16 m² 以内	m²	612.00	54.60
11	镀锌机螺钉（2~5）×（4~50）	个	62.40	0.05
12	镀锌木螺钉	个	62.40	0.04
13	硬质合金锯片	片	1.80	45.00

续表

序号	名称及规格	单位	数量	单价（元）
14	电焊条（综合）	kg	1 500.00	7.78
15	火烧丝	kg	850.00	5.90
16	锚栓	套	407.40	1.00
17	聚氨酯防水涂料	kg	272.70	16.00
18	乙酸乙酯	kg	75.75	30.50
19	柴油	kg	3 448.62	8.98
20	三元乙丙橡胶防水卷材（冷粘）1.5 mm 厚	m²	1 744.50	25.00
21	氯丁橡胶改性沥青防水涂料	kg	734.40	7.50
22	SBS 改性沥青油毡防水卷材（热熔）3 mm 厚	m²	1 930.00	28.00
23	胶粘剂	kg	606.00	12.70
24	汽油	kg	456.10	9.44
25	汽油 60#~70#	kg	150.00	7.56
26	丁基胶粘剂	kg	280.65	6.57
27	弹性腻子（粉状）	kg	775.00	3.00
28	密封胶	kg	69.83	12.90
29	塑料软管 $\Phi7$	m	31.50	0.15
30	聚乙烯棒 $\Phi50$	m	40.00	0.91
31	耐碱玻纤布 200 mm 宽	m	666.68	0.18
32	聚苯乙烯泡沫塑料板	m³	1.05	590.00
33	标志牌	个	400.00	0.50
34	密封条	m	822.70	1.85
35	室外镀锌钢管接头零件（丝接）15	个	382.00	1.00
36	压力表（带弯、带阀）0~1.6 MPa	套	46.00	153.00
37	灯具胶吊盒	个	30.60	1.00
38	灯具胶木抓子	个	30.60	1.00
39	普通吊线式灯口	个	30.60	2.00
40	塑料台	个	31.50	1.00
41	塑料碗罩	个	31.50	5.00

序号	名称及规格	单位	数量	单价（元）
42	热缩帽	只	400.00	30.00
43	自粘性橡胶带	卷	20.00	4.00
44	绝缘导线 BV-2.5	m	9.15	1.72
45	绝缘导线 RVS 2×1.0	m	30.54	2.25
46	聚合物（乳液）砂浆 1∶2.5∶5	m³	0.30	312.00
47	同混凝土等级砂浆（综合）	m³	27.93	480.00
48	复合木模板	m²	641.10	30.00
49	粉刷石膏抹灰砂浆 DP-G	m³	4.32	460.00
50	胶粘砂浆 DEA	m³	3.30	5 264.60
51	胶粘剂 DTA 砂浆	m³	3.06	2 200.00
52	界面砂浆 DB	m³	2.30	459.00
53	砌筑砂浆 DM5.0-HR	m³	542.56	459.00
54	砌筑砂浆 DM7.5-HR	m³	6.61	658.10

●食堂和其他　案例 29　江苏省南京市-中学
后勤生活楼

表 1　单项工程概况及特征表

单体工程特色：绿色/节能

项目类别	新建	建筑面积（m²）	6 278.64	地上层数（层）	5
工程类型	中学后勤生活楼	地上建筑面积（m²）	6 278.64	地下层数（层）	0
项目地点	江苏省南京市	地下建筑面积（m²）	0.00	檐口高度（m）	18.60
容积率	0.53	首层建筑面积（m²）	2 250.00	基础埋深（m）	2.30
开/竣工日期	2017-03-01/ 2019-08-01	造价阶段	控制价	计价方式	清单计价
结构类型	框架结构	抗震设防烈度	7 度	抗震等级	三级
场地类别	三类	建设地点级别	城市	装修类别	初装
层高	首层层高 4.20 m，标准层层高 3.60 m				
建筑工程	桩基工程	钻孔灌注桩			
	土石方工程	土方工程类型为平整场地、场地挖填方、基坑挖填方；弃土运距 10 000 m			
	基础工程	桩承台基础			
	砌筑工程	外墙采用煤矸石多孔砖，内墙采用煤矸石多孔砖、蒸压加气混凝土砌块			
	防水工程	屋面采用双层粘结型高分子湿铺防水卷材、地面采用 1.5 mm 厚聚氨酯防水涂料、墙面采用 1.5 mm 厚聚合物水泥基复合防水涂料			
	钢筋混凝土工程	柱混凝土强度等级为 C35，梁、板、混凝土墙混凝土强度等级为 C30，基础混凝土强度等级为 C45，基础垫层混凝土强度等级为 C15，砌体中的圈梁、构造柱、过梁混凝土强度等级为 C25；钢筋型号为 HPB300、HRB335			
	保温工程	屋面采用 65 mm 厚挤塑聚苯板、地面采用 40 mm 厚挤塑聚苯板、天棚采用 65 mm 厚岩棉板、外墙面采用 40 mm 厚岩棉板			

续表

建筑工程	外装饰工程	外墙真石漆、局部弹性涂料、断桥隔热铝合金中空玻璃门窗
	模板、脚手架工程	复合木模板、综合脚手架
	垂直运输工程	垂直运输费按 1 台考虑
	楼地面工程	接待室采用强化复合木地板楼面，门厅、走廊和楼梯间采用防滑地砖楼面、局部花岗岩楼面，卫生间和厨房采用防滑地砖楼面，配电间和设备用房采用水泥砂浆楼面
装饰工程	内墙柱面工程	接待室采用乳胶漆内墙面，门厅、走廊和楼梯间采用瓷砖墙裙、乳胶漆内墙面，卫生间和厨房采用瓷砖内墙面，配电间和设备用房采用乳胶漆内墙面
	天棚工程	接待室、门厅、走廊、楼梯间、配电间、设备用房采用乳胶漆天棚面，卫生间和厨房采用铝合金方板吊顶
	门窗工程	防火门、成品钢木门、铝合金 LOW-E 中空玻璃门窗
	电气安装	配电箱柜、焊接钢管、钢质槽式桥架、铜芯配线配缆、吸顶灯、荧光灯、疏散指示灯、洁具
安装工程	给排水工程	内衬不锈钢复合钢管、U-PVC 排水管、U-PVC 防紫外线承压雨水管、U-PVC 冷凝水管、洁具
	消防工程	室内消火栓箱、磷酸铵盐干粉灭火器、感烟探测器、声光报警器
	通风空调工程	双速风机、排风风机、镀锌铁皮风管、室外新风机、天花板内置薄型风管式室内机、吊顶式新风机

表2 工程造价指标表

序号	项目名称	金额（元）	单方指标（元/m²）	占比指标（%）
	工程费用	18 425 074.17	2 934.56	100.00
1	房屋建筑与装饰工程	16 597 953.09	2 643.56	90.08
1.1	土石方工程	97 828.60	15.58	0.53
1.2	地基处理及支护工程	—	—	—
1.3	桩基工程	1 281 195.43	204.06	6.95
1.4	砌筑工程	681 806.17	108.59	3.70

续表

序号	项目名称	金额（元）	单方指标 （元/m²）	占比指标（%）
1.5	混凝土工程	1 884 726.47	300.18	10.23
1.6	钢筋工程	2 067 332.82	329.26	11.22
1.7	金属结构工程	66 646.27	10.61	0.36
1.8	木结构工程	—	—	—
1.9	门窗工程	933 156.67	148.62	5.06
1.10	屋面及防水工程	687 885.34	109.56	3.73
1.11	保温、隔热及防腐工程	643 645.73	102.51	3.49
1.12	楼地面装饰	745 944.83	118.81	4.05
1.13	内墙、柱面装饰	895 981.99	142.70	4.86
1.14	顶棚装饰	273 195.33	43.51	1.48
1.15	油漆、涂料工程	1 200 605.20	191.22	6.52
1.16	其他工程	417 599.62	66.51	2.27
1.17	模板及支架工程	1 470 159.08	234.15	7.98
1.18	脚手架工程	274 188.21	43.67	1.49
1.19	垂直运输工程	196 880.88	31.36	1.07
1.20	安全文明及其他措施项目费	741 389.29	118.08	4.02
1.21	规费	528 880.33	84.23	2.87
1.22	税金	1 508 904.83	240.32	8.19
2	单独装饰工程	—	—	—
3	房屋安装工程	1 827 121.08	291.01	9.92
3.1	电气工程	807 157.67	128.56	4.38
3.1.1	控制设备及低压电器	153 756.60	24.49	0.83
3.1.2	电缆安装	61 076.40	9.73	0.33
3.1.3	防雷及接地装置	40 466.34	6.45	0.22
3.1.4	配管配线	379 714.37	60.48	2.06
3.1.5	照明器具	57 599.99	9.17	0.31
3.1.6	措施项目费	22 876.30	3.64	0.12
3.1.7	规费	18 289.71	2.91	0.10
3.1.8	税金	73 377.96	11.69	0.40

续表

序号	项目名称	金额（元）	单方指标（元/m²）	占比指标（%）
3.2	建筑智能化工程	—	—	—
3.3	通风空调工程	340 092.73	54.17	1.85
3.3.1	通风系统	186 879.92	29.76	1.01
3.3.2	空调系统	110 183.91	17.55	0.60
3.3.3	措施项目费	7 322.18	1.17	0.04
3.3.4	规费	4 789.20	0.76	0.03
3.3.5	税金	30 917.52	4.92	0.17
3.4	消防工程	150 486.86	23.97	0.82
3.4.1	水灭火系统	128 381.67	20.45	0.70
3.4.2	措施项目费	4 865.32	0.77	0.03
3.4.3	规费	3 559.25	0.57	0.02
3.4.4	税金	13 680.62	2.18	0.07
3.5	给排水工程	529 383.82	84.32	2.87
3.5.1	给水工程	104 200.52	16.60	0.57
3.5.2	热水工程	90 773.36	14.46	0.49
3.5.3	排水工程	226 015.38	36.00	1.23
3.5.4	雨水工程	32 032.98	5.10	0.17
3.5.5	措施项目费	16 251.31	2.59	0.09
3.5.6	规费	11 984.47	1.91	0.07
3.5.7	税金	48 125.80	7.67	0.26

表3　工程量指标表

序号	工程量名称	单位	数量	单位指标（m²）
一、房屋建筑工程				
1	土石方开挖量	m³	1 403.89	0.22
2	土石方回填量	m³	1 047.31	0.17
3	桩	m³	851.62	0.14
4	砌体	m³	1 293.08	0.21

序号	工程量名称	单位	数量	单位指标（m²）
5	混凝土	m³	3 229.57	0.51
5.1	基础混凝土	m³	632.71	0.10
5.2	墙、柱混凝土	m³	389.83	0.06
5.3	梁板混凝土	m³	1 988.39	0.32
5.4	二次结构混凝土	m³	218.64	0.03
6	钢筋	t	372.26	0.06
7	模板	m²	21 051.85	3.35
8	门	m²	905.66	0.14
9	窗	m²	672.45	0.11
10	屋面	m²	2 495.94	0.40
二、房屋装饰工程				
1	楼地面	m²	5 839.14	0.93
2	天棚装饰	m²	7 143.70	1.14
3	内墙装饰	m²	13 761.48	2.19
4	外墙装饰	m²	4 896.05	0.78

表 4　消耗量指标表

序号	消耗量指标	单位	数量	单位指标（m²）
一、房屋建筑工程				
1	人工费	元	3 078 852.23	490.37
1.1	综合用工	工日	32 960.11	5.25
2	材料费	元	8 807 035.11	1 402.70
2.1	钢筋	t	441.13	0.07
2.2	型钢	t	3.00	0.00
2.3	水泥	t	58.83	0.01
2.4	商品混凝土	m³	4 568.89	0.73
3	机械费	元	648 709.96	103.32

序号	消耗量指标	单位	数量	单位指标（m²）
二、房屋装饰工程				
1	人工费	元	—	—
2	材料费	元	—	—
3	机械费	元	—	—
三、房屋安装工程				
1	人工费	元	296 643.75	47.25
1.1	综合用工	工日	3 439.41	0.55
2	材料费	元	1 114 336.05	177.48
2.1	主材费	元	715 219.66	113.91
3	机械费	元	15 144.30	2.41
4	设备费	元	299 703.74	47.73

表5　主要材料、设备明细表

序号	名称	单位	数量	单价（元）
1	钢筋 HRB400 Φ≤12	t	142.73	3 900.13
2	钢筋 HRB400 Φ≤25（E）	t	140.05	3 882.83
3	成品铝合金落地推拉窗 6 高透光 LOW-E+12 空气+6 透明	m²	645.55	531.68
4	仿石型外墙涂料	t	21.53	25 730.00
5	泵送预拌混凝土 C30	m³	1 171.19	457.98
6	泵送预拌混凝土 C35	m³	1 645.78	472.92
7	泵送预拌混凝土 C35	m³	1 004.77	487.86

● 食堂和其他　案例 30　重庆市-中小学操场、食堂、车库

表 1　单项工程概况及特征表

单体工程特色：装配式/绿色/节能/仿生等

项目类别	新建	建筑面积（m²）	32 565.11	地上层数（层）	4
工程类型	中小学操场、食堂、车库	地上建筑面积（m²）	32 565.11	地下层数（层）	0
项目地点	重庆市	地下建筑面积（m²）	0.00	檐口高度（m）	19.30
容积率	—	首层建筑面积（m²）	10 169.99	基础埋深（m）	详基础工程
开/竣工日期	2016-05-05/2017-08-25	造价阶段	结算价	计价方式	定额计价
结构类型	框架结构	抗震设防烈度	6 度	抗震等级	二级/三级
场地类别	三类	建设地点级别	城市	装修类别	毛坯
层高	首层层高 5.10 m，标准层层高 4.50 m				
建筑工程	桩基工程	旋挖桩基础，桩径 1.00~1.50 m，桩深平均 18.06 m			
	土石方工程	土方、石方（软质岩为主）			
	基础工程	独立基础共 396.05 m³，占比 14.88%，基础平均深度约 1.60 m；条形基础共 135.64 m³，占比 5.09%，基础平均深度约 1.70 m；旋挖桩基础共 2 130.79 m³，占比 80.03%，基础平均深度约 18.06 m			
	砌筑工程	实心砖、多孔砖、加气混凝土砌块			
	防水工程	1.5 mm 厚防水涂膜、4 mm 厚聚酯胎 SBS 改性沥青卷材、4 mm 厚 SBS 耐根穿刺卷材、3 mm 厚聚酯胎 II 型 SBS 改性沥青卷材			
	钢筋混凝土工程	钢筋主要型号为 A8、A10E、C8、C10、C16-C25、C16-C25E；混凝土主要型号为 C30、C40			
	保温工程	100 mm 轻质加气混凝土板墙板（ALC 板）、基本保温板、50 mm 垂直纤维保温板			

续表

建筑工程	外装饰工程	木纹漆、真石漆、乳胶漆
	模板、脚手架工程	组合钢模板、复合模板；满堂脚手架、综合脚手架、外脚手架、里脚手架
	楼地面工程	自结纹跑道、人工草坪、水性环保硅 PU 地面、地面砖，装饰石材、铝制防静电活动地板、水磨石楼地面、防油细石混凝土地面、防水砂浆楼地面
装饰工程	内墙柱面工程	水泥砂浆墙面、涂料墙面、瓷砖墙面
	天棚工程	乳胶漆天棚、吸音板天棚、素水泥浆天棚、硅钙板天棚
	门窗工程	木质防火门、钢制防火门、卷帘门
	电气安装	防雷接地、照明管线安装、母线及桥架制安、柴油发电机及电梯安装
安装工程	给排水工程	给水管道安装、排水管道安装、雨水管道安装
	消防工程	火灾报警系统、喷淋系统、气体灭火系统
	通风空调工程	镀锌风管制安、防火阀制安等
	建筑智能化工程	综合管线安装

表2　工程造价指标表

序号	项目名称	金额（元）	单方指标（元/m²）	占比指标（%）
	工程费用	70 129 224.26	2 153.51	100.00
1	房屋建筑与装饰工程	55 622 401.83	1 708.04	79.31
1.1	土石方工程	451 450.89	13.86	0.64
1.2	地基处理及支护工程	—	—	—
1.3	桩基工程	3 003 059.09	92.22	4.28
1.4	砌筑工程	1 564 178.76	48.03	2.23
1.5	混凝土工程	10 231 022.64	314.17	14.59
1.6	钢筋工程	11 752 847.92	360.90	16.76
1.7	金属结构工程	—	—	—
1.8	木结构工程	—	—	—
1.9	门窗工程	1 462 363.64	44.91	2.09
1.10	屋面及防水工程	3 877 550.32	119.07	5.53

序号	项目名称	金额（元）	单方指标（元/m²）	占比指标（%）
1.11	保温、隔热及防腐工程	1 347 300.47	41.37	1.92
1.12	楼地面装饰	7 013 636.93	215.37	10.00
1.13	内墙、柱面装饰	1 954 963.26	60.03	2.79
1.14	外墙、柱面装饰	46 144.41	1.42	0.07
1.15	顶棚装饰	422 947.26	12.99	0.60
1.16	油漆、涂料工程	1 339 054.11	41.12	1.91
1.17	其他工程	208 391.61	6.40	0.30
1.18	脚手架工程	584 775.04	17.96	0.83
1.19	垂直运输工程	563 798.21	17.31	0.80
1.20	安全文明及其他措施项目费	3 122 682.37	95.89	4.45
1.21	规费	1 078 431.93	33.12	1.54
1.22	税金	5 597 802.98	171.90	7.98
2	单独装饰工程	—	—	—
3	房屋安装工程	14 506 822.43	445.47	20.69
3.1	电气工程	5 631 894.16	172.94	8.03
3.1.1	母线	163 715.96	5.03	0.23
3.1.2	控制设备及低压电器	1 009 914.13	31.01	1.44
3.1.3	电缆安装	890 493.52	27.35	1.27
3.1.4	防雷及接地装置	396 230.67	12.17	0.57
3.1.5	配管配线	694 231.76	21.32	0.99
3.1.6	照明器具	591 314.91	18.16	0.84
3.1.7	附属工程	339 615.03	10.43	0.48
3.1.8	电气调整试验	49 901.86	1.53	0.07
3.1.9	电梯	304 502.55	9.35	0.43
3.1.10	柴油发电机	328 767.98	10.10	0.47
3.1.11	措施项目费	230 375.25	7.07	0.33
3.1.12	规费	74 714.90	2.29	0.11
3.1.13	税金	558 115.64	17.14	0.80

续表

序号	项目名称	金额（元）	单方指标 （元/m²）	占比指标（%）
3.2	建筑智能化工程	437 408.93	13.43	0.62
3.2.1	综合布线系统工程	354 193.18	10.88	0.51
3.2.2	措施项目费	30 187.00	0.93	0.04
3.2.3	规费	9 681.92	0.30	0.01
3.2.4	税金	43 346.83	1.33	0.06
3.3	通风空调工程	2 895 967.32	88.93	4.13
3.3.1	通风系统	2 350 856.66	72.19	3.35
3.3.2	通风空调工程系统调试	31 050.74	0.95	0.04
3.3.3	措施项目费	169 929.68	5.22	0.24
3.3.4	规费	57 142.49	1.75	0.08
3.3.5	税金	286 987.75	8.81	0.41
3.4	消防工程	4 858 397.20	149.19	6.93
3.4.1	水灭火系统	1 906 249.42	58.54	2.72
3.4.2	气体灭火系统	869 254.79	26.69	1.24
3.4.3	泡沫灭火系统	—	—	—
3.4.4	火灾自动报警系统	982 846.37	30.18	1.40
3.4.5	消防系统调试	265 508.57	8.15	0.38
3.4.6	措施项目费	268 473.92	8.24	0.38
3.4.7	规费	84 601.34	2.60	0.12
3.4.8	税金	481 462.79	14.78	0.69
3.5	给排水工程	683 154.82	20.98	0.97
3.5.1	给水工程	325 521.47	10.00	0.46
3.5.2	排水工程	241 498.12	7.42	0.34
3.5.3	雨水工程	26 783.84	0.82	0.04
3.5.4	措施项目费	16 427.46	0.50	0.02
3.5.5	规费	5 223.91	0.16	0.01
3.5.6	税金	67 700.02	2.08	0.10

表3　工程量指标表

序号	工程量名称	单位	数量	单位指标（m²）
一、房屋建筑工程				
1	土石方开挖量	m³	1 528.80	0.05
2	土石方回填量	m³	652.74	0.02
3	桩	m³	2 130.79	0.07
4	砌体	m³	3 763.17	0.12
5	混凝土	m³	13 797.31	0.42
5.1	基础混凝土	m³	1 019.37	0.03
5.2	墙、柱混凝土	m³	1 954.82	0.06
5.3	梁板混凝土	m³	9 691.86	0.30
5.4	二次结构混凝土	m³	1 131.26	0.03
6	钢筋	t	2 580.13	0.08
6.1	基础钢筋	t	87.95	0.00
6.2	墙、柱钢筋	t	433.38	0.01
6.3	梁板钢筋	t	1 861.03	0.06
6.4	二次结构钢筋	t	197.77	0.01
7	模板	m²	—	—
8	门	m²	2 070.35	0.06
9	窗	m²	1 134.70	0.03
10	屋面	m²	9 993.84	0.31
11	外墙保温	m²	4 576.49	0.14
二、房屋装饰工程				
1	天棚装饰	m²	52 938.32	1.63
2	内墙装饰	m²	34 647.82	1.06
3	外墙装饰	m²	6 595.27	0.20

表4 消耗量指标表

序号	消耗量指标	单位	数量	单位指标（m²）
一、房屋建筑工程				
1	人工费	元	4 968 186.95	152.56
1.1	综合用工	工日	125 984.85	3.87
2	材料费	元	25 305 992.72	777.09
2.1	钢筋	t	2 614.77	0.08
2.2	型钢	t	196.00	0.01
2.3	水泥	t	1 351.91	0.04
2.4	商品混凝土	m³	21 959.57	0.67
3	机械费	元	2 552 465.42	78.38
二、房屋装饰工程				
1	人工费	元	1 025 813.38	31.50
1.1	综合用工	工日	25 831.13	0.79
2	材料费	元	2 449 403.53	75.22
2.1	水泥	t	632.79	0.02
3	机械费	元	20 934.20	0.64
三、房屋安装工程				
1	人工费	元	1 217 711.74	37.39
1.1	综合用工	工日	31 698.93	0.97
2	材料费	元	449 455.35	13.80
2.1	主材费	元	7 878 938.89	241.94
3	机械费	元	209 513.53	6.43

表5 主要材料、设备明细表

序号	名称	单位	数量	单价（元）
1	绝缘导线 WDZB-BYJ-4 mm²	m	4 389.04	2.81
2	电缆 WDZB-YJY-4×50+1×25 mm²	m	114.58	143.51
3	电缆 WDZB-YJY-4×120+1×70 mm²	m	113.73	336.74
4	电缆 WDZA-YJY-5×16 mm²	m	1 065.85	54.81
5	矿物绝缘电缆 NG-A（BTLY）-5×16 mm²	m	424.41	108.87

续表

序号	名称	单位	数量	单价（元）
6	桥架 200 mm×100 mm	m	262.15	67.68
7	桥架 400 mm×100 mm	m	104.03	121.00
8	单栓消火栓箱 1 800 mm×700 mm×240 mm	套	13.00	2 067.90
9	1#楼客梯7层7站 额定速度（M/S）1.0 额定载重量 1 000 kg 提升高度33.9 m 桥厢尺寸宽×深×高 1 600×1 500×2 800	部	1.00	170 000.00
10	公区应急照明配电箱（双电源）1ALE	台（块）	1.00	11 041.41
11	1#楼电梯配电箱（双电源）1DT	台（块）	1.00	15 520.55
12	公区照明总配电箱（双电源）xzAL	台（块）	1.00	13 404.62
13	楼层照明配电箱 1AL2	台（块）	1.00	11 503.33
14	楼层照明配电箱 1AL3	台（块）	1.00	10 754.01
15	楼层空调配电箱 1AP3	台（块）	1.00	11 225.59
16	楼层照明配电箱 1AL4	台（块）	1.00	10 754.01
17	楼层空调配电箱 1AP4	台（块）	1.00	11 225.59

• 食堂和其他 案例 31 江苏省南京市-小学操场及食堂

表 1 单项工程概况及特征表

单体工程特色：装配式/绿色/节能

项目类别	新建	建筑面积（m²）	6 294.70	地上层数（层）	3
工程类型	小学操场及食堂	地上建筑面积（m²）	6 294.70	地下层数（层）	0
项目地点	江苏省南京市	地下建筑面积（m²）	0.00	檐口高度（m）	18.85
容积率	0.62	首层建筑面积（m²）	1 556.52	基础埋深（m）	1.70
开/竣工日期	2017-08-26/2018-05-07	造价阶段	控制价	计价方式	清单计价
结构类型	框架结构	抗震设防烈度	7度	抗震等级	三级
场地类别	三类	建设地点级别	城市	装修类别	初装
层高	首层层高4.20 m，标准层层高4.20 m				
建筑工程	土石方工程	土方工程类型为平整场地、基坑挖填土			
	基础工程	独立基础，局部带形基础			
	砌筑工程	外墙采用煤矸石烧结保温砌块，内墙采用蒸压加气混凝土条板			
	防水工程	屋面采用双层粘结型高分子湿铺防水卷材、地面采用1.2 mm厚高分子防水涂料、墙面采用1.5 mm厚高分子防水涂料			
	钢筋混凝土工程	楼盖局部采用装配式混凝土叠合底板，预制率为80.00%；柱、梁、板、混凝土墙混凝土强度等级为C40，基础混凝土强度等级为C30，基础垫层混凝土强度等级为C15，砌体中的圈梁、构造柱、过梁混凝土强度等级为C25；钢筋型号为HPB300、HRB335			

续表

建筑工程	保温工程	屋面采用 70 mm 厚挤塑聚苯板、地面采用 50 mm 厚挤塑聚苯板、天棚采用 60 mm 厚岩棉板、外墙面采用 50 mm 厚发泡陶瓷保温板、内墙面采用 20 mm 厚石膏保温砂浆
	外装饰工程	真石漆外墙面、断桥隔热铝合金 LOW-E 中空玻璃门窗
	模板、脚手架工程	复合木模板、满堂脚手架
	垂直运输工程	垂直运输费地上部分按 1 台考虑
	楼地面工程	舞蹈音乐等专用教室、风雨操场硬木地板楼面，职工食堂、包间、卫生间地砖楼面、水磨石楼地面，活动室地胶垫楼面
装饰工程	内墙柱面工程	舞蹈音乐等专用教室、风雨操场陶铝吸音板内墙面，职工食堂、包间、卫生间瓷砖内墙面，活动室乳胶漆内墙面
	天棚工程	舞蹈音乐等专用教室、风雨操场、活动室穿孔石膏吸音板吊顶、乳胶漆天棚面，职工食堂、包间、卫生间铝合金板吊顶
	门窗工程	防火门、成品钢木门、断桥隔热铝合金 LOW-E 中空玻璃门窗
	电气安装	配电箱柜，焊接钢管、JDG 管电缆电线保护管，镀锌槽式桥架，铜芯配线配缆，中档灯具、应急及疏散指示标志灯具
安装工程	给排水工程	内衬不锈钢复合钢管、铝合金衬塑 PP-R 管给水管，U-PVC 排水管，U-PVC 防紫外线承压雨水管，卫生洁具
	消防工程	室内消火栓箱、磷酸铵盐干粉灭火器，直立型喷淋头，感烟感温探测器、声光报警器、消防专用电话等
	通风空调工程	风机（壁式、防爆、箱式管道）、镀锌钢板风管
	建筑智能化工程	计算机应用、网络系统工程，综合布线系统工程，建筑信息综合管理系统工程，音频、视频系统工程，安全防范系统工程

表2 工程造价指标表

序号	项目名称	金额（元）	单方指标（元/m²）	占比指标（%）
	工程费用	23 493 758.45	3 732.31	100.00
1	房屋建筑与装饰工程	14 683 830.80	2 332.73	62.50
1.1	土石方工程	111 263.09	17.68	0.47
1.2	地基处理及支护工程	—	—	—
1.3	桩基工程	—	—	—
1.4	砌筑工程	417 674.71	66.35	1.78
1.5	混凝土工程	1 434 723.22	227.93	6.11
1.6	钢筋工程	2 219 780.01	352.64	9.45
1.7	金属结构工程	4 968.90	0.79	0.02
1.8	木结构工程	—	—	—
1.9	门窗工程	1 084 583.55	172.30	4.62
1.10	屋面及防水工程	884 562.66	140.52	3.77
1.11	保温、隔热及防腐工程	656 471.72	104.29	2.79
1.12	楼地面装饰	361 703.35	57.46	1.54
1.13	内墙、柱面装饰	351 237.83	55.80	1.50
1.14	外墙、柱面装饰	—	—	—
1.15	顶棚装饰	47 182.23	7.50	0.20
1.16	油漆、涂料工程	626 919.26	99.59	2.67
1.17	隔断	—	—	—
1.18	其他工程	237 119.16	37.67	1.01
1.19	预制构件工程	1 666 508.46	264.75	7.09
1.20	模板及支架工程	906 268.67	143.97	3.86
1.21	脚手架工程	535 202.92	85.02	2.28
1.22	垂直运输工程	168 598.11	26.78	0.72
1.23	施工排水、降水工程	—	—	—

续表

序号	项目名称	金额（元）	单方指标（元/m²）	占比指标（%）
1.24	安全文明及其他措施项目费	1 141 764.07	181.38	4.86
1.25	规费	492 405.17	78.23	2.10
1.26	税金	1 334 893.71	212.07	5.68
2	单独装饰工程	3 919 032.99	622.59	16.68
2.1	室内装饰工程	3 919 032.99	622.59	16.68
2.1.1	楼地面装饰	1 264 569.48	200.89	5.38
2.1.2	内墙、柱装饰	1 068 367.09	169.72	4.55
2.1.3	顶棚装饰	219 466.07	34.87	0.93
2.1.4	油漆、涂料工程	434 255.65	68.99	1.85
2.1.5	其他内装饰工程	119 449.07	18.98	0.51
2.1.6	措施项目费	387 327.45	61.53	1.65
2.1.7	规费	102 008.30	16.21	0.43
2.1.8	税金	323 589.88	51.41	1.38
3	房屋安装工程	4 667 366.66	741.48	19.87
3.1	电气工程	821 478.69	130.50	3.50
3.1.1	控制设备及低压电器	103 467.60	16.44	0.44
3.1.2	电缆安装	106 906.79	16.98	0.46
3.1.3	防雷及接地装置	58 707.57	9.33	0.25
3.1.4	配管配线	228 634.50	36.32	0.97
3.1.5	照明器具	79 312.49	12.60	0.34
3.1.6	附属工程	100 895.46	16.03	0.43
3.1.7	措施项目费	48 954.44	7.78	0.21
3.1.8	规费	21 149.11	3.36	0.09
3.1.9	税金	73 450.73	11.67	0.31
3.2	建筑智能化工程	2 929 831.66	465.44	12.47
3.2.1	计算机应用、网络系统工程	1 113 258.63	176.86	4.74
3.2.2	综合布线系统工程	393 634.15	62.53	1.68

序号	项目名称	金额（元）	单方指标（元/m²）	占比指标（%）
3.2.3	建筑信息综合管理系统工程	118 662.84	18.85	0.51
3.2.4	音频、视频系统工程	654 538.52	103.98	2.79
3.2.5	安全防范系统工程	337 557.34	53.63	1.44
3.2.6	措施项目费	31 853.28	5.06	0.14
3.2.7	规费	27 633.57	4.39	0.12
3.2.8	税金	252 693.33	40.14	1.08
3.3	通风空调工程	42 070.03	6.68	0.18
3.3.1	通风系统	35 563.97	5.65	0.15
3.3.2	措施项目费	2 103.70	0.33	0.01
3.3.3	规费	928.69	0.15	0.00
3.3.4	税金	3 473.67	0.55	0.01
3.4	消防工程	371 585.29	59.03	1.58
3.4.1	水灭火系统	211 838.79	33.65	0.90
3.4.2	火灾自动报警系统	92 154.56	14.64	0.39
3.4.3	措施项目费	24 227.41	3.85	0.10
3.4.4	规费	9 584.05	1.52	0.04
3.4.5	税金	33 780.48	5.37	0.14
3.5	给排水工程	502 400.99	79.81	2.14
3.5.1	给水工程	50 137.49	7.97	0.21
3.5.2	热水工程	76 026.62	12.08	0.32
3.5.3	排水工程	270 983.00	43.05	1.15
3.5.4	雨水工程	21 700.44	3.45	0.09
3.5.5	措施项目费	27 337.14	4.34	0.12
3.5.6	规费	13 028.59	2.07	0.06
3.5.7	税金	43 187.71	6.86	0.18
4	设备采购	223 528.00	35.51	0.95
4.1	厨房设备采购	223 528.00	35.51	0.95

表3 工程量指标表

序号	工程量名称	单位	数量	单位指标（m²）
一、房屋建筑工程				
1	土石方开挖量	m³	1 775.04	0.28
2	土石方回填量	m³	1 101.41	0.17
3	桩	m³	—	—
4	砌体	m³	641.47	0.10
5	混凝土	m³	2 466.28	0.39
5.1	基础混凝土	m³	552.86	0.09
5.2	墙、柱混凝土	m³	513.10	0.08
5.3	梁板混凝土	m³	1 131.59	0.18
5.4	二次结构混凝土	m³	268.73	0.04
6	钢筋	t	388.37	0.06
6.1	基础钢筋	t	178.20	0.03
6.2	墙、柱钢筋	t	80.80	0.01
6.3	梁板钢筋	t	87.06	0.01
6.4	二次结构钢筋	t	42.32	0.01
7	模板	m²	12 724.93	2.02
8	门	m²	428.98	0.07
9	窗	m²	1 069.92	0.17
10	屋面	m²	2 547.80	0.40
11	外墙保温	m²	5 309.33	0.84
12	预制构件	m³	571.28	0.09
12.1	预制墙	m³	282.86	0.04
12.2	预制板	m³	288.42	0.05
二、房屋装饰工程				
1	楼地面	m²	5 728.18	0.91
2	天棚装饰	m²	7 389.45	1.17
3	内墙装饰	m²	7 410.97	1.18
4	外墙装饰	m²	5 806.96	0.92

表4 消耗量指标表

序号	消耗量指标	单位	数量	单位指标（m²）
一、房屋建筑工程				
1	人工费	元	2 070 444.91	328.92
1.1	综合用工	工日	22 213.77	3.53
2	材料费	元	8 473 179.90	1 346.08
2.1	钢筋	t	408.30	0.06
2.2	型钢	t	6.15	0.00
2.3	水泥	t	32.46	0.01
2.4	商品混凝土	m³	2 724.90	0.43
3	机械费	元	338 419.00	53.76
二、房屋装饰工程				
1	人工费	元	912 814.85	145.01
1.1	综合用工	工日	7 735.72	1.23
2	材料费	元	1 800 352.77	286.01
3	机械费	元	39 848.37	6.33
三、房屋安装工程				
1	人工费	元	480 598.70	76.35
1.1	综合用工	工日	5 055.30	0.80
2	材料费	元	2 732 400.34	434.08
2.1	主材费	元	1 268 684.78	201.55
3	机械费	元	32 806.49	5.21
4	设备费	元	556 455.44	88.40

表5 主要材料、设备明细表

序号	名称	单位	数量	单价（元）
1	钢筋Ⅲ级钢 $\Phi \leqslant 12$	t	105.56	3 910.43
2	钢筋Ⅲ级钢 $\Phi \leqslant 25$（E）	t	84.65	3 859.48
3	钢筋Ⅲ级钢 $\Phi \leqslant 25$（E）	t	93.13	3 859.48
4	泵送预拌混凝土 C30	m³	1 589.95	439.09

序号	名称	单位	数量	单价（元）
5	泵送预拌混凝土 C40	m³	611.89	460.46
6	断热铝合金推拉窗 6 高透光 LOW-E+12 空气+6 玻璃	m²	957.51	691.82
7	仿石型外墙涂料	kg	26 131.32	17.30
8	粘结型高分子湿铺防水卷材 厚 1.5 mm	m²	5 728.12	69.18
9	预制混凝土叠合板（单向板）含钢筋及吊装埋件	m³	82.77	3 640.70
10	预制混凝土叠合板（双向板）含钢筋及吊装埋件	m³	205.65	3 640.70
11	蒸压加气混凝土条板（包含所有配件）	m³	282.86	1 124.21
12	篮球馆专用地板	m²	1 030.63	259.44
13	墙面砖 300 mm×600 mm	m²	1 437.39	129.72
14	实木地板 910 mm×91 mm×18 mm	m²	841.94	220.00
15	地胶垫	m²	517.07	155.66
16	细木工板 厚 18 mm	m²	1 370.50	48.79
17	内墙乳胶漆	kg	4 167.95	19.03
18	陶铝吸音板	m²	1 434.53	138.37
19	大便感应器	组	41.00	4 230.00
20	智能班牌一体机	m²	10.00	5 335.00
21	智能触控一体机	m²	16.00	19 060.00
22	学生计算机	台	31.00	3 500.00
23	交互式数字临摹台	套	31.00	2 800.00

幼儿园

案例 32 江苏省南京市-幼儿园

表 1 单项工程概况及特征表

单体工程特色：绿色/节能

项目类别	新建	建筑面积（m²）	7 357.47	地上层数（层）	3
工程类型	幼儿园	地上建筑面积（m²）	7 084.42	地下层数（层）	1
项目地点	江苏省南京市	地下建筑面积（m²）	273.05	檐口高度（m）	11.55
容积率	0.47	首层建筑面积（m²）	3 010.66	基础埋深（m）	6.05
开/竣工日期	2018-05-31/ 2019-10-31	造价阶段	控制价	计价方式	清单计价
结构类型	框架结构	抗震设防烈度	7 度	抗震等级	三级
场地类别	三类	建设地点级别	城市	装修类别	精装
层高	地下室层高 5.00 m，地下室底板标高-5.00 m，首层层高 3.80 m，标准层层高 3.80 m					
建筑工程	围护桩、支撑工程及降排水	锚喷支护，坡面挂网喷 60 厚 C20 细石混凝土，采用 Φ6.5@200×200 钢筋网、Φ16 短钢筋固定				
	土石方工程	土方工程类型为场地挖填方，基坑挖填方；弃方运距 13 000 m				
	基础工程	独立基础，地下消防水池处筏板基础				
	砌筑工程	外墙采用煤矸石烧结保温砌块，内墙采用加气混凝土砌块				
	防水工程	屋面采用双层粘结型高分子湿铺防水卷材，墙面采用 1.5 mm 厚高分子涂料防水层，地面采用 1.2 mm 厚高分子防水涂料				
	钢筋混凝土工程	基础、柱、梁、板混凝土强度等级为 C30，混凝土墙混凝土强度等级为 C35，基础垫层混凝土强度等级为 C15，砌体中的圈梁、构造柱、过梁混凝土强度等级为 C25；钢筋型号为 HPB300、HRB400				

续表

建筑工程	保温工程	屋面采用 70 mm 厚挤塑聚苯板，地面采用 50 mm 厚挤塑聚苯板，外墙面采用 50 mm 厚发泡陶瓷保温板，内墙面采用 20 mm 厚石膏保温砂浆
	外装饰工程	真石漆外墙面、断桥隔热铝合金 LOW-E 中空玻璃门窗
	模板、脚手架工程	复合木模板、满堂脚手架
	垂直运输工程	垂直运输费按 1 台考虑
	楼地面工程	活动室、办公室实木地板楼面，特色教室实木地板、地砖楼面；保健观察室、晨检室、医务室地胶垫楼面，厨房红缸砖、地砖楼面，卫生间、盥洗室地砖楼面，走道等公共部位地胶垫楼面
装饰工程	内墙柱面工程	活动室乳胶漆内墙面、局部玻璃纤维墙纸、木饰面内墙面，特色教室乳胶漆内墙面、局部生态木饰面，保健观察室、晨检室、医务室瓷砖墙裙、乳胶漆内墙面，办公室乳胶漆内墙面，厨房、卫生间、盥洗室瓷砖内墙面，走道等公共部位瓷砖墙裙、乳胶漆内墙面
	天棚工程	活动室、特色教室、保健观察室、晨检室、医务室乳胶漆天棚面，办公室高晶板吊顶，厨房、卫生间、盥洗室防水乳胶漆天棚面，走道等公告部位铝方通吊顶、铝板吊顶
	门窗工程	防火门、防火窗、断桥隔热铝合金 LOW-E 中空玻璃门窗
	电气安装	配电箱柜，焊接钢管、JDG 管电缆电线保护管，镀锌槽式桥架，铜芯配线配缆，照明、应急及疏散指示标志灯具安装到位
安装工程	给排水工程	内衬不锈钢复合钢管、铝合金衬塑 PP-R 管给水管，U-PVC 排水管，U-PVC 防紫外线承压雨水管，卫生洁具安装到位
	消防工程	室内消火栓箱、箱泵一体化消防增压稳压给水设备、磷酸铵盐干粉灭火器，直立型喷淋头，感烟感温探测器、声光报警器、消防专用电话等
	通风空调工程	风机（壁式、柜式）、换气扇、镀锌钢板风管
	建筑智能化工程	综合布线系统，计算机应用、网络系统，音频、视频系统，安全防范系统

表2 工程造价指标表

序号	项目名称	金额（元）	单方指标（元/m²）	占比指标（%）
	工程费用	27 045 450.88	3 675.92	100.00
1	房屋建筑与装饰工程	14 796 686.99	2 011.11	54.71
1.1	土石方工程	366 697.92	49.84	1.36
1.2	地基处理及支护工程	176 346.33	23.97	0.65
1.3	桩基工程	—	—	—
1.4	砌筑工程	622 509.81	84.61	2.30
1.5	混凝土工程	1 829 152.34	248.61	6.76
1.6	钢筋工程	2 318 272.34	315.09	8.57
1.7	金属结构工程	7 199.30	0.98	0.03
1.8	木结构工程	—	—	—
1.9	门窗工程	1 345 716.62	182.90	4.98
1.10	屋面及防水工程	1 054 291.35	143.30	3.90
1.11	保温、隔热及防腐工程	527 816.69	71.74	1.95
1.12	楼地面装饰	533 503.73	72.51	1.97
1.13	内墙、柱面装饰	362 056.64	49.21	1.34
1.14	油漆、涂料工程	701 289.76	95.32	2.59
1.15	其他工程	132 750.98	18.04	0.49
1.16	模板及支架工程	1 414 543.89	192.26	5.23
1.17	脚手架工程	523 622.83	71.17	1.94
1.18	垂直运输工程	141 996.70	19.30	0.53
1.19	安全文明及其他措施项目费	909 796.04	123.66	3.36
1.20	规费	483 970.36	65.78	1.79
1.21	税金	1 345 153.36	182.83	4.97
2	单独装饰工程	4 332 370.11	588.84	16.02
2.1	室内装饰工程	4 332 370.11	588.84	16.02
2.1.1	楼地面装饰	1 833 971.79	249.27	6.78
2.1.2	内墙、柱装饰	559 572.65	76.06	2.07
2.1.3	顶棚装饰	398 127.73	54.11	1.47

续表

序号	项目名称	金额（元）	单方指标（元/m²）	占比指标（%）
2.1.4	油漆、涂料工程	446 611.30	60.70	1.65
2.1.5	其他内装饰工程	210 689.98	28.64	0.78
2.1.6	措施项目费	412 911.01	56.12	1.53
2.1.7	规费	112 767.02	15.33	0.42
2.1.8	税金	357 718.63	48.62	1.32
3	房屋安装工程	7 452 865.78	1 012.97	27.56
3.1	电气工程	1 433 508.65	194.84	5.30
3.1.1	控制设备及低压电器	247 869.65	33.69	0.92
3.1.2	电机检查接线及调试	11 500.48	1.56	0.04
3.1.3	电缆安装	128 301.35	17.44	0.47
3.1.4	防雷及接地装置	70 378.08	9.57	0.26
3.1.5	配管配线	443 096.75	60.22	1.64
3.1.6	照明器具	107 836.21	14.66	0.40
3.1.7	附属工程	196 990.61	26.77	0.73
3.1.8	措施项目费	62 233.62	8.46	0.23
3.1.9	规费	36 955.89	5.02	0.14
3.1.10	税金	128 346.01	17.44	0.47
3.2	建筑智能化工程	3 051 264.20	414.72	11.28
3.2.1	计算机应用、网络系统工程	606 313.66	82.41	2.24
3.2.2	综合布线系统工程	567 799.76	77.17	2.10
3.2.3	音频、视频系统工程	629 999.95	85.63	2.33
3.2.4	安全防范系统工程	922 515.33	125.38	3.41
3.2.5	措施项目费	41 394.67	5.63	0.15
3.2.6	规费	31 301.58	4.25	0.12
3.2.7	税金	251 939.25	34.24	0.93
3.3	通风空调工程	1 202 499.11	163.44	4.45
3.3.1	通风系统	34 510.78	4.69	0.13
3.3.2	空调系统	1 161 381.55	157.85	4.29
3.3.3	措施项目费	2 200.83	0.30	0.01

续表

序号	项目名称	金额（元）	单方指标 （元/m²）	占比指标（%）
3.3.4	规费	1 010.92	0.14	0.00
3.3.5	税金	3 395.03	0.46	0.01
3.4	消防工程	1 077 547.72	146.46	3.98
3.4.1	水灭火系统	635 366.92	86.36	2.35
3.4.2	火灾自动报警系统	281 462.45	38.26	1.04
3.4.3	措施项目费	40 904.77	5.56	0.15
3.4.4	规费	21 854.70	2.97	0.08
3.4.5	税金	97 958.88	13.31	0.36
3.5	给排水工程	688 046.10	93.52	2.54
3.5.1	给水工程	75 979.92	10.33	0.28
3.5.2	排水工程	486 977.44	66.19	1.80
3.5.3	雨水工程	14 338.77	1.95	0.05
3.5.4	措施项目费	34 741.47	4.72	0.13
3.5.5	规费	17 871.51	2.43	0.07
3.5.6	税金	58 136.99	7.90	0.21
4	设备采购	463 528.00	63.00	1.71
4.1	电梯采购安装	240 000.00	32.62	0.89
4.2	厨房设备采购	223 528.00	30.38	0.83

表3 工程量指标表

序号	工程量名称	单位	数量	单位指标（m²）
一、房屋建筑工程				
1	土石方开挖量	m³	15 037.16	2.04
2	土石方回填量	m³	4 980.56	0.68
3	桩	m³	—	—
4	砌体	m³	1 187.98	0.16
5	混凝土	m³	3 012.08	0.41
5.1	基础混凝土	m³	780.15	0.11
5.2	墙、柱混凝土	m³	573.22	0.08

续表

序号	工程量名称	单位	数量	单位指标（m²）
5.3	梁板混凝土	m³	1 409.83	0.19
5.4	二次结构混凝土	m³	248.88	0.03
6	钢筋	t	422.82	0.06
7	模板	m²	19 767.46	2.69
8	门	m²	556.51	0.08
9	窗	m²	1 284.79	4.71
10	屋面	m²	2 873.46	0.39
11	外墙保温	m²	2 525.60	0.34
二、房屋装饰工程				
1	楼地面	m²	6 668.12	0.91
2	天棚装饰	m²	8 240.36	1.12
3	内墙装饰	m²	6 060.86	0.82
4	外墙装饰	m²	6 405.25	0.87

表4　消耗量指标表

序号	消耗量指标	单位	数量	单位指标（m²）
一、房屋建筑工程				
1	人工费	元	2 368 582.18	321.93
1.1	综合用工	工日	25 568.38	3.48
2	材料费	元	8 235 248.30	1 119.30
2.1	钢筋	t	448.09	0.06
2.2	型钢	t	4.41	0.00
2.3	水泥	t	39 225.47	5.33
2.4	商品混凝土	m³	3 541.09	0.48
3	机械费	元	535 707.37	72.81
二、房屋装饰工程				
1	人工费	元	761 773.36	103.54
1.1	综合用工	工日	6 455.71	0.88
2	材料费	元	2 383 746.57	323.99
2.1	水泥	t	13.32	0.00
3	机械费	元	36 556.79	4.97

续表

序号	消耗量指标	单位	数量	单位指标（m²）
三、房屋安装工程				
1	人工费	元	744 509.36	101.19
1.1	综合用工	工日	8 431.68	1.15
2	材料费	元	5 740 707.27	780.26
2.1	主材费	元	2 132 897.33	289.90
3	机械费	元	62 706.12	8.52
4	设备费	元	418 963.23	56.94

表5　主要材料、设备明细表

序号	名称	单位	数量	单价（元）
1	钢筋Ⅲ级钢 Φ≤25（E）	t	255.34	3 859.48
2	钢筋Ⅲ级钢 Φ≤12（E）	t	112.33	4 001.90
3	钢筋Ⅲ级钢 Φ≤12	t	55.45	4 930.91
4	泵送预拌混凝土 C30	m³	2 524.78	439.09
5	断热铝合金推拉窗 6 高透光 LOW-E+12 空气+6 玻璃	m²	1 118.26	691.82
6	仿石型外墙涂料	kg	28 823.63	17.30
7	双层粘结型高分子湿铺防水卷材 厚 1.5 mm	m²	6 061.45	69.18
8	防滑地砖 600 mm×600 mm	m²	699.94	129.72
9	墙面砖 300 mm×600 mm	m²	1 752.47	129.72
10	实木地板 910 mm×91 mm×18 mm	m²	2 895.12	220.00
11	木纹铝方通	m²	460.16	216.20
12	乳白色铝板 500 mm×500 mm	m²	897.52	86.48
13	防火板隔断	m²	316.14	259.44
14	地胶垫	m²	2 605.33	155.66
15	壁挂式触摸信息发布屏	m²	14.68	9 500.00
16	核心交换机	台	1.00	59 183.71
17	红外网络枪式摄像机	台	88.00	800.00
18	智能触控一体机	m²	23.00	6 518.24

案例 33　湖北省武汉市-幼儿园

表 1　单项工程概况及特征表

单体工程特色：装配式/绿色/节能/仿生等

项目类别	新建	建筑面积（m²）	4 835.19	地上层数（层）	3
工程类型	幼儿园	地上建筑面积（m²）	4 835.19	地下层数（层）	0
项目地点	湖北省武汉市	地下建筑面积（m²）	0.00	檐口高度（m）	19.50
容积率	—	首层建筑面积（m²）	1 631.70	基础埋深（m）	4.30
开/竣工日期	2016-11/2019-01	造价阶段	结算价	计价方式	清单计价
结构类型	框架结构	抗震设防烈度	6 度	抗震等级	三级
场地类别	三类	建设地点级别	城市	装修类别	毛坯
层高	首层层高 4.50 m，标准层层高 3.00 m				
建筑工程	桩基工程	混凝土灌注桩			
	土石方工程	含土方挖填			
	基础工程	桩承台			
	砌筑工程	灰砂砖、加气混凝土轻质砌块			
	防水工程	上人屋面：防水卷材； 不上人屋面：聚氨酯防水涂料、改性沥青防水卷材			
	钢筋混凝土工程	商品混凝土 C15、C20、C25；钢筋 HPB300、HRB335、HRB400			
	保温工程	40 mm 厚聚苯板保温层			
	外装饰工程	弹性涂料、面砖、玻璃幕墙			
	模板、脚手架工程	九夹板模板、钢管脚手架			
	垂直运输工程	卷扬机			
	楼地面工程	找平或结构面交付			
装饰工程	内墙柱面工程	水泥砂浆墙面或结构面交付			
	天棚工程	少数房间天棚水泥砂浆抹灰，其他房间结构面交付			
	门窗工程	铝合金门窗、木质防火门			
	电气安装	低压配电柜至一级配电箱电缆不在本次范围；桥架配管在本次范围，一级配电柜至末端用电设备的管线、电缆、桥架、灯具、开关。插座、防雷接地等均在本次计算范围			

安装工程	给排水工程	不含水表及表前管道。表后管道（含减压阀）到户内部分只算至厨卫间，每户装一个塑料水龙头，其余给水点装堵头。厨卫间排水只计算立管，预留三通，孔洞及套管预留预埋；坐便器、洗手盆及地漏等排水管道按精装修点位图预留接口
	建筑智能化工程	仅计算弱电总箱预埋管、预埋底盒（箱）（其余不计）
备注	—	采用营业税计算税率

表2　工程造价指标表

序号	项目名称	金额（元）	单方指标（元/m²）	占比指标（%）
	工程费用	7 395 647.17	1 529.55	100.00
1	房屋建筑与装饰工程	6 851 447.87	1 417.00	92.64
1.1	土石方工程	27 617.50	5.71	0.37
1.2	地基处理及支护工程	—	—	—
1.3	桩基工程	1 609 250.18	332.82	21.76
1.4	砌筑工程	444 992.34	92.03	6.02
1.5	混凝土工程	877 860.81	181.56	11.87
1.6	钢筋工程	1 157 410.54	239.37	15.65
1.7	金属结构工程	—	—	—
1.8	木结构工程	—	—	—
1.9	门窗工程	584 354.72	120.85	7.90
1.10	屋面及防水工程	271 865.25	56.23	3.68
1.11	保温、隔热及防腐工程	143 526.52	29.68	1.94
1.12	楼地面装饰	7 162.88	1.48	0.10
1.13	内墙、柱面装饰	65 081.06	13.46	0.88
1.14	外墙、柱面装饰	122 927.96	25.42	1.66
1.15	顶棚装饰	747.65	0.15	0.01
1.16	油漆、涂料工程	64 325.93	13.30	0.87
1.17	隔断	—	—	—
1.18	其他工程	42 960.22	8.88	0.58

续表

序号	项目名称	金额（元）	单方指标 （元/m²）	占比指标（%）
1.19	预制构件工程	—	—	—
1.20	模板及支架工程	567 862.40	117.44	7.68
1.21	脚手架工程	117 803.24	24.36	1.59
1.22	垂直运输工程	74 473.04	15.40	1.01
1.23	施工排水、降水工程	—	—	—
1.24	安全文明及其他措施项目费	164 722.73	34.07	2.23
1.25	规费	262 592.28	54.31	3.55
1.26	税金	243 910.63	50.44	3.30
2	单独装饰工程	348 052.48	71.98	4.71
2.1	室内装饰工程	—	—	—
2.2	幕墙工程	348 052.48	71.98	4.71
2.2.1	玻璃幕墙	314 872.11	65.12	4.26
2.2.2	规费	20 789.75	4.30	0.28
2.2.3	税金	12 390.62	2.56	0.17
3	房屋安装工程	196 146.82	40.57	2.65
3.1	电气工程	157 003.95	32.47	2.12
3.1.1	控制设备及低压电器	26 310.52	5.44	0.36
3.1.2	电缆安装	17 843.98	3.69	0.24
3.1.3	防雷及接地装置	11 962.63	2.47	0.16
3.1.4	配管配线	49 745.08	10.29	0.67
3.1.5	照明器具	17 655.26	3.65	0.24
3.1.6	电气调整试验	1 045.24	0.22	0.01
3.1.7	措施项目费	21 938.93	4.54	0.30
3.1.8	规费	4 912.99	1.02	0.07
3.1.9	税金	5 589.32	1.16	0.08
3.2	建筑智能化工程	2 415.81	0.50	0.03
3.2.1	综合布线系统工程	1 700.10	0.35	0.02
3.2.2	措施项目费	485.88	0.10	0.01
3.2.3	规费	143.83	0.03	0.00

序号	项目名称	金额（元）	单方指标（元/m²）	占比指标（%）
3.2.4	税金	86.00	0.02	0.00
3.3	通风空调工程	—	—	—
3.4	消防工程	—	—	—
3.5	给排水工程	36 727.06	7.60	0.50
3.5.1	给水工程	5 056.03	1.05	0.07
3.5.2	排水工程	12 012.12	2.48	0.16
3.5.3	雨水工程	11 356.24	2.35	0.15
3.5.4	措施项目费	5 736.47	1.19	0.08
3.5.5	规费	1 258.72	0.26	0.02
3.5.6	税金	1 307.48	0.27	0.02

表3 工程量指标表

序号	工程量名称	单位	数量	单位指标（m²）
一、房屋建筑工程				
1	土石方开挖量	m³	636.45	0.13
2	土石方回填量	m³	535.64	0.11
3	桩	m³	935.70	0.19
4	砌体	m³	1 161.27	0.24
5	混凝土	m³	1 696.07	0.35
5.1	基础混凝土	m³	372.49	0.08
5.2	墙、柱混凝土	m³	255.14	0.05
5.3	梁板混凝土	m³	998.25	0.21
5.4	二次结构混凝土	m³	70.19	0.01
6	钢筋	t	222.82	0.05
6.1	基础钢筋	t	7.04	0.00
6.2	墙、柱钢筋	t	54.48	0.01
6.3	梁板钢筋	t	141.92	0.03
6.4	二次结构钢筋	t	19.38	0.00

序号	工程量名称	单位	数量	单位指标（m²）
7	模板	m²	11 902.45	2.46
8	门	m²	66.60	0.01
9	窗	m²	1 009.34	0.21
10	屋面	m²	1 678.30	0.35
11	外墙保温	m²	494.63	0.10
二、房屋装饰工程				
1	楼地面	m²	143.06	0.03
2	天棚装饰	m²	62.46	0.01
3	内墙装饰	m²	4 085.44	0.84
4	外墙装饰	m²	2 873.06	0.59
5	幕墙	m²	360.27	0.07

表4 消耗量指标表

序号	消耗量指标	单位	数量	单位指标（m²）
一、房屋建筑工程				
1	人工费	元	920 596.75	190.40
1.1	综合用工	工日	12 369.00	2.56
2	材料费	元	4 473 587.80	925.21
2.1	钢筋	t	230.96	0.05
2.2	水泥	t	86.86	0.02
2.3	商品混凝土	m³	1 725.28	0.36
3	机械费	元	165 502.67	34.23
二、房屋装饰工程				
1	人工费	元	134 908.80	27.90
1.1	综合用工	工日	1 774.35	0.37
2	材料费	元	154 321.58	31.92
2.1	水泥	t	62.80	0.01
2.2	混凝土	m³	16.24	0.00
3	机械费	元	3 521.48	0.73

序号	消耗量指标	单位	数量	单位指标（m²）
三、房屋安装工程				
1	人工费	元	51 743.03	10.70
1.1	综合用工	工日	674.59	0.14
2	材料费	元	95 471.47	19.75
2.1	主材费	元	81 611.05	16.88
3	机械费	元	6 156.89	1.27
4	设备费	元	23 740.00	4.91

表5 主要材料、设备明细表

序号	名称	单位	数量	单价（元）
一、建筑装饰				
1	水泥 M32.5	kg	268 931.11	0.46
2	蒸压灰砂砖 240 mm×115 mm×53 mm	千块	65.69	320.00
3	加气混凝土砌块 600 mm×300 mm×100 mm 以上	m³	1 037.84	245.00
4	中（粗）砂	m³	811.61	98.37
5	陶瓷地面砖（门厅）600 mm×600 mm	m²	1 112.91	45.00
6	陶瓷地面砖（前室、合用前室）600 mm×600 mm	m²	362.58	45.00
7	墙面砖 95 mm×95 mm	m²	1 691.90	25.00
8	全瓷墙面砖 300 mm×300 mm	m²	3 382.83	45.00
9	聚苯乙烯泡沫板	m³	64.08	405.94
10	XPS 聚苯乙烯挤塑板	m³	15.48	450.00
11	圆钢 Φ6.5	t	4.48	3 811.51
12	圆钢 Φ8	t	39.85	3 811.51
13	三级螺纹钢筋 Φ10	t	4.20	4 117.51
14	三级螺纹钢筋 Φ12	t	14.63	4 066.51
15	三级螺纹钢筋 Φ14	t	4.99	3 964.51
16	三级螺纹钢筋 Φ16	t	34.50	3 862.51
17	三级螺纹钢筋 Φ18	t	31.43	3 811.51

续表

序号	名称	单位	数量	单价（元）
18	三级螺纹钢筋 Φ20	t	33.04	3 811.51
19	三级螺纹钢筋 Φ22	t	12.01	3 811.51
20	三级螺纹钢筋 Φ25	t	5.43	3 862.51
21	聚氯乙烯（PVC）防水卷材	m²	1 774.67	19.50
22	商品混凝土 C25 碎石 20	m³	1 588.48	378.00
23	商品混凝土 C20 碎石 20	m³	101.73	361.00
二、安装工程				
1	槽式桥架 75 mm×50 mm	m	234.27	22.40
2	梯式桥架 100 mm×100 mm	m	10.05	35.75
3	钢管 SC100	m	29.25	42.46
4	钢管 SC40	m	5.77	14.83
5	钢管 SC50	m	24.62	18.85
6	半硬塑料管 DN20	m	883.67	1.45
7	半硬塑料管 DN25	m	2 346.20	1.62
8	绝缘导线 ZRBYJ2.5MM	m	4 942.30	1.84
9	绝缘导线 BYJ4MM	m	447.48	3.02
10	铜芯绝缘导线 BYJ10MM	m	1 859.76	7.33
11	电缆 YJV-3×25+2×16 mm²	m	64.54	58.59
12	电缆 YJV-4×35+1×16 mm²	m	25.96	84.35
13	避雷网 Φ12 镀锌圆钢	m	354.90	4.95
14	安全出口	套	16.00	108.00
15	声光控吸顶灯	套	59.00	137.00
16	应急壁灯	套	38.00	55.00
17	配电箱 1AP	台	1.00	2 800.00
18	配电箱 nAL	台	3.00	2 800.00
19	配电箱 CFAP	台	1.00	1 200.00
20	宿舍配电箱	台	12.00	795.00
21	门房配电箱	台	1.00	1 800.00
22	焊接钢管	kg	75.68	3.86
23	焊接钢管 DN65	m	3.35	25.65

序号	名称	单位	数量	单价（元）
24	焊接钢管 DN80	m	6.40	32.21
25	热镀锌衬 PPR DN32	m	30.09	25.67
26	热镀锌衬 PPR DN40	m	31.21	32.77
27	热镀锌衬 PPR DN50	m	37.13	43.99
28	承插塑料排水管 DN80	m	20.32	9.73
29	承插塑料排水管 DN100	m	99.43	16.05
30	承插塑料排水管 DN150	m	57.77	28.90
31	塑料雨水管 DN100	m	227.00	16.05
32	钢管 SC32	m	50.37	12.41
33	钢管 SC25	m	16.79	9.59
34	半硬塑料管 DN20	m	750.69	1.45

医院

综合医院

● 综合楼　案例 34　湖南省长沙市－医院综合楼

表 1　单项工程概况及特征表

单体工程特色：装配式/绿色/节能/仿生等

项目类别	新建/扩建/改建/维修/其他	建筑面积（m²）	66 603.00	地上层数（层）	22
工程类型	医院综合楼	地上建筑面积（m²）	47 590.00	地下层数（层）	3
项目地点	湖南省长沙市	地下建筑面积（m²）	19 013.00	檐口高度（m）	91.80
容积率	—	首层建筑面积（m²）	3 388.00	基础埋深（m）	16.80
日期	2016-12-12	造价阶段	控制价	计价方式	清单计价
结构类型	框架结构—剪力墙结构	抗震设防烈度	7 度	抗震等级	二级~四级
场地类别	二类	建设地点级别	城市	装修类别	毛坯
层高	地下室层高 4.70~6.20 m，地下室底板标高-15.70 m，首层层高 4.85 m，标准层层高 3.90 m				
建筑工程	围护桩、支撑工程及降排水	地下室基坑支护才采用基坑支护桩（旋挖桩，直径 1 000 mm~1 300 mm）及喷射混凝土护坡（锚索支护，具体详设计要求每孔 3Φs15.20 高强度低松弛钢绞线，桩间喷射混凝土挂钢筋网），无降水施工			
	桩基工程	Φ900~Φ1 600 人工挖孔桩			
	土石方工程	坚土、普通土综合考虑，无石方，机械开挖土石方深度 13.90~17.30 m			
	基础工程	有梁式满堂基础			

	砌筑工程	地下室采用烧结多孔砖墙体；地上采用蒸汽加气混凝土砌块、烧结页岩实心砖、烧结页岩多孔砖
建筑工程	防水工程	地下室：防水等级一级，地下室底板及墙身采用 1.5+1.5 mm 交叉层压自粘防水卷材；地下室顶板采用 4 mm 厚 SBS 改性沥青耐根穿刺防水卷材和 2 mm 厚非固化橡胶沥青防水卷材；地上部分：屋面采用 3+3 mm 厚 SBS 改性沥青防水卷材，楼面采用 1.2 mm 厚聚合物水泥防水涂料
	钢筋混凝土工程	地下室基础 C35，矩形柱 C35~C60，直行墙 C35~C55，有梁板 C35；地上部分矩形柱 C35~C50，直行墙 C30~C45，有梁板 C30，二次结构包括构造柱、圈梁、过梁，均为 C20 普通商品混凝土二次浇筑 PET-CT 房间直形墙 C55 普通商品混凝土加微膨胀剂二次浇筑管道井楼板 C35 普通商品混凝土加微膨胀剂
	保温工程	地下室：喷涂 20 mm 厚超细无机纤维保温涂层天棚、50 mm 厚挤塑聚苯板外墙；地上部分：50 mm 厚玻璃纤维板、聚合物抗裂砂浆保温隔热天棚、20 mm 厚挤塑聚苯板楼面保温
	外装饰工程	50 mm 厚岩棉板保温装饰一体板
	模板、脚手架工程	综合脚手架檐口高 110.00 m 以内
	垂直运输工程	塔吊、建筑檐口高 120.00 m 以内
	楼地面工程	细石混凝土楼地面、水泥砂浆楼地面
装饰工程	内墙柱面工程	混合砂浆内墙抹灰、水泥砂浆内墙抹灰
	天棚工程	水泥砂浆天棚抹灰、混合砂浆天棚抹灰
	门窗工程	外门窗选用断桥铝合金 LOW-E 中空玻璃门窗、铝合金门窗、木制防火门
	电气安装	含地下室及地上电气照明（含配电箱、照明灯具、开关插座）、动力、防雷接地等系统及措施项目
安装工程	给排水工程	含地下室及地上给排水、热水、压力排、屋面太阳能等系统及措施项目
	消防工程	含地下室及地上火灾报警、消防栓、喷淋、气体灭火等系统及措施项目
	燃气工程	含地下室及地上燃气管道、锅炉房、动力等系统及措施项目
	建筑智能化工程	含地下室及地上弱电设备、弱电机房、弱电安装 11 个系统及措施项目

表 2　工程造价指标表

序号	项目名称	金额（元）	单方指标（元/m²）	占比指标（%）
	工程费用	207 153 961.35	3 110.28	100.00
1	房屋建筑与装饰工程	148 518 005.60	2 229.90	71.69
1.1	土石方工程	8 792 055.60	132.01	4.24
1.2	地基处理及支护工程	19 754 637.27	296.60	9.54
1.3	桩基工程	2 624 726.35	39.41	1.27
1.4	砌筑工程	5 549 895.37	83.33	2.68
1.5	混凝土工程	19 833 997.14	297.79	9.57
1.6	钢筋工程	21 737 857.13	326.38	10.49
1.7	金属结构工程	17 752.93	0.27	0.01
1.8	木结构工程	—	—	—
1.9	门窗工程	4 960 137.42	74.47	2.39
1.10	屋面及防水工程	5 411 289.67	81.25	2.61
1.11	保温、隔热及防腐工程	819 172.52	12.30	0.40
1.12	楼地面装饰	1 150 283.00	17.27	0.56
1.13	内墙、柱面装饰	5 402 615.20	81.12	2.61
1.14	外墙、柱面装饰	11 488 852.00	172.50	5.55
1.15	顶棚装饰	1 742 218.00	26.16	0.84
1.16	油漆、涂料工程	457 457.00	6.87	0.22
1.17	模板及支架工程	7 655 548.00	114.94	3.70
1.18	脚手架工程	2 880 452.00	43.25	1.39
1.19	垂直运输工程	2 996 411.00	44.99	1.45
1.20	安全文明及其他措施项目费	3 935 913.35	59.10	1.90
1.21	规费	7 178 716.13	107.78	3.47
1.22	税金	14 128 018.53	212.12	6.82
2	单独装饰工程	—	—	—
3	房屋安装工程	55 989 841.51	840.65	27.03
3.1	电气工程	19 931 936.50	299.26	9.62
3.1.1	配电装置	400 000.00	6.01	0.19

续表

序号	项目名称	金额（元）	单方指标（元/m²）	占比指标（%）
3.1.2	控制设备及低压电器	6 976 177.78	104.74	3.37
3.1.3	电缆安装	4 986 387.30	74.87	2.41
3.1.4	防雷及接地装置	797 958.09	11.98	0.39
3.1.5	配管配线	1 296 596.83	19.47	0.63
3.1.6	照明器具	399 319.85	6.00	0.19
3.1.7	附属工程	621 922.14	9.34	0.30
3.1.8	电气调整试验	59 795.80	0.90	0.03
3.1.9	措施项目费	1 594 554.92	23.94	0.77
3.1.10	规费	800 506.88	12.02	0.39
3.1.11	税金	1 998 716.91	30.01	0.96
3.2	建筑智能化工程	8 690 117.30	130.48	4.20
3.2.1	计算机应用、网络系统工程	—	—	—
3.2.2	综合布线系统工程	3 105 095.26	46.62	1.50
3.2.3	建筑设备自动化系统工程	—	—	—
3.2.4	建筑信息综合管理系统工程	2 477 199.86	37.19	1.20
3.2.5	有线电视、卫星接收系统工程	146 646.13	2.20	0.07
3.2.6	音频、视频系统工程	160 250.19	2.41	0.08
3.2.7	安全防范系统工程	1 269 630.38	19.06	0.61
3.2.8	措施项目费	250 627.03	3.76	0.12
3.2.9	规费	391 402.59	5.88	0.19
3.2.10	税金	889 265.86	13.35	0.43
3.3	通风空调工程	—	—	—
3.4	消防工程	8 242 601.28	123.76	3.98
3.4.1	水灭火系统	4 409 582.26	66.21	2.13
3.4.2	气体灭火系统	505 075.18	7.58	0.24
3.4.3	泡沫灭火系统	—	—	—
3.4.4	火灾自动报警系统	1 375 552.28	20.65	0.66
3.4.5	消防系统调试	45 000.00	0.68	0.02
3.4.6	措施项目费	624 510.05	9.38	0.30

序号	项目名称	金额（元）	单方指标（元/m²）	占比指标（%）
3.4.7	规费	439 410.28	6.60	0.21
3.4.8	税金	843 471.23	12.66	0.41
3.5	给排水工程	9 924 732.94	149.01	4.79
3.5.1	给水工程	3 480 036.42	52.25	1.68
3.5.2	热水工程	2 436 305.51	36.58	1.18
3.5.3	排水工程	1 544 162.27	23.18	0.75
3.5.4	压力排水工程	574 475.40	8.63	0.28
3.5.5	措施项目费	450 430.22	6.76	0.22
3.5.6	规费	423 718.16	6.36	0.20
3.5.7	税金	1 015 604.96	15.25	0.49
3.6	燃气工程	9 200 453.49	138.14	4.44
3.6.1	燃气管道	7 900 616.69	118.62	3.81
3.6.2	规费	358 347.88	5.38	0.17
3.6.3	税金	941 488.92	14.14	0.45
4	设备采购	2 646 114.24	—	1.28

表3　工程量指标表

序号	工程量名称	单位	数量	单位指标（m²）
一、房屋建筑工程				
1	土石方开挖量	m³	108 068.00	1.62
2	土石方回填量	m³	36 300.25	0.55
3	桩	m³	1 726.43	0.03
4	砌体	m³	10 918.56	0.16
5	混凝土	m³	32 231.12	0.48
5.1	基础混凝土	m³	3 590.77	0.05
5.2	墙、柱混凝土	m³	11 294.71	0.17
5.3	梁板混凝土	m³	15 321.91	0.23
5.4	二次结构混凝土	m³	2 023.73	0.03

续表

序号	工程量名称	单位	数量	单位指标（m²）
6	钢筋	t	5 334.10	0.08
7	模板	m²	170 233.00	2.56
8	门	m²	2 390.09	0.04
9	窗	m²	4 568.43	0.07
10	外墙保温	m²	31 809.55	0.48
二、房屋装饰工程				
1	楼地面	m²	29 164.49	0.44
2	天棚装饰	m²	65 124.00	0.98
3	内墙装饰	m²	186 269.33	2.80
4	外墙装饰	m²	15 500.00	0.23
5	幕墙	m²	15 955.00	0.24

表4 消耗量指标表

序号	消耗量指标	单位	数量	单位指标（m²）
一、房屋建筑工程				
1	人工费	元	28 681 684.92	430.64
1.1	综合用工	工日	396 682.00	5.96
2	材料费	元	66 520 961.38	998.77
2.1	钢筋	t	5 334.10	0.08
2.2	型钢	t	367.00	0.01
2.3	水泥	t	1 564.20	0.02
2.4	商品混凝土	m³	36 744.00	0.55
3	机械费	元	38 229 576.12	573.99
二、房屋装饰工程				
1	人工费	元	—	—
2	材料费	元	—	—
3	机械费	元	—	—

续表

序号	消耗量指标	单位	数量	单位指标（m²）
三、房屋安装工程				
1	人工费	元	6 508 970.61	97.73
1.1	综合用工	工日	73 211.89	1.10
2	材料费	元	3 540 375.20	53.16
2.1	主材费	元	28 287 441.40	424.72
3	机械费	元	1 338 973.38	20.10
4	设备费	元	5 341 958.07	80.21

•门诊楼　案例 35　甘肃省兰州市-医院门诊楼

表 1　单项工程概况及特征表

单体工程特色：装配式/绿色/节能/仿生等

项目类别	新建	建筑面积（m²）	10 568.38	地上层数（层）	5
工程类型	综合医院门诊楼	地上建筑面积（m²）	10 568.38	地下层数（层）	0
项目地点	甘肃省兰州市	地下建筑面积（m²）	0.00	檐口高度（m）	23.50
容积率	2.56	首层建筑面积（m²）	2 385.12	基础埋深（m）	-2.10
开/竣工日期	2016-03/2017-10	造价阶段	控制价	计价方式	清单计价
结构类型	框架结构	抗震设防烈度	7 度	抗震等级	二级
场地类别	二类	建设地点级别	城市	装修类别	初装
层高	首层层高 5.10 m，标准层层高 4.20 m				
建筑工程	基础工程	承台+承台拉梁基础			
	砌筑工程	电梯井道、卫生间隔墙采用 MU10 烧结粘土多孔砖，其余部分均采用 MU7.5 烧结粘土空心砖			
	防水工程	屋面采用 3 mm 厚 I 型聚酯胎 SBS 卷材和 3 mm 厚 II 型聚酯胎 APP 带矿物板岩卷材，用水房间地面采用 1.5 mm 聚合物水泥基复合防水涂料防水层			
	钢筋混凝土工程	钢筋采用 HPB300 级、HRB400 级钢筋，混凝土采用商品混凝土			
	保温工程	屋面：120 mm 厚岩棉板；外墙：80 mm 厚岩棉板			
	外装饰工程	干挂 30 mm 厚石材、真石漆			
	模板、脚手架工程	竹胶板、综合脚手架			
	垂直运输工程	自升塔吊			
	楼地面工程	地砖			

装饰工程	内墙柱面工程	公共区域干挂墙砖、乳胶漆、局部水性釉面漆
	天棚工程	石膏板吊顶、矿棉板吊顶
	门窗工程	外门窗采用 J62 系列多腔断热铝合金、6+12A+6 中空玻璃；内门采用木质成品套装门；疏散通道及设备用房采用钢制防火门（贴木皮烤漆）
	电气安装	包括强电配管配线、电力电缆、配电箱、调试、接地、照明灯具、开关插座等
安装工程	给排水工程	冷水管材质选用 304 薄壁不锈钢管；排水、雨水管材质选用柔性接口排水铸铁管；包含阀门、套管、水表等
	消防工程	消火栓管采用热浸镀锌钢管，沟槽连接，压力等级 1.40 MPa；喷淋管采用内外热浸镀锌钢管，卡箍连接，压力等级 ≥ 1.40 MPa；包含 31 个组合式不锈钢板水箱 42 m，配置增压稳压装置 1 套；消防水炮系统自动扫射水高空水炮灭火装置 2 套，气体灭火七氟丙烷不同规格 10 套、特级防火卷帘、阀门、套管等；火灾报警系统选用焊接钢管预埋
	采暖工程	楼梯间采用散热器采暖，1 楼大厅采用地暖采暖，其他房间采用空调采暖。采暖管材质为热镀锌钢管，包含钢制散热器、阀门、套管等
	燃气工程	—
	通风空调工程	空调水管材质采用焊接钢管，螺纹连接，压力等级 1.40 MPa；凝结水管材质采用热镀锌钢管，螺纹连接；蒸汽管材质采用无缝钢管，焊接；空调风管道（防排烟）材质采用镀锌钢板，厚度按规范执行；空调新风风管、风机盘管风管、排风风管材质采用 ZY-A6 单面彩钢酚醛铝箔复合风管，板材厚度按设计要求 20.00 mm 计入；含新风机组、风机盘管、多联机、阀门、风阀风口等
	建筑智能化工程	包括综合布线系统，计算机网络系统，停车场管理系统，一卡通系统，防盗报警系统，视频监控、手术示教系统，楼宇自控、多媒体会议系统，信息发布系统，子母钟系统，窗口对讲、导诊排队呼叫系统等

表2　工程造价指标表

序号	项目名称	金额（元）	单方指标（元/m²）	占比指标（%）
	工程费用	35 783 579.65	3 385.91	100.00
1	房屋建筑与装饰工程	13 570 015.56	1 284.02	37.92
1.1	土石方工程	85 566.33	8.10	0.24
1.2	地基处理及支护工程	—	—	—
1.3	桩基工程	—	—	—
1.4	砌筑工程	828 906.37	78.43	2.32
1.5	混凝土工程	1 700 665.49	160.92	4.75
1.6	钢筋工程	1 955 156.62	185.00	5.46
1.7	金属结构工程	728 765.13	68.96	2.04
1.8	木结构工程	—	—	—
1.9	门窗工程	1 428 219.59	135.14	3.99
1.10	屋面及防水工程	519 651.20	49.17	1.45
1.11	保温、隔热及防腐工程	985 365.29	93.24	2.75
1.12	楼地面装饰	347 461.59	32.88	0.97
1.13	内墙、柱面装饰	241 524.47	22.85	0.67
1.14	其他工程	170 467.95	16.13	0.48
1.15	模板及支架工程	1 807 035.79	170.99	5.05
1.16	脚手架工程	358 585.13	33.93	1.00
1.17	垂直运输工程	690 650.42	65.35	1.93
1.18	施工排水、降水工程	—	—	—
1.19	安全文明及其他措施项目费	574 977.40	54.41	1.61
1.20	规费	545 658.73	51.63	1.52
1.21	税金	601 358.06	56.90	1.68
2	单独装饰工程	9 431 344.88	892.41	26.36
2.1	室内装饰工程	6 150 524.18	581.97	17.19
2.1.1	楼地面装饰	1 541 543.33	145.86	4.31
2.1.2	内墙、柱装饰	964 249.74	91.24	2.69
2.1.3	顶棚装饰	1 167 169.39	110.44	3.26

续表

序号	项目名称	金额（元）	单方指标（元/m²）	占比指标（%）
2.1.4	油漆、涂料工程	906 920.66	85.81	2.53
2.1.5	其他内装饰工程	426 264.87	40.33	1.19
2.1.6	措施项目费	424 750.65	40.19	1.19
2.1.7	规费	211 784.09	20.04	0.59
2.1.8	税金	507 841.45	48.05	1.42
2.2	幕墙工程	3 280 820.70	310.44	9.17
2.2.1	玻璃幕墙	163 076.00	15.43	0.46
2.2.2	石材幕墙	2 381 670.40	225.36	6.66
2.2.3	其他外装饰工程	149 767.31	14.17	0.42
2.2.4	措施项目费	159 006.65	15.05	0.44
2.2.5	规费	102 173.96	9.67	0.29
2.2.6	税金	325 126.38	30.76	0.91
3	房屋安装工程	12 782 219.21	1 209.48	35.72
3.1	电气工程	2 284 383.22	216.15	6.38
3.1.1	母线	32 568.99	3.08	0.09
3.1.2	控制设备及低压电器	619 334.16	58.60	1.73
3.1.3	电机检查接线及调试	22 589.54	2.14	0.06
3.1.4	电缆安装	521 289.52	49.33	1.46
3.1.5	防雷及接地装置	49 715.19	4.70	0.14
3.1.6	配管配线	183 648.11	17.38	0.51
3.1.7	照明器具	622 856.89	58.94	1.74
3.1.8	电气调整试验	30 589.5	2.89	0.09
3.1.9	措施项目费	50 990.55	4.82	0.14
3.1.10	规费	73 977.66	7.00	0.21
3.1.11	税金	76 823.11	7.27	0.21
3.2	建筑智能化工程	3 889 156.93	368.00	10.87
3.2.1	计算机应用、网络系统工程	641 890.45	60.74	1.79
3.2.2	综合布线系统工程	1 253 016.63	118.56	3.50
3.2.3	建筑设备自动化系统工程	—	—	—

序号	项目名称	金额（元）	单方指标（元/m²）	占比指标（%）
3.2.4	建筑信息综合管理系统工程	751 563.42	71.11	2.10
3.2.5	有线电视、卫星接收系统工程	—	—	—
3.2.6	音频、视频系统工程	704 963.50	66.70	1.97
3.2.7	安全防范系统工程	168 243.85	15.92	0.47
3.2.8	措施项目费	145 660.09	13.78	0.41
3.2.9	规费	106 479.74	10.08	0.30
3.2.10	税金	117 339.25	11.10	0.33
3.3	通风空调工程	4 354 149.17	412.00	12.17
3.3.1	通风系统	73 073.05	6.91	0.20
3.3.2	空调系统	2 787 066.37	263.72	7.79
3.3.3	防排烟系统	32 781.70	3.10	0.09
3.3.4	空调水系统	1 072 235.72	101.46	3.00
3.3.5	通风空调工程系统调试	3 516.89	0.33	0.01
3.3.6	措施项目费	174 173.77	16.48	0.49
3.3.7	规费	115 893.59	10.97	0.32
3.3.8	税金	95 408.08	9.03	0.27
3.4	消防工程	1 588 351.99	150.29	4.44
3.4.1	水灭火系统	790 352.99	74.78	2.21
3.4.2	气体灭火系统	29 947.38	2.83	0.08
3.4.3	泡沫灭火系统	66 122.31	6.26	0.18
3.4.4	火灾自动报警系统	359 824.25	34.05	1.01
3.4.5	消防系统调试	15 809.50	1.50	0.04
3.4.6	措施项目费	98 905.60	9.36	0.28
3.4.7	规费	62 884.90	5.95	0.18
3.4.8	税金	164 505.06	15.57	0.46
3.5	给排水工程	643 945.60	60.93	1.80
3.5.1	给水工程	374 105.58	35.40	1.05
3.5.2	中水工程	—	—	—
3.5.3	热水工程	—	—	—

序号	项目名称	金额（元）	单方指标（元/m²）	占比指标（%）
3.5.4	排水工程	179 608.91	16.99	0.50
3.5.5	雨水工程	50 073.19	4.74	0.14
3.5.6	压力排水工程	—	—	—
3.5.7	措施项目费	10 143.54	0.96	0.03
3.5.8	规费	8 289.09	0.78	0.02
3.5.9	税金	21 725.29	2.06	0.06
3.6	采暖工程	22 232.30	2.10	0.06
3.6.1	采暖管道	5 435.00	0.51	0.02
3.6.2	支架	543.50	0.05	0.00
3.6.3	管道附件	4 789.56	0.45	0.01
3.6.4	供暖器具	8 456.89	0.80	0.02
3.6.5	刷油工程	543.50	0.05	0.00
3.6.6	绝热工程	815.25	0.08	0.00
3.6.7	措施项目费	494.48	0.05	0.00
3.6.8	规费	404.08	0.04	0.00
3.6.9	税金	750.04	0.07	0.00

表3　工程量指标表

序号	工程量名称	单位	数量	单位指标（m²）
一、房屋建筑工程				
1	土石方开挖量	m³	265.82	0.03
2	土石方回填量	m³	99.27	0.01
3	桩	m³	—	—
4	砌体	m³	2 373.69	0.22
5	混凝土	m³	3 224.67	0.31
5.1	基础混凝土	m³	334.17	0.03
5.2	墙、柱混凝土	m³	626.93	0.06

续表

序号	工程量名称	单位	数量	单位指标（m²）
5.3	梁板混凝土	m³	2 015.44	0.19
5.4	二次结构混凝土	m³	248.13	0.02
6	钢筋	t	516.50	0.05
7	模板	m²	26 621.31	2.52
8	门	m²	805.75	0.08
9	窗	m²	1 222.50	0.12
10	屋面	m²	2 297.27	0.22
11	外墙保温	m²	5 100.89	0.48
二、房屋装饰工程				
1	楼地面	m²	8 015.86	0.76
2	天棚装饰	m²	8 416.65	0.80
3	内墙装饰	m²	15 497.62	1.47
4	外墙装饰	m²	2 366.74	0.22
5	幕墙	m²	3 829.55	0.36

表4 消耗量指标表

序号	消耗量指标	单位	数量	单位指标（m²）
一、房屋建筑工程				
1	人工费	元	2 704 328.66	255.89
1.1	综合用工	工日	38 411.00	3.63
2	材料费	元	7 449 510.18	704.89
2.1	钢筋	t	539.02	0.05
2.2	型钢	t	116.30	0.01
2.3	水泥	t	220.16	0.02
2.4	商品混凝土	m³	3 867.00	0.37
3	机械费	元	1 017 562.42	96.28
二、房屋装饰工程				
1	人工费	元	1 381 423.58	130.71
1.1	综合用工	工日	13 687.00	1.30
2	材料费	元	4 084 789.85	386.51

序号	消耗量指标	单位	数量	单位指标（m²）
2.1	水泥	t	179.28	0.02
2.2	混凝土	m³	50.38	0.00
3	机械费	元	113 736.33	10.76
三、房屋安装工程				
1	人工费	元	3 927 658.07	371.64
1.1	综合用工	工日	535.11	0.05
2	材料费	元	4 915 183.43	465.08
2.1	主材费	元	8 879 513.07	840.20
3	机械费	元	956 124.96	90.47
4	设备费	元	1 507 138.11	142.61

表5　主要材料、设备明细表

序号	名称	单位	数量	单价（元）
1	商品混凝土 C10	m³	33.86	335.00
2	商品混凝土 C15	m³	143.13	345.00
3	商品混凝土 C20	m³	358.09	355.00
4	商品混凝土 C20 细石	m³	105.21	375.00
5	商品混凝土 C30	m³	444.49	375.00
6	商品混凝土 C35	m³	1 654.97	395.00
7	商品混凝土 C35P6	m³	11.48	425.00
8	商品混凝土 C40	m³	765.20	415.00
9	商品混凝土 C20 细石	m³	9.76	375.00
10	商品混凝土 C15	m³	13.01	345.00
11	商品混凝土 C35P6	m³	327.85	425.00
12	304 薄壁不锈钢管 DN15	m	371.69	42.64
13	305 薄壁不锈钢管 DN20	m	78.44	74.99
14	306 薄壁不锈钢管 DN25	m	85.48	97.46
15	307 薄壁不锈钢管 DN32	m	149.33	139.08
16	308 薄壁不锈钢管 DN40	m	103.73	175.98

续表

序号	名称	单位	数量	单价（元）
17	309 薄壁不锈钢管 DN50	m	692.89	200.99
18	310 薄壁不锈钢管 DN65	m	95.68	523.66
19	洗脸盆	套	47.00	540.00
20	医用整体刷手池	套	1.00	500.00
21	洗池	套	99.00	500.00
22	拖布池	套	10.00	250.00
23	液压脚踏式蹲式大便器	套	39.00	360.00
24	感应式挂式小便器	套	20.00	980.00
25	感应式洗脸盆龙头	个	47.00	950.00
26	感应式水嘴医用整体刷手池龙头	个	1.00	950.00
27	冷热水感应洗池龙头	个	99.00	950.00
28	WDZA+-YJE 3×35+2×16 mm^2	m	518.44	97.56
29	WDZA+-YJE 3×70+2×35 mm^2	m	306.93	179.59
30	WDZA+-YJE 4×120+1×70 mm^2	m	151.15	340.37
31	WDZA+-YJE 4×50+1×25 mm^2	m	308.09	161.17
32	WDZA+-YJE 4×70+1×35 mm^2	m	610.34	198.25
33	WDZA+-YJE 5×16 mm^2	m	496.92	67.93
34	WDZN-YJY 3×70+2×35 mm^2	m	52.59	155.90
35	WDZN-YJY 5×10 mm^2	m	120.72	44.97
36	WDZN-YJY 5×4 mm^2	m	188.84	21.10
37	WDZ-YJY 3×25+2×16 mm^2	m	65.28	72.30
38	WDZ-YJY 5×10 mm^2	m	2.81	44.97
39	WDZ-YJY 5×16 mm^2	m	29.95	67.88
40	WDZ-YJY 5×6 mm^2	m	50.19	28.97
41	低压封闭式插接母线槽每相电流（A 以下）400 XL-250A	m	22.51	508.00
42	低压封闭式插接母线槽每相电流（A 以下）400 XL-350A	m	22.51	653.00
43	双电源切换箱 MAT	台	1.00	8 400.00
44	双电源切换箱 1MAT	台	1.00	8 600.00

序号	名称	单位	数量	单价（元）
45	双电源切换箱 2JAT/3JAT/3JAT	台	3.00	7 200.00
46	双电源切换箱 6MAT	台	1.00	8 400.00
47	双电源切换箱 6XAT	台	1.00	15 000.00
48	双电源切换箱 JKATZ3	台	1.00	6 500.00
49	双电源切换箱 ORAT14/ORAT15/ORAT16/ORAT17	台	4.00	60 000.00
50	照明配电箱 1MAL1/2MAL3/3MAL2/4MAL2	台	4.00	9 500.00
51	照明配电箱 1MAL2/ 3MAL1/4MAL1/5MAL2	台	4.00	9 500.00
52	照明配电箱 2MAL1	台	1.00	9 500.00
53	照明配电箱 2MAL2	台	1.00	9 500.00
54	照明配电箱 4MAL3	台	1.00	8 500.00
55	照明配电箱 5MAL1	台	1.00	9 500.00
56	双管荧光灯 36W	套	10.00	180.00
57	LED 平板灯 600 mm×600 mm	套	2.00	180.00
58	定制艺术吊灯	套	9.00	3 200.00
59	LED 吸顶灯 20 W	套	41.00	133.00
60	LED 筒灯 12 W	套	537.00	80.00
61	LED 防水筒灯 12 W	套	142.00	122.00
62	开敞式高效 LED 灯 300 mm×1 200 mm 15 W	套	385.00	200.00
63	三管密封型格栅灯 600 mm×600 mm	套	368.00	280.00
64	LED 射灯 7 W	套	33.00	113.00
65	LED 平板灯 300 mm×300 mm	套	9.00	120.00
66	5 寸金属卤素灯 70 W	套	25.00	136.00
67	钢制散热器 XGZ-IG-600	片	190.00	79.98
68	方型送风口 600 mm×600 mm	个	176.00	76.19
69	方型回风口 600 mm×600 mm	个	172.00	74.19
70	条型回风口 1 000 mm×200 mm	个	12.00	137.89
71	条型送风口 1 000 mm×200 mm	个	12.00	137.89

续表

序号	名称	单位	数量	单价（元）
72	下方向条型送风口 1 200 mm×300 mm	个	61.00	171.24
73	下方向条型回风口 1 200 mm×300 mm	个	70.00	171.24
74	散流器 200 mm×200 mm	个	206.00	34.04
75	成品条形风口	个	2.00	98.28

●后勤楼　案例 36　甘肃省兰州市-医院后勤楼

表 1　单项工程概况及特征表

单体工程特色：装配式/绿色/节能/仿生等

项目类别	新建	建筑面积（m²）	6 631.94	地上层数（层）	5
工程类型	综合医院后勤楼	地上建筑面积（m²）	6 631.94	地下层数（层）	0
项目地点	甘肃省兰州市	地下建筑面积（m²）	0.00	檐口高度（m）	23.50
容积率	2.56	首层建筑面积（m²）	1 470.40	基础埋深（m）	-2.10
开/竣工日期	2016-03/2017-06	造价阶段	控制价	计价方式	清单计价
结构类型	框架结构	抗震设防烈度	7 度	抗震等级	二级
场地类别	二类	建设地点级别	城市	装修类别	初装
层高	首层层高 5.10 m，标准层层高 4.20 m				
建筑工程	桩基工程	双向螺旋挤土灌注桩			
	基础工程	桩、承台、承台拉梁基础			
	砌筑工程	电梯井道、卫生间隔墙采用 MU10 烧结粘土多孔砖，其余部分均采用 MU7.5 烧结粘土空心砖			
	防水工程	屋面采用 3 mm 厚Ⅰ型聚酯胎 SBS 卷材和 3 mm 厚Ⅱ型聚酯胎 APP 带矿物板岩卷材，用水房间地面采用 1.5 mm 聚合物水泥基复合防水涂料防水层			
	钢筋混凝土工程	混凝土采用商品混凝土；钢筋采用 HPB300 级、HRB400 级钢筋			
	保温工程	屋面：120 mm 厚岩棉板；外墙：80 mm 厚岩棉板			
	外装饰工程	干挂 30 mm 厚石材、真石漆			
	模板、脚手架工程	竹胶板、综合脚手架			
	垂直运输工程	自升塔吊			
	楼地面工程	地砖			

装饰工程	内墙柱面工程	乳胶漆、局部公共区域干挂墙砖、乳胶漆、局部水性釉面漆水性釉面漆
	天棚工程	石膏板吊顶、矿棉板吊顶
	门窗工程	外门窗采用 J62 系列多腔断热铝合金、6+12A+6 中空玻璃，内门采用木质成品套装门，疏散通道及设备用房采用钢制防火门（贴木皮烤漆）
	电气安装	包括强电配管配线、电力电缆、配电箱、调试、接地、照明灯具、开关插座等
安装工程	给排水工程	冷水管材质采用 YD 耐温耐压衬塑铝合金管；排水、雨水管材质采用柔性接口排水铸铁管；包含阀门、套管、水表等
	消防工程	消火栓管采用热浸镀锌钢管，沟槽连接，压力等级 1.4 MPa；喷淋管采用内外热浸镀锌钢管，卡箍连接，压力等级 ≥ 1.4 MPa；火灾报警系统采用焊接钢管预埋；包括阀门、套管等
	采暖工程	采用散热器采暖，采暖管材质为热镀锌钢管，包含钢制散热器、阀门、套管等
	通风空调工程	空调风管道（防排烟、送排风）材质采用镀锌钢板，厚度按规范执行，含送风机、排风机、风阀风口等
	建筑智能化工程	包括综合布线系统，计算机网络系统，一卡通系统，防盗报警系统，视频监控、楼宇自控、信息发布系统等

表2 工程造价指标表

序号	项目名称	金额（元）	单方指标（元/m²）	占比指标（%）
	工程费用	22 713 051.89	3 424.80	100.00
1	房屋建筑与装饰工程	9 607 147.79	1 448.62	42.30
1.1	土石方工程	74 361.85	11.21	0.33
1.2	地基处理及支护工程	—	—	—
1.3	桩基工程	1 176 109.44	177.34	5.18
1.4	砌筑工程	580 565.54	87.54	2.56
1.5	混凝土工程	1 005 615.65	151.63	4.43

续表

序号	项目名称	金额（元）	单方指标（元/m²）	占比指标（%）
1.6	钢筋工程	1 220 230.47	183.99	5.37
1.7	金属结构工程	1 054.35	0.16	0.00
1.8	木结构工程	—	—	—
1.9	门窗工程	777 804.06	117.28	3.42
1.10	屋面及防水工程	324 354.84	48.91	1.43
1.11	保温、隔热及防腐工程	821 800.87	123.92	3.62
1.12	楼地面装饰	220 130.83	33.19	0.97
1.13	内墙、柱面装饰	195 003.76	29.40	0.86
1.14	其他工程	89 082.64	13.43	0.39
1.15	模板及支架工程	1 215 862.16	183.33	5.35
1.16	脚手架工程	218 814.28	32.99	0.96
1.17	垂直运输工程	437 133.49	65.91	1.92
1.18	安全文明及其他措施项目费	441 876.04	66.63	1.95
1.19	规费	383 393.36	57.81	1.69
1.20	税金	423 954.16	63.93	1.87
2	单独装饰工程	6 191 814.06	933.64	27.26
2.1	室内装饰工程	2 501 376.71	377.17	11.01
2.1.1	楼地面装饰	793 107.65	119.59	3.49
2.1.2	内墙、柱装饰	221 630.92	33.42	0.98
2.1.3	顶棚装饰	503 952.88	75.99	2.22
2.1.4	油漆、涂料工程	306 211.51	46.17	1.35
2.1.5	隔断	—	—	—
2.1.6	其他内装饰工程	169 833.31	25.61	0.75
2.1.7	措施项目费	202 542.10	30.54	0.89
2.1.8	规费	97 562.65	14.71	0.43
2.1.9	税金	206 535.69	31.14	0.91
2.2	幕墙工程	3 690 437.35	556.46	16.25
2.2.1	石材幕墙	2 911 460.48	439.01	12.82
2.2.2	其他外装饰工程	108 252.46	16.32	0.48

序号	项目名称	金额（元）	单方指标 （元/m²）	占比指标（%）
2.2.3	措施项目费	187 139.49	28.22	0.82
2.2.4	规费	117 865.90	17.77	0.52
2.2.5	税金	365 719.02	55.15	1.61
3	房屋安装工程	5 407 332.69	815.35	23.81
3.1	电气工程	975 483.28	147.09	4.29
3.1.1	控制设备及低压电器	219 489.52	33.10	0.97
3.1.2	电机检查接线及调试	15 385.95	2.32	0.07
3.1.3	电缆安装	356 782.53	53.80	1.57
3.1.4	防雷及接地装置	32 759.20	4.94	0.14
3.1.5	配管配线	145 285.60	21.91	0.64
3.1.6	照明器具	86 823.50	13.09	0.38
3.1.7	电气调整试验	8 925.30	1.35	0.04
3.1.8	措施项目费	36 864.52	5.56	0.16
3.1.9	规费	40 259.55	6.07	0.18
3.1.10	税金	32 907.61	4.96	0.14
3.2	建筑智能化工程	1 201 667.99	181.19	5.29
3.2.1	计算机应用、网络系统工程	160 472.61	24.20	0.71
3.2.2	综合布线系统工程	313 254.16	47.23	1.38
3.2.3	建筑信息综合管理系统工程	187 890.86	28.33	0.83
3.2.4	音频、视频系统工程	352 481.75	53.15	1.55
3.2.5	安全防范系统工程	84 121.93	12.68	0.37
3.2.6	措施项目费	36 415.02	5.49	0.16
3.2.7	规费	26 619.94	4.01	0.12
3.2.8	税金	40 411.72	6.09	0.18
3.3	通风空调工程	194 916.93	29.39	0.86
3.3.1	通风系统	125 617.05	18.94	0.55
3.3.2	防排烟系统	32 781.70	4.94	0.14
3.3.3	通风空调工程系统调试	3 516.89	0.53	0.02
3.3.4	措施项目费	8 012.90	1.21	0.04

续表

序号	项目名称	金额（元）	单方指标 （元/m²）	占比指标（%）
3.3.5	规费	5 672.39	0.86	0.02
3.3.6	税金	19 316.00	2.91	0.09
3.4	消防工程	844 569.62	127.35	3.72
3.4.1	水灭火系统	461 503.58	69.59	2.03
3.4.2	火灾自动报警系统	193 456.11	29.17	0.85
3.4.3	消防系统调试	13 568.99	2.05	0.06
3.4.4	措施项目费	56 371.73	8.50	0.25
3.4.5	规费	35 973.18	5.42	0.16
3.4.6	税金	83 696.03	12.62	0.37
3.5	给排水工程	274 867.27	41.45	1.21
3.5.1	给水工程	102 435.14	15.45	0.45
3.5.2	排水工程	148 480.70	22.39	0.65
3.5.3	措施项目费	8 056.84	1.21	0.04
3.5.4	规费	6 583.88	0.99	0.03
3.5.5	税金	9 310.71	1.40	0.04
3.6	采暖工程	409 070.25	61.68	1.80
3.6.1	采暖管道	95 621.60	14.42	0.42
3.6.2	支架	14 343.24	2.16	0.06
3.6.3	管道附件	25 248.66	3.81	0.11
3.6.4	供暖器具	212 195.64	32.00	0.93
3.6.5	刷油工程	9 562.16	1.44	0.04
3.6.6	绝热工程	14 343.24	2.16	0.06
3.6.7	采暖工程系统调试	4 191.56	0.63	0.02
3.6.8	措施项目费	10 911.59	1.65	0.05
3.6.9	规费	8 895.65	1.34	0.04
3.6.10	税金	13 756.91	2.07	0.06
4	设备采购	1 506 757.35	227.20	6.63
4.1	厨房设备采购	1 506 757.35	227.20	6.63

表3 工程量指标表

序号	工程量名称	单位	数量	单位指标（m²）
一、房屋建筑工程				
1	土石方开挖量	m³	—	—
2	土石方回填量	m³	1 592.75	0.24
3	桩	m³	925.80	0.14
4	砌体	m³	1 674.04	0.25
5	混凝土	m³	2 168.69	0.33
5.1	基础混凝土	m³	212.30	0.03
5.2	墙、柱混凝土	m³	315.78	0.05
5.3	梁板混凝土	m³	1 387.62	0.21
5.4	二次结构混凝土	m³	252.99	0.04
6	钢筋	t	516.50	0.08
7	模板	m²	17 579.00	2.65
8	门	m²	451.80	0.07
9	窗	m²	787.31	0.12
10	屋面	m²	1 504.91	0.23
11	外墙保温	m²	4 542.93	0.69
二、房屋装饰工程				
1	楼地面	m²	4 645.00	0.70
2	天棚装饰	m²	4 877.25	0.74
3	内墙装饰	m²	8 024.00	1.21
4	外墙装饰	m²	1 711.00	0.26
5	幕墙	m²	4 424.00	0.67

表4 消耗量指标表

序号	消耗量指标	单位	数量	单位指标（m²）
一、房屋建筑工程				
1	人工费	元	2 162 774.13	326.11
1.1	综合用工	工日	30 061.00	4.53

续表

序号	消耗量指标	单位	数量	单位指标（m²）
2	材料费	元	6 864 634.40	1 035.09
2.1	钢筋	t	516.50	0.08
2.2	水泥	t	144.91	0.02
2.3	商品混凝土	m³	3 489.00	0.53
3	机械费	元	1 061 913.21	160.12
二、房屋装饰工程				
1	人工费	元	631 431.16	95.21
1.1	综合用工	工日	6 263.00	0.94
2	材料费	元	1 602 601.35	241.65
2.1	水泥	t	96.92	0.01
2.2	混凝土	m³	13.35	0.00
3	机械费	元	43 325.56	6.53
三、房屋安装工程				
1	人工费	元	618 591.41	93.27
1.1	综合用工	工日	3 356.00	0.51
2	材料费	元	209 652.73	31.61
2.1	主材费	元	1 275 124.95	192.27
3	机械费	元	75 906.07	11.45
4	设备费	元	986 478.74	148.75

表5　主要材料、设备明细表

序号	名称	单位	数量	单价（元）
1	商品混凝土 C10	m³	16.44	335.00
2	商品混凝土 C15	m³	71.50	345.00
3	商品混凝土 C20	m³	217.97	355.00
4	商品混凝土 C20 细石	m³	78.07	375.00
5	商品混凝土 C30	m³	1 779.79	375.00
6	商品混凝土 C35P6	m³	28.07	425.00
7	商品混凝土 C35P8	m³	1 069.94	505.00
8	商品混凝土 C20 细石	m³	10.63	375.00

序号	名称	单位	数量	单价（元）
9	商品混凝土 C15	m³	6.30	345.00
10	商品混凝土 C35P6	m³	210.24	425.00
11	照明配电箱 1HAL 600×900×235	台	1.00	4 500.00
12	照明配电箱 2HAL 600×500×235	台	1.00	6 100.00
13	照明配电箱 3HAL、4HAL 600×700×235	台	2.00	4 500.00
14	照明配电箱 5HAL 600×900×235	台	1.00	6 100.00
15	动力配电箱 CFAP2	台	1.00	4 500.00
16	动力配电箱 3HAP1、3HAP2	台	2.00	4 700.00
17	动力配电箱 6HAP	台	1.00	4 700.00
18	动力配电箱 CFAP1	台	1.00	4 800.00
19	动力配电箱 HAPZ	台	1.00	6 500.00
20	动力配电箱 XYAP	台	1.00	6 500.00
21	WDZ-YJV 4×25+1×16 mm²	m	25.47	75.28
22	WDZ-YJV 4×50+1×25 mm²	m	16.88	134.31
23	WDZ-YJV 5×16 mm²	m	83.75	60.38
24	WDZ-YJV 5×2.5 mm²	m	26.40	13.50
25	WDZ-YJY 4×25+1×16 mm²	m	21.12	80.00
26	WDZ-YJY 4×35+1×16 mm²	m	26.09	104.32
27	WDZ-YJY 5×16 mm²	m	38.93	67.88
28	带罩环声光控吸顶灯 220 V 22 W	套	15.00	160.00
29	LED 应急灯 3 W	套	15.00	45.00
30	LED 筒灯 15 W	套	53.00	79.00
31	LED 防水筒灯 7 W	套	158.00	75.00
32	吊灯 24 W	套	32.00	110.00
33	开敞式高效 LED 灯 105 W	套	8.00	550.00
34	开敞式高效 LED 灯 30 W	套	245.00	550.00
35	格栅灯 600×600	套	55.00	220.00
36	双管密封型格栅灯 300×1 200	套	53.00	260.00

序号	名称	单位	数量	单价（元）
37	单管密封型格栅灯 200×1 200	套	3.00	220.00
38	铝合金衬塑给水管 DN50	m	139.43	115.28
39	铝合金衬塑给水管 DN40	m	13.04	72.14
40	铝合金衬塑给水管 DN32	m	21.70	49.06
41	铝合金衬塑给水管 DN25	m	42.59	33.60
42	铝合金衬塑给水管 DN20	m	56.09	20.76
43	铝合金衬塑给水管 DN15	m	76.74	14.68
44	柔性接口排水铸铁管 DN50	m	324.35	81.91
45	柔性接口排水铸铁管 DN100	m	112.98	148.00
46	洗脸盆	套	34.00	540.00
47	洗池	套	4.00	500.00
48	拖布池	套	6.00	250.00
49	坐式大便器	套	16.00	1 200.00
50	液压脚踏式蹲式大便器	套	20.00	360.00
51	感应式挂式小便器	套	10.00	980.00
52	感应式洗脸盆龙头	个	34.00	950.00
53	冷热水感应洗池龙头	个	4.00	950.00
54	DAY 系列全自动净化电开水器	套	3.00	5 000.00
55	单头大锅灶	台	2.00	3 478.50
56	蒸饭柜	台	2.00	7 740.00
57	双层工作台	台	2.00	1 660.50
58	蒸盘车	台	1.00	1 687.50
59	四门储存柜	台	1.00	2 857.50
60	四层货架	台	1.00	1 336.50
61	三星水池	台	1.00	2 610.00
62	米面架	台	1.00	1 062.00
63	蒸盘	个	48.00	36.00
64	高压洗地龙头	套	1.00	2 020.50

续表

序号	名称	单位	数量	单价（元）
65	单眼大锅灶	台	3.00	3 478.50
66	调料台	台	4.00	742.50
67	双炒双温灶	台	3.00	5 318.10
68	调料台	台	3.00	720.00
69	海鲜蒸柜	台	2.00	8 415.00
70	六眼煲仔炉	台	1.00	2 083.50
71	双眼矮汤炉	台	1.00	2 785.50
72	双通打荷台	台	2.00	3 438.00
73	单通切配台	台	1.00	2 984.40
74	保鲜工作台	台	2.00	2 709.00
75	单星水池	台	1.00	1 665.00
76	四层货架	台	1.00	1 336.50
77	四门储存柜	台	1.00	2 857.50
78	四门冰柜	台	2.00	4 086.00
79	双星水池	台	1.00	1 800.00
80	留样柜	台	1.00	3 564.00
81	不锈钢排烟罩	m²	5.85	1 530.00
82	不锈钢排烟罩	m²	7.54	1 530.00
83	不锈钢排烟罩	m²	16.77	1 530.00
84	不锈钢排烟罩	m²	21.60	1 530.00
85	不锈钢排烟罩	m²	5.67	1 530.00
86	不锈钢排烟罩	m²	4.70	1 530.00
87	油烟罩风缸	组	18.00	2 335.50
88	油网烟篦	块	96.00	382.50
89	封墙钢	组	18.00	3 510.00
90	集烟箱	m²	130.00	200.25
91	排烟管	m²	280.00	200.25
92	排烟管	m²	170.00	200.25

续表

序号	名称	单位	数量	单价（元）
93	止回阀	个	4.00	985.50
94	排烟风柜	台	2.00	17 032.50
95	排烟风柜	台	2.00	13 297.50
96	低空排放油烟净化器 49 000 风量	台	2.00	30 780.00
97	低空排放油烟净化 39 000 风量	台	2.00	25 830.00
98	低空排放油烟净化 35 000 风量	台	2.00	25 000.00

续表

●医技楼 案例 37 上海市-医院医技楼

表 1 单项工程概况及特征表

单体工程特色：装配式/绿色/节能/仿生等

项目类别	新建	建筑面积（m²）	147 981.00	地上层数（层）	15
工程类型	综合医院医技楼	地上建筑面积（m²）	71 206.00	地下层数（层）	3
项目地点	上海市	地下建筑面积（m²）	76 775.00	檐口高度（m）	78.80
容积率	2.03	首层建筑面积（m²）	11 931.00	基础埋深（m）	16.75
开/竣工日期	2015-04-02/ 2017-09-11	造价阶段	结算价	计价方式	清单计价
结构类型	钢结构及核心筒钢筋 混凝土组合结构	抗震设防烈度	7 度	抗震等级	一级
场地类别	四类	建设地点级别	城市	装修类别	精装
层高	地下室层高 5.00 m，地下室底板标高-15.30 m，首层层高 5.45 m，标准层层高 4.00 m					
建筑工程	围护桩、 支撑工程及降排水	竖向支护形式为地下连续墙、高压旋喷桩			
	桩基工程	桩基采用钻孔灌注桩			
	土石方工程	项目地下室为 3 层，平均挖土深度为 18.00 m 左右，自上到下依次为杂填土、黏土、淤泥质粉质黏土、淤泥质黏土、黏土、粉砂夹粉质黏土，项目顶板、侧墙回填土为素土回填。弃土运距约 20 000.00 m			
	基础工程	地下室基础形式为筏板+承台基础，混凝土等级为 C35P8			
	砌筑工程	内墙：除厕所、防火分区墙、电梯井、楼梯间、设备机房采用轻质砂加气混凝土砌块，强度级别 A3.5，密度级别 B06；其他区域及外墙砌块采用混凝土砌块，砌块强度级别 A5.0，密度级别 B06，配套专用砂浆砌筑			

建筑工程	防水工程	（1）地板防水 1.2 mm 厚自粘胶膜防水卷材 （2）外墙防水 外墙背水面防水：1 厚水泥基结晶防水涂料；1.5 厚聚合物水泥基防水涂料（直线加速器区域）； 外墙迎水面防水：SBS 高聚合物改性沥青防水卷材（Ⅱ型）≥4 mm，SBS 高聚合物改性沥青防水卷材（Ⅱ型）≥3 mm； 顶板防水： SBS 高聚合物改性沥青防水卷材（Ⅱ型）≥3 mm； SBS 高聚合物改性沥青防水卷材（Ⅱ型）≥4 mm（非绿化区域）； 改性沥青耐根穿刺防水卷材（Ⅱ型）≥4 mm（绿化区域）； 2 mm 厚聚氨酯防水涂料（结构降板区防水）； 3 mm 厚聚氨酯防水涂料（雨污水立井防水） （3）室内防水 1.5 mm 厚聚氨酯防水涂料
	钢筋混凝土工程	柱：主楼范围内尺寸多为 1 000×1 000，混凝土等级为 C40，主筋直径在 28.00～32.00 mm 之间，其他范围内柱尺寸多为 800×800，混凝土等级为 C50，主筋直径在 25.00 mm； 墙：混凝土等级为 C40×C60； 梁：地下室主梁界面尺寸为 500×700，次梁尺寸为 400×600，混凝土强度为 C40； 板：地下室楼板厚 120 mm，人防区域厚 250 mm，顶板厚 200～250 mm 混凝土等级 C40P6
	保温工程	屋面为 200 mm 厚泡沫玻璃保温板
	外装饰工程	陶土板、铝板、玻璃幕墙
	模板、脚手架工程	木模板、核心筒采用钢管脚手架
	垂直运输工程	垂直升降机（人货电梯）、塔吊
	楼地面工程	防滑地砖、细石混凝土地面、环氧地坪、橡胶地板、石材等
装饰工程	内墙柱面工程	诊室涂料、手术室为可丽耐护墙板，公共区域为不锈钢板、木饰面等
	天棚工程	天花石膏板、乳胶漆、矿棉板、电解钢板、不锈钢板等
	门窗工程	木饰面门、屏蔽门、玻璃门
	电气安装	末端点位（灯具、开关、插座）配电，灯具安装及开关插座供应安装

安装工程	给排水工程	地下室设置水泵房及热交换站，冷热水供水按高中低区分别供水。冷热水管采用不锈钢管材，污水排水管采用超静音聚丙烯管，雨水排水管采用 HDPE 管，压力排水管为镀锌钢管，蒸汽管及冷凝水管为无缝钢管，高温排水采用铸铁管
	消防工程	喷淋系统、消火栓系统、火灾报警系统、变配电所及 IT 机房气体灭火系统及发电机房水喷雾系统
	燃气工程	无缝钢管
	通风空调工程	配置 3 台 1400RT 离心式变频冷水机组，3 套 1 400.00 m³/h 冷却塔，3 台 3.5 MW 热水锅炉，2 台 4T/H 蒸汽锅炉。同时部分重要负荷区域及 24 小时运行区域配置 2 台 100RT 风冷冷水机组，2 台 200RT 热回收风冷热泵。空调末端采用 VAV 变风量末端，外区加设再热段，AHU 空调单元采用三级过滤并进行蒸汽加湿。同时配置 AHU 回风风机，相关区域设置排风机、正压送风机、补风机、防排烟风机等。每个病房及 ICU 病房各设一个 VAV-box（带再热段）
	建筑智能化工程	能源计量、医院综合运维、综合布线、视频监控、入侵报警、电子巡更、无线对讲、智能一卡通系统、背景音乐及公共广播、计算机网络、无线 wifi 系统、电话程控交换机、有线电视系统、多媒体会议系统、医疗弱电（标准时钟、护理呼叫、排队叫号、婴儿防盗、医疗物联和资产管理系统、病房自控系统）、信息发布系统、机房工程、桥架管路

表 2　工程造价指标表

序号	项目名称	金额（元）	单方指标（元/m²）	占比指标（%）
	工程费用	1 520 509 643.58	10 275.03	100.00
1	房屋建筑与装饰工程	687 875 869.74	4 648.41	45.24
2	单独装饰工程	322 447 838.00	2 178.98	21.21
2.1	室内装饰工程	201 508 528.00	1 361.72	13.25
2.2	幕墙工程	95 279 999.00	643.87	6.27
3	房屋安装工程	472 986 957.00	3 196.27	31.11

序号	项目名称	金额（元）	单方指标 （元/m²）	占比指标（%）
3.1	电气工程	174 407 675.00	1 178.58	11.47
3.2	建筑智能化工程	81 627 004.00	551.60	5.37
3.3	通风空调工程	121 377 957.00	820.23	7.98
3.4	消防工程	38 771 482.00	262.00	2.55
3.5	给排水工程	39 625 235.00	267.77	2.61
4	设备采购	37 198 978.84	251.38	2.45

表3　工程量指标表

序号	工程量名称	单位	数量	单位指标（m²）
一、房屋建筑工程				
1	土石方开挖量	m³	434 851.73	2.94
2	土石方回填量	m³	7 050.96	0.05
3	桩	m³	22 980.25	0.16
4	砌体	m³	18 795.71	0.13
5	混凝土	m³	95 136.19	0.64
5.1	基础混凝土	m³	32 145.35	0.22
5.2	墙、柱混凝土	m³	22 024.17	0.15
5.3	梁板混凝土	m³	38 498.22	0.26
5.4	二次结构混凝土	m³	2 468.45	0.02
6	钢筋	t	16 810.65	0.11
6.1	基础钢筋	t	4 119.21	0.03
6.2	墙、柱钢筋	t	4 812.32	0.03
6.3	梁板钢筋	t	7 389.62	0.05
6.4	二次结构钢筋	t	489.50	0.00
7	模板	m²	238 560.28	1.61
8	门	m²	10 163.09	0.07
9	窗	m²	246.38	0.00
10	屋面	m²	82 301.46	0.56
11	外墙保温	m²	3 129.03	0.02

序号	工程量名称	单位	数量	单位指标（m²）
二、房屋装饰工程				
1	楼地面	m²	46 389.12	0.31
2	天棚装饰	m²	45 738.56	0.31
3	内墙装饰	m²	86 606.58	0.59
4	外墙装饰	m²	7 866.11	0.05
5	幕墙	m²	47 747.00	0.32

表4　消耗量指标表

序号	消耗量指标	单位	数量	单位指标（m²）
一、房屋建筑工程				
1	人工费	元	301 504 299.51	2 037.45
1.1	综合用工	工日	2 740 948.00	18.52
2	材料费	元	377 433 856.58	2 550.56
2.1	钢筋	t	16 810.65	0.11
2.2	型钢	t	9 568.68	0.06
2.3	商品混凝土	m³	95 136.19	0.64
3	机械费	元	9 265 701.89	62.61
二、房屋装饰工程				
1	人工费	元	95 767 008.20	647.16
1.1	综合用工	工日	319 223.36	2.16
2	材料费	元	216 040 052.18	1 459.92
3	机械费	元	10 640 778.69	71.91
三、房屋安装工程				
1	人工费	元	120 524 624.05	814.46
1.1	综合用工	工日	602 623.12	4.07
2	材料费	元	195 852 514.08	1 323.50
2.1	主材费	元	176 267 262.68	1 191.15
3	机械费	元	21 091 809.21	142.53
4	设备费	元	164 716 986.20	1 113.10

• 医技楼　案例 38　甘肃省兰州市-医院医技楼

表 1　单项工程概况及特征表

单体工程特色：装配式/绿色/节能/仿生等

项目类别	新建	建筑面积（m²）	37 862.81	地上层数（层）	14
工程类型	综合医院医技楼	地上建筑面积（m²）	34 752.60	地下层数（层）	1
项目地点	甘肃省兰州市	地下建筑面积（m²）	3 110.21	檐口高度（m）	60.09
容积率	2.56	首层建筑面积（m²）	4 785.84	基础埋深（m）	-6.00
开/竣工日期	2016-03/2018-03	造价阶段	控制价	计价方式	清单计价
结构类型	框架结构	抗震设防烈度	7 度	抗震等级	二级
场地类别	二类	建设地点级别	城市	装修类别	初装
层高	地下室层高 6.00 m，地下室底板标高 -6.00 m，首层层高 5.10 m，标准层层高 4.20 m				
建筑工程	基础工程	承台+承台拉梁基础			
	砌筑工程	电梯井道、卫生间隔墙采用 MU10 烧结粘土多孔砖，其余部分均采用 MU7.5 烧结粘土空心砖			
	防水工程	屋面采用 3 mm 厚 I 型聚酯胎 SBS 卷材和 3 mm 厚 II 型聚酯胎 APP 带矿物板岩卷材，用水房间地面采用 1.5 mm 聚合物水泥基复合防水涂料防水层			
	钢筋混凝土工程	钢筋采用 HPB300 级、HRB400 级钢筋，混凝土采用商品混凝土			
	保温工程	屋面：120 mm 厚岩棉板；外墙：80 mm 厚岩棉板			
	外装饰工程	干挂 30 mm 厚石材、真石漆			
	模板、脚手架工程	竹胶板、综合脚手架			
	垂直运输工程	自升塔吊			
	楼地面工程	地砖			

装饰工程	内墙柱面工程	公共区域干挂墙砖、乳胶漆、局部水性釉面漆
	天棚工程	石膏板吊顶、矿棉板吊顶
	门窗工程	外门窗为 J62 系列多腔断热铝合金中空玻璃 6+12A+6，内门为木质成品套装门、钢制医疗门，疏散通道及设备用房采用钢制防火门（贴木皮烤漆）
	电气安装	—
安装工程	给排水工程	给水采用 304 薄壁不锈钢管，排水采用柔性接口排水铸铁管，设计热水系统，采用 304 薄壁不锈钢管
	消防工程	消防系统包括消火栓系统、喷淋系统及火灾自动报警系统，水消防采用镀锌钢管
	采暖工程	采暖采用集中锅炉房供暖，管道采用镀锌钢管，散热器采用钢制散热器
	通风空调工程	设置中央空调系统
	建筑智能化工程	包括计算机应用，网络系统，综合布线系统，建筑信息综合管理系统，音频、视频系统，安全防范系统

表2 工程造价指标表

序号	项目名称	金额（元）	单方指标（元/m²）	占比指标（%）
	工程费用	130 841 768.19	3 455.68	100.00
1	房屋建筑与装饰工程	51 023 219.35	1 347.58	39.00
1.1	土石方工程	159 805.35	4.22	0.12
1.2	地基处理及支护工程	—	—	—
1.3	桩基工程	—	—	—
1.4	砌筑工程	3 074 218.81	81.19	2.35
1.5	混凝土工程	8 797 855.88	232.36	6.72
1.6	钢筋工程	9 399 696.41	248.26	7.18
1.7	金属结构工程	5 899.36	0.16	0.00
1.8	木结构工程	—	—	—
1.9	门窗工程	4 152 483.71	109.67	3.17
1.10	屋面及防水工程	2 368 757.15	62.56	1.81

续表

序号	项目名称	金额（元）	单方指标（元/m²）	占比指标（%）
1.11	保温、隔热及防腐工程	2 499 913.12	66.03	1.91
1.12	楼地面装饰	576 071.66	15.21	0.44
1.13	内墙、柱面装饰	706 958.79	18.67	0.54
1.14	其他工程	281 268.24	7.43	0.21
1.15	模板及支架工程	5 838 641.21	154.21	4.46
1.16	脚手架工程	2 626 109.57	69.36	2.01
1.17	垂直运输工程	4 112 792.68	108.62	3.14
1.18	安全文明及其他措施项目费	2 289 754.76	60.48	1.75
1.19	规费	2 010 281.21	53.09	1.54
1.20	税金	2 122 711.44	56.06	1.62
2	单独装饰工程	26 773 099.74	707.11	20.46
2.1	室内装饰工程	20 582 877.51	543.62	15.73
2.1.1	楼地面装饰	4 974 741.17	131.39	3.80
2.1.2	内墙、柱装饰	3 029 281.50	80.01	2.32
2.1.3	顶棚装饰	3 435 695.51	90.74	2.63
2.1.4	油漆、涂料工程	2 870 351.55	75.81	2.19
2.1.5	其他内装饰工程	2 282 604.16	60.29	1.74
2.1.6	措施项目费	1 593 517.00	42.09	1.22
2.1.7	规费	697 182.97	18.41	0.53
2.1.8	税金	1 699 503.65	44.89	1.30
2.2	幕墙工程	6 190 222.23	163.49	4.73
2.2.1	玻璃幕墙	228 260.10	6.03	0.17
2.2.2	石材幕墙	3 629 856.95	95.87	2.77
2.2.3	装饰板幕墙	—	—	—
2.2.4	其他外装饰工程	1 297 959.34	34.28	0.99
2.2.5	措施项目费	251 941.23	6.65	0.19
2.2.6	规费	168 759.16	4.46	0.13
2.2.7	税金	613 445.45	16.20	0.47
3	房屋安装工程	53 045 449.10	1 400.99	40.54

序号	项目名称	金额（元）	单方指标（元/m²）	占比指标（%）
3.1	电气工程	16 528 696.98	436.54	12.63
3.1.1	变压器	—	—	—
3.1.2	配电装置	245 896.58	6.49	0.19
3.1.3	母线	3 852 689.63	101.75	2.94
3.1.4	控制设备及低压电器	56 259.65	1.49	0.04
3.1.5	蓄电池	52 695.79	1.39	0.04
3.1.6	电机检查接线及调试	21 895.60	0.58	0.02
3.1.7	滑触线装置	3 705 569.56	97.87	2.83
3.1.8	电缆安装	3 314 827.11	87.55	2.53
3.1.9	防雷及接地装置	777 800.00	20.54	0.59
3.1.10	10 kV 以下架空配电线路	952 896.89	25.17	0.73
3.1.11	配管配线	904 593.59	23.89	0.69
3.1.12	照明器具	508 956.89	13.44	0.39
3.1.13	附属工程	235 700.89	6.23	0.18
3.1.14	柴油发电机	342 896.88	9.06	0.26
3.1.15	措施项目费	371 855.73	9.82	0.28
3.1.16	规费	233 834.80	6.18	0.18
3.1.17	税金	950 327.39	25.10	0.73
3.2	建筑智能化工程	14 410 639.82	380.60	11.01
3.2.1	计算机应用、网络系统工程	2 407 089.20	63.57	1.84
3.2.2	综合布线系统工程	4 698 812.35	124.10	3.59
3.2.3	建筑设备自动化系统工程	—	—	—
3.2.4	建筑信息综合管理系统工程	2 818 362.84	74.44	2.15
3.2.5	有线电视、卫星接收系统工程	—	—	—
3.2.6	音频、视频系统工程	2 467 372.26	65.17	1.89
3.2.7	安全防范系统工程	588 853.48	15.55	0.45
3.2.8	措施项目费	546 225.34	14.43	0.42
3.2.9	规费	399 299.04	10.55	0.31
3.2.10	税金	484 625.31	12.80	0.37

续表

序号	项目名称	金额（元）	单方指标 （元/m²）	占比指标（%）
3.3	通风空调工程	12 762 371.49	337.07	9.75
3.3.1	通风系统	4 349 720.97	114.88	3.32
3.3.2	空调系统	4 096 915.89	108.20	3.13
3.3.3	防排烟系统	—	—	—
3.3.4	人防通风系统	—	—	—
3.3.5	制冷机房	505 524.22	13.35	0.39
3.3.6	换热站	758 286.33	20.03	0.58
3.3.7	空调水系统	1 897 931.68	50.13	1.45
3.3.8	VRV 系统	—	—	—
3.3.9	通风空调工程系统调试	34 797.77	0.92	0.03
3.3.10	措施项目费	510 820.37	13.49	0.39
3.3.11	规费	317 254.71	8.38	0.24
3.3.12	税金	291 119.55	7.69	0.22
3.4	消防工程	5 901 744.05	155.87	4.51
3.4.1	水灭火系统	3 184 027.93	84.09	2.43
3.4.2	气体灭火系统	227 444.46	6.01	0.17
3.4.3	泡沫灭火系统	61 224.28	1.62	0.05
3.4.4	火灾自动报警系统	1 261 879.92	33.33	0.96
3.4.5	消防系统调试	33 089.89	0.87	0.03
3.4.6	措施项目费	320 545.93	8.47	0.24
3.4.7	规费	201 491.73	5.32	0.15
3.4.8	税金	612 039.91	16.16	0.47
3.5	给排水工程	3 353 071.20	88.56	2.56
3.5.1	给水工程	1 376 583.81	36.36	1.05
3.5.2	中水工程	—	—	—
3.5.3	热水工程	372 940.83	9.85	0.29
3.5.4	排水工程	529 840.58	13.99	0.40
3.5.5	雨水工程	137 404.85	3.63	0.11
3.5.6	压力排水工程	—	—	—

序号	项目名称	金额（元）	单方指标 （元/m²）	占比指标（%）
3.5.7	措施项目费	36 541.98	0.97	0.03
3.5.8	规费	29 861.39	0.79	0.02
3.5.9	税金	869 897.76	22.97	0.66
3.6	采暖工程	88 925.57	2.35	0.07
3.6.1	采暖管道	18 689.56	0.49	0.01
3.6.2	支架	1 868.96	0.05	0.00
3.6.3	管道附件	18 289.56	0.48	0.01
3.6.4	供暖器具	43 189.56	1.14	0.03
3.6.5	采暖工程系统调试	1 289.50	0.03	0.00
3.6.6	措施项目费	2 656.29	0.07	0.00
3.6.7	规费	156.12	0.00	0.00
3.6.8	税金	2 786.02	0.07	0.00

表3　工程量指标表

序号	工程量名称	单位	数量	单位指标（m²）
一、房屋建筑工程				
1	土石方开挖量	m³	771.09	0.02
2	土石方回填量	m³	539.52	0.01
3	桩	m³	—	—
4	砌体	m³	8 463.21	0.22
5	混凝土	m³	17 384.88	0.46
5.1	基础混凝土	m³	3 257.90	0.09
5.2	墙、柱混凝土	m³	5 679.91	0.15
5.3	梁板混凝土	m³	7 736.33	0.20
5.4	二次结构混凝土	m³	710.74	0.02
6	钢筋	t	2 474.13	0.07
7	模板	m²	98 669.75	2.61
8	门	m²	5 676.97	0.15
9	窗	m²	2 576.33	0.07

续表

序号	工程量名称	单位	数量	单位指标（m²）
10	屋面	m²	2 297.27	0.06
11	外墙保温	m²	12 666.00	0.33
	二、房屋装饰工程			
1	楼地面	m²	28 946.00	0.76
2	天棚装饰	m²	30 393.30	0.80
3	内墙装饰	m²	55 796.00	1.47
4	外墙装饰	m²	11 167.00	0.29
5	幕墙	m²	5 722.00	0.15

表 4　消耗量指标表

序号	消耗量指标	单位	数量	单位指标（m²）
	一、房屋建筑工程			
1	人工费	元	8 853 898.09	233.84
1.1	综合用工	工日	128 427.57	3.39
2	材料费	元	29 254 500.79	772.64
2.1	钢筋	t	2 474.13	0.07
2.2	水泥	t	671.00	0.02
2.3	商品混凝土	m³	18 551.00	0.49
3	机械费	元	3 936 715.70	103.97
	二、房屋装饰工程			
1	人工费	元	4 527 022.99	119.56
1.1	综合用工	工日	44 961.00	1.19
2	材料费	元	14 021 537.00	370.32
2.1	水泥	t	179.28	0.00
2.2	混凝土	m³	50.38	0.00
3	机械费	元	460 377.99	12.16
	三、房屋安装工程			
1	人工费	元	6 200 120.62	163.75
1.1	综合用工	工日	2 082.00	0.05
2	材料费	元	3 015 009.54	79.63
2.1	主材费	元	23 711 496.73	626.25
3	机械费	元	849 166.80	22.43
4	设备费	元	7 252 352.85	191.54

表5 主要材料、设备明细表

序号	名称	单位	数量	单价（元）
1	商品混凝土 C30	m³	8 533.94	375
2	商品混凝土 C35	m³	472.70	395
3	商品混凝土 C40	m³	808.00	415
4	商品混凝土 C45	m³	3 364.55	445
5	商品混凝土 C45P6	m³	523.88	445
6	商品混凝土 C45P8	m³	154.84	475
7	商品混凝土 C10	m³	12.25	355
8	商品混凝土 C15	m³	480.05	345
9	商品混凝土 C20	m³	764.26	355
10	商品混凝土 C20 细石	m³	503.04	375
11	商品混凝土 C35P6	m³	2 815.83	425
12	商品混凝土 C35P8	m³	68.44	425
13	商品混凝土 C40P6	m³	36.23	445
14	商品混凝土 C50P6	m³	12.66	505
15	304 薄壁不锈钢管 DN15	m	494.80	42.64
16	304 薄壁不锈钢管 DN20	m	159.83	74.99
17	304 薄壁不锈钢管 DN25	m	335.25	97.46
18	304 薄壁不锈钢管 DN32	m	407.56	139.08
19	304 薄壁不锈钢管 DN40	m	372.90	175.98
20	304 薄壁不锈钢管 DN50	m	1 169.88	200.99
21	304 薄壁不锈钢管 DN65	m	446.92	523.66
22	304 薄壁不锈钢管 DN80	m	281.23	614.12
23	304 薄壁不锈钢管 DN100	m	137.80	749.10
24	304 薄壁不锈钢管 DN150	m	41.90	1 382.40
25	柔性接口排水铸铁管 DN50	m	1 394.78	81.91
26	柔性接口排水铸铁管 DN75	m	234.12	102.82
27	柔性接口排水铸铁管 DN100	m	1 000.08	148.00
28	3WDV28/87－5.5－G－20 矢量变频设备 VCF16－7	台	3.00	27 000.00

序号	名称	单位	数量	单价（元）
29	3WDV35/65－5.5－G－20 矢量变频设备 VCF16-6	台	3.00	27 000.00
30	FLGR20-110 型管道泵，Q＝1.8-3.3 m/h，H＝16-13.5 m，N＝0.37 kW	台	2.00	8 000.00
31	FLGR25-110 型管道泵，Q＝2.8-5.2 m/h，H＝16-13.5 m，N＝0.55 kW	台	2.00	8 000.00
32	DAY 系列全自动净化电开水器	套	2.00	5 000.00
33	感应式挂式小便器	套	10.10	980.00
34	感应式水嘴洗婴池	套	3.03	500.00
35	感应式水嘴洗婴池龙头	个	3.03	950.00
36	板式换热机组	台	2.00	176 400.00
37	冷却塔	台	3.00	117 600.00
38	冷冻水循环泵	台	4.00	69 127.00
39	补水泵	台	2.00	25 800.00
40	空调循环泵	台	4.00	88 270.00
41	空调旁滤泵	台	2.00	28 017.00
42	冷水机组	台	3.00	599 924.00
43	组合立式新风机组	台	1.00	18 913.00
44	组合立式新风机组	台	1.00	17 458.00
45	吊顶式新风机组	台	1.00	14 257.00
46	空调机组（干蒸汽加湿）	台	8.00	59 733.00
47	空调机组（干蒸汽加湿）	台	1.00	61 210.20
48	低噪声高静压卧式暗装杀菌型风机盘管	台	83.00	1 017.00
49	低噪声高静压卧式暗装杀菌型风机盘管	台	304.00	922.00

专科医院

案例 39 北京-医院医技楼

表 1 单项工程概况及特征表

单体工程特色：装配式/绿色/节能/仿生等

项目类别	新建	建筑面积（m²）	22 713.00	地上层数（层）	10
工程类型	专科医院医技楼	地上建筑面积（m²）	16 223.00	地下层数（层）	2
项目地点	北京	地下建筑面积（m²）	6 490.00	檐口高度（m）	49.90
容积率	1.48	首层建筑面积（m²）	1 620.00	基础埋深（m）	10.30
开/竣工日期	2017/2019	造价阶段	概算价	计价方式	定额计价
结构类型	框架结构—剪力墙结构	抗震设防烈度	8度	抗震等级	一级
场地类别	二类	建设地点级别	城市	装修类别	初装
层高	地下室层高 4.10~5.55 m，地下室底板标高 -9.70 m，首层层高 4.80 m，标准层层高 4.50 m				
建筑工程	围护桩、支撑工程及降排水	土钉喷射混凝土支护			
	土石方工程	大开挖：挖土深度 13.00 m 以内；土质：综合；回填土：2:8 灰土；局部换填：级配砂石			
	基础工程	筏板基础			
	砌筑工程	内墙：200 mm 厚蒸压加气混凝土砌块墙；外墙：250 mm 厚蒸压加气混凝土砌块墙			
	防水工程	地下室防水等级 Ⅰ 级，屋面防水等级 Ⅱ 级；防水混凝土、4+3 mm 厚 SBS 弹性体改性沥青防水卷材（Ⅱ型）			
	钢筋混凝土工程	钢筋混凝土框架梁：C30 预拌；楼板：厚 120~200 mm，C30 预拌钢筋混凝土；矩形柱：周长 2.40 m 以内，C30-C40 预拌混凝土			

续表

建筑工程	保温工程	保温厚度：100 mm 挤塑聚苯、50 mm 细石混凝土
	外装饰工程	浅灰色面砖饰面，局部采用涂料饰面；100 mm 厚岩棉保温板
	模板、脚手架工程	钢模、综合脚手架
	垂直运输工程	垂直运输
	楼地面工程	PVC 地面、地砖地面
装饰工程	内墙柱面工程	乳胶漆墙面
	天棚工程	普通石膏板吊顶；乳胶漆顶棚
	门窗工程	窗采用铝合金外窗、5+12+5 中空玻璃；设备用房的外门采用钢质保温门，卷帘门为电动卷帘门，其他外门采用铝合金钢化玻璃门、乙级防火门、丙级防火门、甲级防火隔声门；X 射线机房为铅板门
	电气安装	光源选用节能型光源，应急照明必须选用能瞬间点亮的光源，实验室选用高显色灯具；照明配电由配电室直接引出干线
安装工程	给排水工程	给水：生活、生产用水由位于地下一层生活水泵房供给；8、9 层工艺用水、7 层空调机房补水采用软水；采用太阳能装置供应热水，电辅助加热；设置饮用水供应系统，在每层开水间设置全自动电开水器；由室外引入 DN80 的中水管用于实验楼地下一层至地下二层的车库冲洗用水，首层及首层以上大便器冲厕用水采用二次加压供给。排水：室内排水采用污、废分流制，室外排水采用雨污分流的排水体制
	消防工程	消防水源为市政自来水，地下设置消防水池一座；室外、内消火栓系统采用临时高压制；火灾初期的消防水量由屋顶水箱间供给；消火栓箱采用带灭火器箱组合式消防柜；自动喷水灭火系统由地下一层消防水池和消防泵房内的自动喷水给水泵联合供水；本建筑物按中危险级 A 类火灾配置灭火器；在每个报警阀组控制的最不利点喷头处设末端试水装置
	采暖工程	承压水锅炉、钢制柱型散热器、顶吹大门热风幕、管道均采用热镀锌钢管、保温材料为铝箔玻璃丝棉管壳
	燃气工程	

续表

序号	项目名称		说明
安装工程	通风空调工程		空调系统共分为两种，包括用于8、9层动物房的全空气系统工艺空调和用于舒适区的多联机系统空调。 其中全空气系统空调冷负荷 472.00 kW、空调热负荷 578.00 kW，空调再热负荷 30.00 kW，多联机系统空调冷负荷 894.60 kW； 冷源为模块式风冷热泵机组，动物房采用模块化风冷热泵机组夏季供冷、过渡季供热； 无工艺性通风要求的空调房间，按人员新风量提供送排风量，有工艺性通风要求的房间，取排风量（m³/h）和换气次数（次/时）两项参数中大值；通风换气次数6次/时，补风量为排风量80
	建筑智能化工程		建筑设备监控系统（BAS）采用计算机控制和网络技术对大楼内的机电设备，如空调机组、新风机组、各种风机等的运行状态进行实时自动监测和节能控制
备注	—		（1）本工程属于医疗器械检验楼； （2）本工程所用概算定额编制，钢筋、模板等数量含在混凝土中，不单列； （3）本工程部分专业未单独填列的措施费、规费、税金，包含在总费用中

表2　工程造价指标表

序号	项目名称	金额（元）	单方指标（元/m²）	占比指标（%）
	工程费用	94 569 725.18	4 163.68	100.00
1	房屋建筑与装饰工程	65 854 581.01	2 899.42	69.64
1.1	土石方工程	3 557 561.19	156.63	3.76
1.2	地基处理及支护工程	1 609 583.35	70.87	1.70
1.3	桩基工程	5 440 975.94	239.55	5.75
1.4	砌筑工程	3 365 219.40	148.16	3.56
1.5	混凝土工程	14 802 568.88	651.72	15.65
1.6	钢筋工程	—	—	—
1.7	金属结构工程	—	—	—

续表

序号	项目名称	金额（元）	单方指标（元/m²）	占比指标（%）
1.8	木结构工程	—	—	—
1.9	门窗工程	5 969 159.52	262.81	6.31
1.10	屋面及防水工程	3 194 499.81	140.65	3.38
1.11	保温、隔热及防腐工程	1 999 376.61	88.03	2.11
1.12	楼地面装饰	5 460 320.60	240.41	5.77
1.13	内墙、柱面装饰	2 882 720.67	126.92	3.05
1.14	外墙、柱面装饰	1 230 275.19	54.17	1.30
1.15	顶棚装饰	2 421 639.37	106.62	2.56
1.16	油漆、涂料工程	—	—	—
1.17	隔断	200 941.24	8.85	0.21
1.18	其他工程	—	—	—
1.19	预制构件工程	—	—	—
1.20	模板及支架工程	—	—	—
1.21	脚手架工程	2 125 020.46	93.56	2.25
1.22	垂直运输工程	959 232.78	42.23	1.01
1.23	施工排水、降水工程	437 989.96	19.28	0.46
1.24	安全文明及其他措施项目费	2 181 579.24	96.05	2.31
1.25	规费	5 582 424.15	245.78	5.90
1.26	税金	2 433 492.65	107.14	2.57
2	单独装饰工程	—	—	—
3	房屋安装工程	27 026 543.17	1 189.92	28.58
3.1	电气工程	8 284 307.62	364.74	8.76
3.1.1	变压器	—	—	—
3.1.2	配电装置	3 066 225.54	135.00	3.24
3.1.3	控制设备及低压电器	183 740.20	8.09	0.19
3.1.4	电缆安装	1 097 060.42	48.30	1.16
3.1.5	防雷及接地装置	100 943.29	4.44	0.11
3.1.6	配管配线	171 057.25	7.53	0.18
3.1.7	照明器具	798 985.31	35.18	0.84

序号	项目名称	金额（元）	单方指标（元/m²）	占比指标（%）
3.1.8	附属工程	471 335.62	20.75	0.50
3.1.9	措施项目费	173 990.86	7.66	0.18
3.1.10	规费	1 850 807.16	81.49	1.96
3.1.11	税金	370 161.97	16.30	0.39
3.2	建筑智能化工程	4 046 688.00	178.17	4.28
3.2.1	计算机应用、网络系统工程	1 422 676.00	62.64	1.50
3.2.2	综合布线系统工程	977 965.00	43.06	1.03
3.2.3	建筑设备自动化系统工程	1 415 831.00	62.34	1.50
3.2.4	建筑信息综合管理系统工程	9 408.00	0.41	0.01
3.2.5	有线电视、卫星接收系统工程	44 613.00	1.96	0.05
3.2.6	音频、视频系统工程	8 616.00	0.38	0.01
3.2.7	安全防范系统工程	167 579.00	7.38	0.18
3.3	通风空调工程	7 649 581.10	336.79	8.09
3.3.1	通风系统	3 212 824.06	141.45	3.40
3.3.2	空调系统	2 141 882.71	94.30	2.26
3.3.3	防排烟系统	382 479.06	16.84	0.40
3.3.4	人防通风系统	305 983.24	13.47	0.32
3.3.5	制冷机房	152 991.62	6.74	0.16
3.3.6	换热站	76 495.81	3.37	0.08
3.3.7	空调水系统	1 376 924.60	60.62	1.46
3.4	消防工程	3 085 015.57	135.83	3.26
3.4.1	水灭火系统	3 085 015.57	135.83	3.26
3.5	给排水工程	1 834 495.72	80.77	1.94
3.5.1	给水工程	1 220 153.70	53.72	1.29
3.5.2	中水工程	108 298.07	4.77	0.11
3.5.3	排水工程	506 043.95	22.28	0.54
3.6	采暖工程	2 126 455.16	93.62	2.25
3.6.1	采暖管道	628 046.39	27.65	0.66
3.6.2	支架	7 970.17	0.35	0.01

续表

序号	项目名称	金额（元）	单方指标 （元/m²）	占比指标（%）
3.6.3	管道附件	66 399.74	2.92	0.07
3.6.4	供暖器具	489 277.26	21.54	0.52
3.6.5	采暖设备	900 000.00	39.62	0.95
3.6.6	绝热工程	34 761.60	1.53	0.04
4	设备采购	1 688 601.00	74.35	1.79
4.1	电梯采购安装	1 688 601.00	74.35	1.79

表3 工程量指标表

序号	工程量名称	单位	数量	单位指标（m²）
一、房屋建筑工程				
1	土石力开挖量	m³	36 576.58	1.61
2	土石方回填量	m³	6 278.86	0.28
3	桩	m³	—	—
4	砌体	m³	21 141.93	0.93
5	混凝土	m³	14 783.59	0.65
5.1	基础混凝土	m³	759.44	0.03
5.2	墙、柱混凝土	m³	3 235.39	0.14
5.3	梁板混凝土	m³	10 788.76	0.48
6	模板	m²	—	—
7	门	m²	1 451.73	0.06
8	窗	m²	1 583.19	0.07
9	屋面	m²	3 164.32	0.14
10	外墙保温	m²	8 100.00	0.36
二、房屋装饰工程				
1	楼地面	m²	28 309.67	1.25
2	天棚装饰	m²	26 400.31	1.16
3	内墙装饰	m²	73 423.00	3.23
4	外墙装饰	m²	10 914.57	0.48

表4 消耗量指标表

序号	消耗量指标	单位	数量	单位指标（m²）
一、房屋建筑工程				
1	人工费	元	8 235 777.86	362.60
1.1	综合用工	工日	84 545.00	3.72
2	材料费	元	20 750 711.00	913.61
2.1	钢筋	t	2 457.99	0.11
2.2	型钢	t	2 457.99	0.11
2.3	水泥	t	2 457.99	0.11
2.4	商品混凝土	m³	13 857.74	0.61
3	机械费	元	2 664 341.00	117.30
二、房屋装饰工程				
1	人工费	元	4 593 240.00	202.23
1.1	综合用工	工日	46 044.00	2.03
2	材料费	元	11 261 494.00	495.82
2.1	水泥	t	32.96	0.00
2.2	混凝土	m³	925.85	0.04
3	机械费	元	279 968.00	12.33
三、房屋安装工程				
1	人工费	元	3 296 347.00	145.13
1.1	综合用工	工日	38 796.00	1.71
2	材料费	元	2 397 371.00	105.55
2.1	主材费	元	4 320 166.00	190.21
3	机械费	元	180 694.00	7.96
4	设备费	元	10 411 120.00	458.38

表5 主要材料、设备明细表

序号	名称	单位	数量	单价（元）
1	钢筋	kg	2 462 170.51	3.25
2	水泥	kg	620 903.15	0.40
3	加气混凝土块	m³	3 528.62	392.00

序号	名称	单位	数量	单价（元）
4	C15 混凝土	m³	422.30	310.00
5	C20 混凝土	m³	361.19	330.00
6	C25 混凝土	m³	590.15	340.00
7	C30 混凝土	m³	4 587.72	360.00
8	C35 混凝土	m³	83.61	380.00
9	C40 混凝土	m³	2 452.83	400.00
10	C45 混凝土	m³	31.58	430.00
11	C55 混凝土	m³	786.16	460.00
12	防滑地面砖	m²	7 775.21	61.60
13	大理石板	m²	33.32	263.00
14	花岗石板	m²	315.53	414.00
15	花岗石踢脚板	m	110.88	42.40
16	内墙釉面砖	m²	2 484.45	150.00
17	大理石窗台板	m²	478.57	385.00
18	地砖踢脚	m	6 019.68	12.00
19	醇酸调和漆	kg	327.29	16.40
20	防锈漆	kg	92.79	14.95
21	室外乳胶漆	kg	1 900.00	14.95
22	客梯 12 层	部	3.00	350 000.00
23	货梯 9 层	部	1.00	325 000.00
24	动力配电箱	台	141.00	5 500.00
25	双电源配电箱	台	30.00	8 500.00
26	照明配电箱	台	16.00	6 000.00
27	事故照明配电箱	台	16.00	9 000.00
28	板式换热器	台	2.00	95 000.00

城市轨道交通工程

车站工程

案例1 ××省轨道交通一号线明挖车站

表1 工程概况及项目特征表

序号	名称	内容	说明
1	项目名称	××省轨道交通一号线明挖车站	
2	项目分类	地铁	
3	价格类型	控制价	
4	计价依据	《建设工程工程量清单计价规范》（GB 50500—2013）；《××省轨道交通工程预算定额》	
5	车站名称	某半地下车站	该项目地处西北湿陷性黄土地区
6	土建工法	明挖	
7	车站建筑面积（主体+附属）（m²）	12 087.19	框架结构—剪力墙结构
8	车站主体建筑面积（m²）	6 655.30	
9	车站附属建筑面积（m²）	5 431.89	
10	公共区装修面积（m²）	—	
11	非公共区装修面积（m²）	—	
12	车站长度（双延米）	371.40	
13	车站层数（层）	2	
14	车站主体围护结构方式	其他	
15	站前广场占地面积（m²）	—	
16	编制时间	2014-02	
17	开工日期	2014-02	
18	竣工日期	2017-06	

表2 项目总指标表

序号	项目名称	金额（元）	单位指标（元/m²）	占比指标（%）
2.1	车站	42 214 311.21	3 492.48	100.00
2.1.1	土建	42 214 311.21	3 492.48	100.00
A	分部分项工程费	32 922 615.02	2 723.76	77.99
B	措施项目费	3 677 601.57	304.26	8.71
C	其他项目费	2 562 015.16	211.96	6.07
D	规费	1 718 585.16	142.18	4.07
E	税金	1 333 494.30	110.32	3.16
2.1.2	装修	—	—	—
2.1.3	车站附属设施	—	—	—
2.1.4	其他	—	—	—

表3 工程造价指标表

序号	名称	金额（元）	单位指标（元/m²）	占比指标（%）
2.1	车站	42 214 311.21	3 492.48	100.00
2.1.1	土建	42 214 311.21	3 492.48	100.00
2.1.1.1	主体	36 430 490.02	3 013.98	86.30
2.1.1.2	附属	3 205 553.49	265.20	7.59
2.1.1.3	出入口、风亭地上部分	1 730 365.43	143.16	4.10
2.1.1.4	其他	847 902.27	70.15	2.01
2.1.2	装修	—	—	—
2.1.3	车站附属设施	—	—	—
2.1.4	其他	—	—	—
	合计	42 214 311.21	3 492.48	100.00

表4　工程量指标表

序号	工程量名称	单位	工程量	工程量指标（工程量/车站面积）
2.1.1	土建			
2.1.1.1	土方体积	m³	86 146.43	7.13
2.1.1.2	石方体积	m³	—	—
2.1.1.3	回填土体积	m³	28 915.02	2.39
2.1.1.4	换填垫层体积	m³	2 040.00	0.17
2.1.1.5	锚杆（锚索）、土钉长度	m	17 507.00	1.45
2.1.1.6	喷射混凝土支护支护面积	m²	6 582.00	0.54
2.1.1.7	砌体体积	m³	2 364.48	0.20
2.1.1.8	现浇混凝土钢筋重量	t	3 115.59	0.26
2.1.1.9	现浇混凝土体积	m³	17 500.00	1.45
2.1.1.10	防水面积	m²	13 485.92	1.12
2.1.1.11	混凝土抗渗项体积	m³	17 500.00	1.45
2.1.2	装修（含公共区装修、非公共区装修、出入口及风亭地上部分装修、车站外立面装修）	—	—	—
2.1.3	车站附属设施	—	—	—
2.1.4	其他	—	—	—

表5　消耗量指标表

序号	人材机名称	单位	消耗量	单价（元）	单方指标（消耗量/车站面积）
1	人工				
1.1	地下结构（含盾构）	工日	72 740.68	65.00	6.02
2	土建（明挖、盖挖）				
2.1	现浇混凝土	m³	17 500.00	569.21	1.45
2.2	预制混凝土	m³	—	—	—

续表

序号	人材机名称	单位	消耗量	单价（元）	单方指标（消耗量/车站面积）
2.3	钢筋	kg	3 115 590.00	5.10	257.76
2.4	防水卷材	m²	13 485.92	126.30	1.12
2.5	模板	m²	33 403.72	56.57	2.76
2.6	水电费	元	38 732.28	—	3.20
3	土建（矿山）	—	—	—	—
4	土建（高架）	—	—	—	—
5	装修	—	—	—	—
6	站前广场	—	—	—	—
7	自行车停车场	—	—	—	—
8	环保绿化	—	—	—	—
9	人行天桥	—	—	—	—
10	其他	—	—	—	—

表6　主要材料、设备明细表

序号	名称	单位	数量	单价（元）
1	沥青基聚氨酯胎预铺防水卷材 厚4 mm	m²	13 082.74	51.80
2	PVC 抗根系刺穿层 厚1.5 mm	m²	903.43	21.00
3	水泥基结晶材料	m²	1 629.54	12.75
4	单组份聚氨酯防水涂料	m²	3 301.70	58.14
5	镀锌钢板 厚3 mm	m	3 205.20	55.00
6	遇水膨胀止水条	m	4 373.47	16.00
7	背贴式止水带	m	1 268.18	63.55
8	注浆管	m	3 205.20	20.00
9	钢板 4.5~20	kg	15 900.00	3.96
10	钢支撑	kg	21 370.59	3.93
11	钢筋 Φ10 以外	kg	2 789 959.60	3.91
12	钢筋 Φ10 以内	kg	325 456.15	3.66
13	水泥 42.5	kg	53 553.91	0.49

序号	名称	单位	数量	单价（元）
14	钢板	kg	10 311.62	3.96
15	非黏土烧结砖 240×115×53	千块	176.00	750.00
16	非黏土烧结多孔砖 240×115×53	千块	1 173.30	462.45
17	组合钢模板	kg	17 157.56	6.05
18	板方材	m³	99.17	2 150.00
19	商品混凝土 C30	m³	91.11	410.00
20	商品混凝土 C25	m³	0.64	400.00
21	喷射混凝土 C20	m³	783.26	390.00
22	商品混凝土 C15	m³	945.38	380.00
23	商品混凝土 C40 抗渗	m³	12 287.91	490.00
24	商品混凝土 C35	m³	1 655.06	430.00
25	商品混凝土 C40 抗渗 补偿收缩	m³	61.69	520.00
26	商品混凝土 C45 抗渗 补偿收缩	m³	6.85	530.00
27	商品混凝土 C40 补偿收缩	m³	39.17	490.00
28	商品混凝土 C50	m³	598.13	500.00
29	商品混凝土 C20 细石	m³	639.74	410.00
30	商品混凝土 C40	m³	457.29	460.00

案例 2　××市轨道交通一号线明挖车站

表 1　工程概况及项目特征表

序号	名称	内容	说明
1	项目名称	××市轨道交通一号线明挖车站	
2	项目分类	地铁	单选
3	价格类型	控制价	单选
4	计价依据	《建设工程工程量清单计价规范》（GB 50500—2013）；《××市轨道交通工程预算定额》	
5	车站名称	某地下车站	该项目地处西北湿陷性黄土地区
6	土建工法	明挖	多选
7	车站建筑面积（主体+附属）（m²）	29 992.02	框架结构—剪力墙结构
8	车站主体建筑面积（m²）	23 580.26	
9	车站附属建筑面积（m²）	6 411.76	
10	公共区装修面积（m²）	—	
11	非公共区装修面积（m²）	—	
12	车站长度（双延米）	521.80	
13	车站层数（层）	2	
14	车站主体围护结构方式	灌注桩+钢支撑	
15	站前广场占地面积（m²）	—	
16	编制时间	2014-02	
17	开工日期	2014-02	
18	竣工日期	2017-06	

表2 项目总指标表

序号	项目名称	金额（元）	单位指标（元/m²）	占比指标（%）
2.1	车站	198 277 213.35	6 611.00	100.00
2.1.1	土建	198 277 213.35	6 611.00	100.00
A	分部分项工程费	144 420 984.88	4 815.31	72.84
B	措施项目费	27 099 483.70	903.56	13.67
C	其他项目费	12 108 665.40	403.73	6.11
D	规费	8 387 289.39	279.65	4.23
E	税金	6 260 789.98	208.75	3.16
2.1.2	装修	—	—	—
2.1.3	车站附属设施	—	—	—
2.1.4	其他	—	—	—

表3 工程造价指标表

序号	名称	金额（元）	单位指标（元/m²）	占比指标（%）
2.1	车站	198 277 213.35	6 611.00	100.00
2.1.1	土建	198 277 213.35	6 611.00	100.00
2.1.1.1	主体	158 621 770.67	5 288.80	80.00
2.1.1.2	附属	21 481 521.16	716.24	10.83
2.1.1.3	出入口、风亭地上部分	14 320 907.10	477.49	7.22
2.1.1.4	其他	3 853 014.42	128.47	1.94
2.1.2	装修	—	—	—
2.1.3	车站附属设施	—	—	—
2.1.4	其他	—	—	—
	合计	198 277 213.35	6 611.00	100.00

表 4　工程量指标表

序号	工程量名称	单位	工程量	工程量指标（工程量/车站面积）
2.1.1	土建			
2.1.1.1	土方体积	m³	268 974.81	8.97
2.1.1.2	回填土体积	m³	57 581.75	1.92
2.1.1.3	锚杆（锚索）、土钉长度	m	17 507.00	0.58
2.1.1.4	喷射混凝土支护支护面积	m²	23 168.87	0.77
2.1.1.5	临时钢支撑重量	t	3 388.32	0.11
2.1.1.6	灌注钢筋混凝土桩长度、根数、体积	m/根/m³	11 977.56	0.40
2.1.1.7	砌体体积	m³	2 282.56	0.08
2.1.1.8	现浇混凝土钢筋重量	t	13 258.01	0.44
2.1.1.9	现浇混凝土体积	m³	73 578.57	2.45
2.1.1.10	防水面积	m²	54 108.66	1.80
2.1.1.11	混凝土抗渗项体积	m³	42 600.80	1.42
2.1.2	装修（含公共区装修、非公共区装修、出入口及风亭地上部分装修、车站外立面装修）	—	—	—
2.1.3	车站附属设施	—	—	—
2.1.4	其他	—	—	—

表 5　消耗量指标表

序号	人材机名称	单位	消耗量	单价（元）	单方指标（消耗量/车站面积）
1	人工				
1.1	地下结构（含盾构）	工日	346 470.15	65.00	11.55
2	土建（明挖、盖挖）				
2.1	现浇混凝土	m³	73 578.57	569.21	2.45
2.2	预制混凝土	m³	—	—	—

续表

序号	人材机名称	单位	消耗量	单价（元）	单方指标（消耗量/车站面积）
2.3	钢筋	kg	13 258 010.00	5.10	442.05
2.4	防水卷材	m²	54 108.66	126.30	1.80
2.5	防水涂料	—	—	—	—
2.6	钢管	kg	108 743.84	5.13	3.63
2.7	型钢	kg	2 542.94	4.67	0.08
2.8	模板	m²	59 507.49	56.57	1.98
2.9	水电费	元	52 505.93	—	1.75
3	土建（矿山）	—	—	—	—
4	土建（高架）	—	—	—	—
5	装修	—	—	—	—
6	站前广场	—	—	—	—
7	标识导向	—	—	—	—
8	自行车停车场	—	—	—	—
9	环保绿化	—	—	—	—
10	人行天桥	—	—	—	—
11	其他	—	—	—	—

表6 主要材料、设备明细表

序号	名称	单位	数量	单价（元）
1	板方材	m³	155.89	2 150.00
2	普通黏土砖 240 mm×115 mm×53 mm	千块	401.47	750.00
3	非黏土烧结多孔砖 240 mm×115 mm×53 mm	千块	1 050.91	462.45
4	非黏土烧结砖 240 mm×115 mm×53 mm	千块	166.45	750.00
5	玻璃纤维钢筋 Φ28	t	11.99	15 000.00

序号	名称	单位	数量	单价（元）
6	玻璃纤维钢筋 Φ20	t	0.51	15 000.00
7	玻璃纤维钢筋 Φ12	t	2.30	15 000.00
8	钢筋 Φ10 以内	kg	1 422 470.94	3.66
9	钢筋 Φ10 以外	kg	11 819 199.53	3.91
10	钢支撑	kg	156 168.75	3.93
11	钢板（中厚）	kg	23 864.57	3.96
12	型钢	kg	2 542.94	3.93
13	沥青基聚氨酯胎预铺防水卷材 厚 4 mm	m²	49 944.70	51.80
14	PVC 抗根系刺穿层 厚 1.5 mm	m²	893.45	21.00
15	水泥基结晶材料	m²	5 920.72	12.75
16	单组份聚氨酯防水涂料	m²	16 111.53	58.14
17	镀锌钢板 厚 3 mm	m	5 887.20	55.00
18	35 cm 中孔型中埋钢边橡胶止水带 厚 10 mm	m	2 467.83	115.00
19	背贴式止水带	m	486.34	63.55
20	遇水膨胀止水条	m	782.88	16.00
21	遇水膨胀止水条	m	570.61	16.00
22	注浆止水带	m	6 579.83	20.00
23	注浆管	m	1 775.21	20.00
24	钢管	kg	106 513.53	4.09
25	水泥（综合）	kg	775.20	0.47
26	沉降预埋件	套	94.00	55.94
27	倾斜预埋件	套	62.00	30.75
28	商品混凝土 C30	m³	15 799.68	410.00
29	商品混凝土 C25	m³	41.74	400.00
30	商品混凝土 C50	m³	1 312.96	500.00
31	商品混凝土 C40 补偿收缩	m³	39.98	490.00
32	商品混凝土 C20	m³	3 777.90	390.00

序号	名称	单位	数量	单价（元）
33	商品混凝土 C15	m³	2 425.14	380.00
34	商品混凝土 C40 抗渗	m³	42 039.81	490.00
35	商品混凝土 C35	m³	7 308.20	430.00
36	商品混凝土 C35 微膨胀	m³	273.73	460.00
37	商品混凝土 C40 抗渗微膨胀	m³	461.77	520.00
38	商品混凝土 C45 抗渗 补偿收缩	m³	98.19	530.00
39	商品混凝土 C20 细石	m³	2 393.57	410.00

案例 3　××市地铁明挖车站

表 1　工程概况及项目特征表

序号	名称	内容	说明
1	项目名称	××市地铁明挖车站	
2	项目分类	地铁	
3	价格类型	结算价	
4	计价依据	《××市轨道交通工程预算定额》	
5	车站名称	××站	
6	土建工法	明挖	
7	车站建筑面积（主体+附属）（m²）	15 671.60	
8	车站主体建筑面积（m²）	12 250.00	
9	车站附属建筑面积（m²）	3 421.60	
10	公共区装修面积（m²）	5 397.60	
11	非公共区装修面积（m²）	8 440.62	
12	车站长度（双延米）	236.00	
13	车站层数（层）	2	
14	车站主体围护结构方式	地下连续墙+钢支撑	
15	站前广场占地面积（m²）	2 373.00	
16	编制时间	2017-09	
17	开工日期	—	
18	竣工日期	—	

表 2　项目总指标表

序号	项目名称	金额（元）	单位指标（元/m²）	占比指标（%）
2.1	车站	192 337 565.54	12 273.00	100.00
2.1.1	土建	168 612 108.00	10 759.09	87.66
A	分部分项工程费	122 431 511.18	7 812.32	63.65
B	措施项目费	31 981 824.50	2 040.75	16.63

序号	项目名称	金额（元）	单位指标（元/m²）	占比指标（%）
C	其他项目费	1 360 726.96	86.83	0.71
D	规费	7 167 672.27	457.37	3.73
E	税金	5 670 373.09	361.82	2.95
2.1.2	装修	16 969 754.54	1 226.30	8.82
A	分部分项工程费	122 431 511.18	7 812.32	63.65
B	措施项目费	31 981 824.50	2 040.75	16.63
C	其他项目费	1 360 726.96	86.83	0.71
D	规费	7 167 672.27	457.37	3.73
E	税金	5 670 373.09	361.82	2.95
2.1.3	车站附属设施（上部结构+装修）	3 042 644.00	4 690.66	1.58
A	分部分项工程费	2 209 304.58	3 405.95	1.15
B	措施项目费	577 119.33	889.71	0.30
C	其他项目费	24 554.63	37.85	0.01
D	规费	129 342.28	199.40	0.07
E	税金	102 323.18	157.75	0.05
2.1.4	其他（降水、变电所、站前广场、视频监控）	3 713 059.00	1 564.53	1.93
A	分部分项工程费	2 696 101.90	1 136.02	1.40
B	措施项目费	704 281.58	296.75	0.37
C	其他项目费	29 964.99	12.63	0.02
D	规费	157 841.51	66.51	0.08
E	税金	124 869.03	52.61	0.06

表3　工程造价指标表

序号	名称	金额（元）	单位指标（元/m²）	占比指标（%）
2.1	车站	192 337 565.54	12 273.00	100.00
2.1.1	土建	168 612 108.00	10 759.09	87.66
2.1.1.1	主体	98 600 000.00	6 291.64	51.26

序号	名称	金额（元）	单位指标（元/m²）	占比指标（%）
2.1.1.2	附属	68 822 194.00	4 391.52	35.78
2.1.1.3	出入口、风亭地上部分	1 189 914.00	75.93	0.62
2.1.2	装修	16 969 754.54	1 082.83	8.82
2.1.2.1	公共区装修	9 667 593.00	616.89	5.03
2.1.2.2	非公共区装修	7 302 161.54	465.95	3.80
2.1.2.3	出入口、风亭地上部分装修	1 540 882.00	98.32	0.80
2.1.2.4	车站外立面装修（玻璃幕墙、百叶窗）	564 827.00	36.04	0.29
2.1.3	车站附属设施	3 042 644.00	194.15	1.58
2.1.3.1	站前广场	1 050 566.00	67.04	0.55
2.1.4	其他	3 713 059.00	236.93	1.93
	合计	192 337 565.54	12 273.00	100.00

表4　工程量指标表

序号	工程量名称	单位	工程量	工程量指标（工程量/车站面积）
2.1.1	土建			
2.1.1.1	土方体积	m³	159 955.01	10.21
2.1.1.2	回填土体积	m³	38 911.06	2.48
2.1.1.3	地下连续墙体积	m³	9 886.00	0.63
2.1.1.4	临时钢支撑重量	t	3 077.00	0.20
2.1.1.5	现浇混凝土钢筋重量	t	7 631.95	0.49
2.1.1.6	现浇混凝土体积	m³	25 942.60	1.66
2.1.1.7	防水面积	m²	23 115.40	1.47
2.1.2	装修（含公共区装修、非公共区装修、出入口及风亭地上部分装修、车站外立面装修）			

序号	工程量名称	单位	工程量	工程量指标 （工程量/ 车站面积）
2.1.2.1	楼地面面积	m²	4 968.38	0.32
2.1.2.2	墙、柱面面积	m²	5 313.95	0.34
2.1.2.3	天棚面积	m²	2 491.29	0.16
2.1.2.4	门窗面积	m²	23.28	0.00
2.1.2.5	屋面面积	m²	648.66	0.04
2.1.2.6	油漆、涂料面积	m²	2 802.06	0.18
2.1.3	车站附属设施			
2.1.3.1	站前广场面积	m²	2 373.00	0.15
2.1.4	其他	—	—	—

表5　消耗量指标表

序号	人材机名称	单位	消耗量	单价（元）	单方指标 （消耗量/ 车站面积）
1	人工				
1.1	地下结构（含盾构）	工日	274 911.05	92.00	17.54
1.2	地上结构（含地面）	工日	—	—	—
1.3	装饰工程（普通）	工日	27 668.08	92.00	1.77
2	土建（明挖、盖挖）				
2.1	现浇混凝土	m³	40 456.00	455.00	2.58
2.2	钢筋	t	16 826.38	3 790.00	1.07
2.3	防水卷材	m²	33 586.00	161.45	2.14
2.4	钢管	m	969.00	44.22	0.06
2.5	预应力锚索	m	39 692.50	392.24	2.53
2.6	型钢	kg	46 642.26	7.82	2.98
2.7	模板	m²	50 789.00	—	3.24
2.8	水电费	元	2 525 081.00	—	

序号	人材机名称	单位	消耗量	单价（元）	单方指标（消耗量/车站面积）
3	装修				
3.1	石材楼地面砖	m²	4 968.38	—	0.32
3.2	天棚铝板装饰板	m²	2 491.29	—	0.16
3.3	墙面装饰板	m²	5 313.95	—	0.34
3.4	不锈钢栏杆	m	903.74	—	0.06
3.5	玻璃幕墙	m²	380.66	—	0.02

表6 主要材料、设备明细表

序号	名称	单位	数量	单价（元）
一	人工类别			
1	综合工日	工日	41 084.92	92.00
2	综合工日	工日	134.00	92.00
3	综合工日	工日	2 920.34	75.00
4	综合工日	工日	1 264.53	89.00
5	综合工日	工日	494.40	92.00
6	综合工日	工日	10 527.40	92.00
7	综合工日	工日	24 437.63	92.00
8	综合工日	工日	1 698.27	89.00
9	综合工日	工日	577.22	75.00
10	综合工日	工日	115 076.77	92.00
11	综合工日	工日	1 673.15	87.00
12	综合工日	工日	8 161.88	92.00
13	综合工日	工日	22 190.29	92.00
14	综合工日	工日	1 543.54	89.00
15	综合工日	工日	14 119.75	92.00
16	综合工日	工日	38 185.82	92.00
17	综合人工	工日	25.00	92.00
18	综合工日	工日	5 098.28	92.00

序号	名称	单位	数量	单价（元）
19	综合人工	工日	6 907.82	92.00
二	配合比类别			
1	防水砂浆	m³	275.85	374.34
2	水泥砂浆 1：2	m³	9.74	319.65
3	水泥砂浆 1：2.5	m³	356.74	289.42
4	水泥砂浆 1：3	m³	21.14	271.14
5	灰土 3：7	m³	16.52	63.28
6	混合砂浆 M7.5	m³	56.16	232.13
7	水泥砂浆 M5	m³	88.10	194.97
8	勾缝水泥砂浆 1：1	m³	0.88	411.69
9	普通混凝土 C15	m³	16.98	223.41
10	普通混凝土 C20	m³	11.06	240.16
11	豆石混凝土 C20	m³	630.63	252.09
三	材料类别			
1	钢筋 Φ10 以内	kg	4 925 265.21	3.79
2	钢筋 Φ10 以外	kg	3 227 331.95	3.79
3	钢绞线	kg	15 523.49	5.80
4	型钢	kg	335 012.38	3.92
5	角钢 63 以外	kg	7 780.95	3.87
6	镀锌角钢	kg	50 870.59	4.00
7	普通钢板厚 8.0～15.0 mm	kg	7 167.03	3.64
8	普通钢板厚 16.0～20.0 mm	kg	16 625.98	3.60
9	镀锌钢管 32	kg	6 711.39	5.13
10	卷焊钢管	m	2 560.20	45.00
11	焊接钢管 125 mm	m	1 095.00	62.27
12	焊接钢管 150 mm	m	115.00	73.73
13	焊接钢管 200 mm	m	100.00	104.62
14	无缝钢管 273×6	m	53.00	191.62
15	无缝钢管 325×8	m	53.00	311.45
16	无缝钢管 377×8	m	53.00	362.54

续表

序号	名称	单位	数量	单价（元）
17	防水套管配件	个	970.00	10.00
18	钢板 4.5~20	kg	7 917.14	3.77
19	钢管综合	kg	42 337.85	4.16
20	钢板 中厚	kg	9 033.11	3.89
21	镀锌铁丝 22#	kg	4 787.89	7.80
22	钢模板	kg	27 218.91	4.30
23	钢模支撑	kg	39 144.47	4.25
24	钢支撑	kg	48 211.01	6.14
25	水泥 综合	kg	1 423 021.38	0.41
26	水泥 52.5	kg	847 887.75	0.46
27	加气混凝土块	m³	126.78	350.00
28	透水砖 200 mm×100 mm×60 mm	m²	634.44	47.20
29	透水砖 400 mm×200 mm×60 mm	m²	634.44	52.20
30	透水砖 500 mm×250 mm×60 mm	m²	634.44	57.20
31	混凝土砖 200 mm×100 mm×60 mm	m²	634.44	53.20
32	石灰	kg	1 467 866.57	0.28
33	砂子	kg	1 837 359.85	0.07
34	铁件	kg	28 174.71	4.65
35	电焊条 综合	kg	60 965.31	6.20
36	脚手架租赁费	元	90 468.40	1.00
37	模板租赁费	元	16 292.41	1.00
38	机械费	元	74 341.00	1.00
39	消纳费	m³	203 709.88	4.10

案例 4　××省地铁地下车站

表 1　工程概况及项目特征表

序号	名称	内容	说明
1	项目名称	××省地铁地下车站	含甲供装修材料
2	项目分类	地铁	
3	价格类型	控制价	
4	计价依据	《建设工程工程量清单计价规范》（GB 50500—2013）； 《××省建设工程工程量清单计价指引》； 《××省建设工程计价规则》； 《××省建设工程计价依据》； 《××市地铁工程预算定额》； 《××省市政工程预算定额》； 《××省建筑工程预算定额》； 《××省安装工程预算定额》	
5	车站名称	某地下车站	
6	土建工法	明挖	
7	车站建筑面积（主体+附属）（m²）	10 776.00	
8	车站主体建筑面积（m²）	7 422.00	
9	车站附属建筑面积（m²）	3 354.00	
10	公共区装修面积（m²）	4 365.00	
11	非公共区装修面积（m²）	6 411.00	
12	车站长度（双延米）	184.00	
13	车站层数（层）	2	
14	车站主体围护结构方式	地下连续墙+钢支撑	
15	站前广场占地面积（m²）	—	
16	编制时间	2015-11	
17	开工日期	2016-05-18	
18	竣工日期	2020-12	

表 2　项目总指标表

序号	项目名称	金额（元）	单位指标（元/m²）	占比指标（%）
2.1	车站	169 402 321.59	15 720.33	100.00
2.1.1	土建	151 768 207.01	14 083.91	89.59
A	分部分项工程费	128 887 501.79	11 960.61	76.08
B	措施项目费	13 673 051.24	1 268.84	8.07
C	其他项目费	634 149.05	58.85	0.37
D	规费	3 354 136.49	311.26	1.98
E	税金	5 219 368.44	484.35	3.08
2.1.2	装修	16 409 082.91	1 522.74	9.69
A	分部分项工程费	14 987 460.85	1 390.82	8.85
B	措施项目费	349 742.52	32.46	0.21
C	其他项目费	36 210.13	3.36	0.02
D	规费	196 746.21	18.26	0.12
E	税金	838 923.19	77.85	0.50
2.1.3	车站附属设施	1 225 031.67	113.68	0.72
A	分部分项工程费	1 123 540.54	104.26	0.66
B	措施项目费	10 087.11	0.94	0.01
C	其他项目费	1 717.06	0.16	0.00
D	规费	13 996.27	1.30	0.01
E	税金	75 690.69	7.02	0.04

表 3　工程造价指标表

序号	名称	金额（元）	单位指标 （元/m²）	占比指标 （%）
2.1	车站	169 402 321.59	15 720.33	100.00
2.1.1	土建	151 768 207.01	14 083.91	89.59
2.1.1.1	主体	102 407 857.56	9 503.33	60.45
2.1.1.2	附属	48 984 908.78	4 545.74	28.92
2.1.1.3	其他	375 440.67	34.84	0.22
2.1.2	装修	16 409 082.91	1 522.74	9.69
2.1.2.1	公共区装修	7 561 588.56	701.71	4.46
2.1.2.2	非公共区装修	6 125 368.88	568.43	3.62
2.1.2.3	出入口、风亭地上部分装修	2 191 088.79	203.33	1.29
2.1.2.4	其他	531 036.67	49.28	0.31
2.1.3	车站附属设施	1 225 031.67	113.68	0.72
2.1.3.1	标识导向	344 369.91	31.96	0.20
2.1.3.2	环保绿化	880 661.76	81.72	0.52
	合计	169 402 321.59	15 720.33	100.00

表 4　工程量指标表

序号	工程量名称	单位	工程量	工程量指标 （工程量/ 车站面积）
2.1.1	土建			
2.1.1.1	土方体积	m³	94 375.00	8.76
2.1.1.2	石方体积	m³	—	—
2.1.1.3	回填土体积	m³	22 467.80	2.08

续表

序号	工程量名称	单位	工程量	工程量指标 （工程量/ 车站面积）
2.1.1.4	深层搅拌桩长度	m	66 444.34	6.17
2.1.1.5	高压喷射注浆桩长度	m	4 648.63	0.43
2.1.1.6	地下连续墙体积	m³	15 046.98	1.40
2.1.1.7	水泥劲性搅拌围护桩（深层搅拌桩成墙）桩体积	m³	5 588.42	0.52
2.1.1.8	临时混凝土支撑体积	m³	700.84	0.07
2.1.1.9	临时钢支撑重量	t	3 120.97	0.29
2.1.1.10	灌注钢筋混凝土桩长度、根数、体积	m/根/m³	3 400.10	0.32
2.1.1.11	砌体体积	m³	1 076.61	0.10
2.1.1.12	现浇混凝土钢筋重量	t	8 241.61	0.76
2.1.1.13	钢结构重量	t	61.62	0.01
2.1.1.14	现浇混凝土体积	m³	44 859.63	4.16
2.1.1.15	防水面积	m²	24 383.53	2.26
2.1.1.16	混凝土抗渗项体积	m³	18 807.56	1.75
2.1.2	装修（含公共区装修、非公共区装修、出入口及风亭地上部分装修、车站外立面装修）			
2.1.2.1	楼地面面积	m²	8 553.11	0.79
2.1.2.2	墙、柱面面积	m²	19 687.18	1.83
2.1.2.3	天棚面积	m²	4 584.81	0.43
2.1.2.4	门窗面积	m²	527.68	0.05
2.1.2.5	屋面面积	m²	340.67	0.03
2.1.2.6	油漆、涂料面积	m²	28 505.16	2.65
2.1.3	车站附属设施	—	—	—
2.1.4	其他	—	—	—

表5 消耗量指标表

序号	人材机名称	单位	消耗量	单价（元）	单方指标（消耗量/车站面积）
1	人工				
1.1	地下结构（含盾构）	工日	244 792.43	84.48	22.72
1.2	地上结构（含地面）	工日	—	—	—
1.3	装饰工程（普通）	工日	13 254.36	150.67	1.23
1.4	绿化	工日	617.79	125.00	0.06
1.5	庭院	工日	225.65	136.80	0.02
2	土建（明挖、盖挖）				
2.1	现浇混凝土	m³	53 582.92	406.05	4.97
2.2	预制混凝土	—	—	—	—
2.3	钢筋	kg	8 810 209.00	2.25	817.58
2.4	防水卷材	m²	22 448.71	35.81	2.08
2.5	防水涂料	m²	9 712.55	46.64	0.90
2.6	钢管	kg	54 005.51	2.43	5.01
2.7	型钢	kg	106 908.99	2.31	9.92
2.8	模板	m²	49 337.77	10.25	4.58
2.9	水电费	元	6 783 992.90	1.00	629.55
3	土建（矿山）	—	—	—	—
4	土建（高架）	—	—	—	—
5	装修				
5.1	石材楼地面砖	m²	3 480.67	262.00	0.32
5.2	天棚铝板装饰板	m²	2 115.64	237.00	0.20
5.3	墙面装饰板	m²	2 031.13	485.00	0.19
5.4	不锈钢栏杆	m	1 272.31	892.56	0.12
5.5	玻璃幕墙	m²	546.74	333.77	0.05
5.6	外墙铝板	—	—	—	—
5.7	外墙石材	m²	544.88	265.00	0.05
6	站前广场	—	—	—	—

续表

序号	人材机名称	单位	消耗量	单价（元）	单方指标（消耗量/车站面积）
7	标识导向				
7.1	标识牌	m²	91.77	2 197.23	0.01
7.2	导向牌	m²	162.21	805.32	0.02
8	自行车停车场	—	—	—	—
9	环保绿化				
9.1	各类绿植	m²	2 122.00	304.45	0.20
10	人行天桥	—	—	—	—
11	其他	—	—	—	—

表6　主要材料、设备明细表

序号	名称	单位	数量	单价（元）
1	螺纹钢 HRB400 综合	t	2 908.01	2 217.00
2	螺纹钢 HRB400E 综合	t	4 081.94	2 267.00
3	圆钢 HPB300 综合	t	215.93	2 311.00
4	型钢	t	96.58	2 306.00
5	中厚钢板	t	800.17	2 245.00
6	镀锌钢板止水带 300 mm×4 mm	m	3 144.47	40.00
7	电焊条 E43 系列	kg	25 128.05	8.20
8	镀锌铁丝 8#~12#	kg	61 760.08	3.86
9	铁件	kg	108 491.22	5.35
10	黄砂（机制砂）综合	t	6 138.23	60.90
11	塘渣	t	42 263.44	27.61
12	非泵送商品混凝土（非甲控）C25	m³	1 676.88	365.00
13	泵送商品混凝土（非甲控）C30	m³	1 818.02	405.00
14	单组份聚氨酯防水涂料	kg	27 860.36	15.00
15	预铺防水卷材 PY 类厚度≥4.0 mm	m²	21 245.83	35.12
16	干混抹灰砂浆 DP15.0	kg	432 800.79	0.40

案例 5 ××省高架车站

表 1 工程概况及项目特征表

序号	名称	内容	说明
1	项目名称	××省高架车站	含甲供装修材料
2	项目分类	地铁	
3	价格类型	控制价	
4	计价依据	《建设工程工程量清单计价规范》（GB 50500—2013）；《××省建设工程工程量清单计价指引》；《××省建设工程计价规则》；《××省建设工程计价依据》；《××市地铁工程预算定额》；《××省市政工程预算定额》；《××省建筑工程预算定额》；《××省安装工程预算定额》	
5	车站名称	某高架车站	
6	土建工法	明挖、高架	
7	车站建筑面积（主体+附属）（m²）	6 814.15	
8	车站主体建筑面积（m²）	2 440.79	
9	车站附属建筑面积（m²）	4 373.36	
10	公共区装修面积（m²）	2 981.10	
11	非公共区装修面积（m²）	3 833.05	
12	车站长度（双延米）	120.00	
13	车站层数（层）	2	
14	车站主体围护结构方式	灌注桩+钢支撑	
15	站前广场占地面积（m²）	—	
16	编制时间	2015-11	
17	开工日期	2016-01	
18	竣工日期	2020-12	

表2　项目总指标表

序号	项目名称	金额（元）	单位指标（元/m²）	占比指标（%）
2.1	车站	73 278 988.38	10 753.94	100.00
2.1.1	土建	43 444 710.32	6 375.66	59.29
A	分部分项工程费	36 141 632.71	5 303.91	49.32
B	措施项目费	4 930 244.98	723.53	6.73
C	其他项目费	13 835.66	2.03	0.02
D	规费	554 594.00	81.39	0.76
E	税金	1 804 402.97	264.80	2.46
2.1.2	装修	22 198 576.94	3 257.72	30.29
A	分部分项工程费	18 012 663.32	2 643.42	24.58
B	措施项目费	2 313 654.90	339.54	3.16
C	其他项目费	28 494.71	4.18	0.04
D	规费	275 218.82	40.39	0.38
E	税金	1 568 545.18	230.19	2.14
2.1.3	车站附属设施	7 635 701.11	1 120.57	10.42
A	分部分项工程费	6 671 575.06	979.08	9.10
B	措施项目费	313 519.79	46.01	0.43
C	其他项目费	7 947.25	1.17	0.01
D	规费	85 079.12	12.49	0.12
E	税金	557 579.90	81.83	0.76

表3 工程造价指标表

序号	名称	金额（元）	单位指标（元/m²）	占比指标（%）
2.1	车站	73 277 813.26	10 753.77	100.00
2.1.1	土建	43 443 535.21	6 375.49	59.29
2.1.1.1	主体	31 475 678.33	4 619.16	42.95
2.1.1.2	附属	7 909 827.74	1 160.79	10.79
2.1.1.3	出入口、风亭地上部分	3 648 742.32	535.47	4.98
2.1.1.4	其他	409 286.82	60.06	0.56
2.1.2	装修	22 198 576.94	3 257.72	30.29
2.1.2.1	公共区装修	5 178 373.38	759.94	7.07
2.1.2.2	非公共区装修	2 109 977.54	309.65	2.88
2.1.2.3	出入口、风亭地上部分装修	187 187.11	27.47	0.26
2.1.2.4	车站外立面装修	8 939 351.22	1 311.88	12.20
2.1.2.5	其他	5 783 687.69	848.78	7.89
2.1.3	车站附属设施	7 635 701.11	1 120.57	10.42
2.1.3.1	标识导向	503 890.56	73.95	0.69
2.1.3.2	环保绿化	272 699.30	40.02	0.37
2.1.3.3	人行天桥	3 049 045.43	447.46	4.16
2.1.3.4	其他附属设施	3 810 065.81	559.14	5.20
2.1.4	其他	—	—	—
	合计	73 277 813.26	10 753.77	100.00

表4 工程量指标表

序号	工程量名称	单位	工程量	工程量指标（工程量/车站面积）
2.1.1	土建			
2.1.1.1	土方体积	m³	9 901.24	1.45
2.1.1.2	回填土体积	m³	4 468.91	0.66
2.1.1.3	灌注钢筋混凝土桩长度、根数、体积	m/根/m³	9 963.50	1.46

续表

序号	工程量名称	单位	工程量	工程量指标（工程量/车站面积）
2.1.1.4	高架现浇混凝土体积	m³	15 966.34	2.34
2.1.1.5	砌体体积	m³	1 022.30	0.15
2.1.1.6	现浇混凝土钢筋重量	t	2 838.66	0.42
2.1.1.7	钢结构重量	t	488.00	0.07
2.1.1.8	桥梁支座个数	个	18	0.00
2.1.1.9	现浇混凝土体积	m³	15 966.34	2.34
2.1.1.10	防水面积	m²	3 814.95	0.56
2.1.1.11	屋面保温面积	m²	1 118.65	0.16
2.1.1.12	混凝土抗渗项体积	m³	543.45	0.08
2.1.2	装修（含公共区装修、非公共区装修、出入口及风亭地上部分装修、车站外立面装修）			
2.1.2.1	楼地面面积	m²	6 612.02	0.97
2.1.2.2	墙、柱面面积	m²	10 460.27	1.54
2.1.2.3	大棚面积	m²	2 869.89	0.42
2.1.2.4	门窗面积	m²	858.25	0.13
2.1.2.5	屋面面积	m²	3 218.82	0.47
2.1.2.6	油漆、涂料面积	m²	15 156.93	2.22
2.1.3	车站附属设施	—	—	—
2.1.4	其他	—	—	—

表5　消耗量指标表

序号	人材机名称	单位	消耗量	单价（元）	单方指标（消耗量/车站面积）
1	人工				
1.1	地下结构（含盾构）	工日	24 778.02	80.00	3.64
1.2	地上结构（含地面）	工日	52 270.73	80.48	7.67

序号	人材机名称	单位	消耗量	单价（元）	单方指标（消耗量/车站面积）
1.3	装饰工程（普通）	工日	12 644.16	100.59	1.86
1.4	桥梁	工日	5 805.13	93.11	0.85
1.5	绿化	工日	440.58	83.98	0.06
1.6	庭院	工日	1 962.67	90.90	0.29
2	土建（明挖、盖挖）	—	—	—	—
3	土建（矿山）				
4	土建（高架）				
4.1	现浇混凝土	m³	17 975.99	407.50	2.64
4.2	预制混凝土	—	—	—	—
4.3	钢筋	kg	29 912 060.00	0.24	4 389.70
4.4	防水卷材	m²	6 503.55	25.18	0.95
4.5	防水涂料	m²	3 009.38	12.12	0.44
4.6	钢管	kg	18 386.22	2.90	2.70
4.7	型钢	kg	55 701.45	2.45	8.17
4.8	模板	m²	9 004.09	43.24	1.32
4.9	水电费	元	1 016 096.17	1.00	149.12
5	装修				
5.1	石材楼地面砖	m²	4 817.81	249.00	0.71
5.2	天棚铝板装饰板	m²	732.10	216.65	0.11
5.3	墙面装饰板	m²	914.40	547.07	0.13
5.4	不锈钢栏杆	m	564.47	914.57	0.08
5.5	玻璃幕墙	m²	2 912.54	382.48	0.43
5.6	外墙铝板	m²	6 249.59	202.00	0.92
6	站前广场	—	—	—	—
7	标识导向				
7.1	标识牌	m²	242.81	851.16	0.04
7.2	导向牌	m²	46.75	3 581.62	0.01
8	自行车停车场	—	—	—	—

序号	人材机名称	单位	消耗量	单价（元）	单方指标（消耗量/车站面积）
9	环保绿化				
9.1	各类绿植	m²	631.00	276.94	0.09
10	人行天桥				
10.1	混凝土	m³	57.55	388.70	0.01
10.2	钢筋	kg	15 504.00	2.09	2.28
10.3	型钢	kg	8 425.00	4.03	1.24

表6　主要材料、设备明细表

序号	名称	单位	数量	单价（元）
1	螺纹钢 HRB400 综合	t	1 440.79	2 360.00
2	螺纹钢 HRB400E 综合	t	1 275.40	2 410.00
3	圆钢 HPB300 综合	t	189.44	2 454.00
4	螺纹钢 HRB400 综合	t	85.57	2 360.00
5	冷拔钢丝	t	3.60	2 589.00
6	圆钢 Φ5.5~Φ9	kg	6.72	2.45
7	镀锌扁钢 60×6	kg	58.75	3.56
8	六角空心钢	kg	16.41	2.45
9	型钢	t	4.86	2 449.00
10	型钢 Q235 钢板	kg	50 840.45	2.45
11	中厚钢板	t	13.76	2 093.00
12	中厚钢板 Q345C	t	250.65	3 093.00
13	中厚钢板	kg	55.30	2.09
14	薄钢板 厚 3.0 mm	t	1.98	2 134.00
15	电焊条	kg	39 337.64	8.20
16	电焊条 E43 系列	kg	4 436.55	8.20

序号	名称	单位	数量	单价（元）
17	镀锌铁丝	kg	58.00	4.80
18	镀锌铁丝 8#	kg	1.63	3.86
19	镀锌铁丝 12#	kg	18.09	4.06
20	镀锌铁丝 14#	kg	40.63	4.06
21	镀锌铁丝 18#	kg	7.19	4.67
22	镀锌铁丝 22#	kg	1 334.26	5.08
23	镀锌铁丝 8#~12#	kg	71.89	3.93
24	镀锌铁丝 18#~22#	kg	6 327.48	4.81
25	预埋铁件	kg	35.30	5.21
26	直螺纹连接套筒	只	21 965.48	7.00
27	钢护筒	t	0.92	2 449.00
28	水泥 32.5	t	876.79	302.00
29	水泥 32.5	kg	899.18	0.30
30	水泥 42.5	t	23.87	390.00
31	水泥 42.5	kg	43 992.52	0.39
32	黄砂（净砂）综合	t	59.31	89.80
33	混凝土实心砖 240×115×53	千块	54.77	400.00
34	干混砌筑砂浆 DM10.0	kg	54 113.80	0.29
35	干混地面砂浆 DS15.0	kg	39 544.28	0.29
36	干混抹灰砂浆 DP15.0	kg	11 278.63	0.30
37	干混抹灰砂浆 DP20.0	kg	32 037.42	0.30
38	非泵送商品混凝土（非甲控）C10	m^3	60.90	310.00
39	非泵送商品混凝土（非甲控）C10	m^3	97.44	310.00
40	非泵送商品混凝土（非甲控）C10	m^3	42.63	310.00
41	非泵送商品混凝土（非甲控）C20	m^3	807.99	340.00
42	非泵送商品混凝土（非甲控）C20	m^3	119.30	340.00
43	非泵送商品混凝土（非甲控）C20	m^3	4.35	340.00

续表

序号	名称	单位	数量	单价（元）
44	非泵送商品混凝土（非甲控）C20	m³	144.07	340.00
45	非泵送商品混凝土（非甲控）C30	m³	417.07	385.00
46	非泵送商品混凝土（非甲控）C30	m³	280.14	385.00
47	松板枋材	m³	0.01	2 000.00
48	石油沥青	t	0.51	4 263.00
49	钢支撑	kg	18 317.50	2.45
50	水	m³	29 536.47	5.95

续表

案例6 ××市轨道车站工程

表1 工程概况及项目特征表

序号	名称	内容	说明
1	项目名称	××市轨道车站工程	
2	项目分类	地铁	
3	价格类型	概算价	
4	计价依据	《××市市政工程预算定额及配套取费》	
5	车站名称	××站	
6	土建工法	高架	
7	车站建筑面积（主体+附属）（m²）	12 418.10	
8	车站主体建筑面积（m²）	2 879.68	
9	车站附属建筑面积（m²）	9 538.40	
10	公共区装修面积（m²）	—	
11	非公共区装修面积（m²）	—	
12	车站长度（双延米）	140.00	
13	车站层数（层）	高架2层，路中地上单柱单跨侧式车站	
14	车站主体围护结构方式	桩基础	土类型为软弱、中软场地土，黏土、粉质黏土、淤泥质黏性土、粉土为Ⅱ级
15	站前广场占地面积（m²）	6 027.00	
16	编制时间	2016-03（信息价2015-09）	
17	开工日期	2016-04	
18	竣工日期	在建	

表 2　项目总指标表

序号	项目名称	金额（元）	单位指标 （元/m²）	占比指标（%）
2.1	车站	103 549 000.00	8 338.55	100.00
2.1.1	土建	61 378 000.00	4 942.62	59.27
A	分部分项工程费	44 290 364.80	3 566.60	42.77
B	措施项目费	2 435 889.03	196.16	2.35
C	其他项目费	6 728 768.11	541.85	6.50
D	规费	5 839 508.08	470.24	5.64
E	税金	2 081 313.34	167.60	2.01
2.1.2	装修	30 246 000.00	2 435.64	29.21
A	分部分项工程费	24 190 868.71	1 948.03	23.36
B	措施项目费	1 058 018.77	85.20	1.02
C	其他项目费	1 489 071.02	119.91	1.44
D	规费	2 482 406.19	199.90	2.40
E	税金	1 025 635.31	82.59	0.99
2.1.3	车站附属设施	6 214 000.00	500.40	6.00
2.1.4	其他	5 711 000.00	459.89	5.52

表 3　工程造价指标表

序号	名称	金额（元）	单位指标 （元/m²）	占比指标（%）
2.1	车站	103 549 000.00	8 338.55	100.00
2.1.1	土建	61 378 000.00	4 942.62	59.27
2.1.1.1	主体	26 580 000.00	2 140.42	25.67
2.1.1.2	附属	34 798 000.00	2 802.20	33.61
2.1.2	装修	30 246 000.00	2 435.64	29.21
2.1.2.1	室内装饰	14 902 000.00	1 200.02	14.39
2.1.2.2	屋盖结构（含雨棚）	5 228 000.00	421.00	5.05
2.1.2.3	车站外立面装修（含屋面）	10 116 000.00	814.62	9.77

续表

序号	名称	金额（元）	单位指标（元/m²）	占比指标（%）
2.1.3	车站附属设施	6 214 000.00	500.40	6.00
2.1.3.1	站前广场	2 411 000.00	194.15	2.33
2.1.3.2	标识导向	1 000 000.00	80.53	0.97
2.1.3.3	环保绿化	500 000.00	40.26	0.48
2.1.3.4	人行天桥	2 103 000.00	169.35	2.03
2.1.3.5	其他附属设施	200 000.00	16.11	0.19
2.1.4	其他	5 711 000.00	459.89	5.52
	合计	103 549 000.00	8 338.55	100.00

表4　工程量指标表

序号	工程量名称	单位	工程量	工程量指标（工程量/车站面积）
2.1.1	土建			
2.1.1.1	土方体积	m³	28 710.00	2.31
2.1.1.2	回填土体积	m³	18 970.00	1.53
2.1.1.3	灌注钢筋混凝土桩长度、根数、体积	m/根/m³	8 540.50	0.69
2.1.1.4	高架现浇混凝土体积	m³	13 702.57	1.10
2.1.1.5	砌体体积	m³	1 231.40	0.10
2.1.1.6	现浇混凝土钢筋重量	t	2 049.92	0.17
2.1.1.7	预制构件钢筋重量	t	0.00	0.00
2.1.1.8	预应力钢筋重量	t	90.00	0.01
2.1.1.9	钢结构重量	t	521.78	0.042
2.1.2	装修（含公共区装修、非公共区装修、出入口及风亭地上部分装修、车站外立面装修）			
2.1.2.1	墙、柱面面积	m²	8 408.00	0.68
2.1.2.2	天棚面积	m²	4 100.00	0.33

续表

序号	工程量名称	单位	工程量	工程量指标（工程量/车站面积）
2.1.2.3	门窗面积	m²	368.00	0.03
2.1.2.4	屋面面积	m²	3 900.00	0.31
2.1.2.5	油漆、涂料面积	m²	9 300.00	0.75
2.1.3	车站附属设施			
2.1.3.1	站前广场面积	m²	2 293.00	0.18
2.1.4	其他	—	—	—

表5　消耗量指标表

序号	人材机名称	单位	消耗量	单价（元）	单方指标（消耗量/车站面积）
1	人工				
1.1	地下结构（含盾构）	工日	154 146.60	107.42	12.41
2	土建（高架）				
2.1	现浇混凝土	m³	29 730.20	416.10	2.39
2.2	钢筋	kg	3 253 200.00	2.68	261.97
2.3	水电费	元	308 890.71	—	24.87
2.4	钢柱（钢梁）	kg	432 904.00	4.41	34.86
3	装修				
3.1	天棚铝板装饰板	m²	4 305.00	135.00	0.35
3.2	玻璃幕墙	m²	1 242.30	295.00	0.10
3.3	外墙铝板	m²	1 817.60	560.00	0.15
3.4	外墙石材	m²	5 331.20	344.40	0.43
4	站前广场	—	—	—	—
5	标识导向	—	—	—	—
6	自行车停车场	—	—	—	—
7	环保绿化	—	—	—	—
8	人行天桥	—	—	—	—
9	其他	—	—	—	—

表6　主要材料、设备明细表

序号	名称	单位	数量	单价（元）
1	预拌混凝土 AC30	m³	29 730.20	416.10
2	钢筋	t	597.32	2 724.43
3	螺纹锰钢	t	2 655.51	2 676.00
4	水	m³	38 991.24	7.85
5	电	kW·h	3 156.71	0.89
6	硬杂木锯材	m³	0.03	4 165.00
7	电焊条	kg	45 979.87	8.58
8	镀锌铁丝	kg	23 977.45	8.66
9	方木	m³	3.18	2 806.00
10	原木	m³	0.05	1 610.23
11	氧气	m³	4 331.04	3.24
12	乙炔气	m³	1 247.30	16.85
13	干拌砌筑砂浆	t	164.88	334.49
14	钢支撑	kg	1 867.31	8.50
15	铁件含制作费	kg	78.37	8.53
16	板材	m³	0.02	2 162.95
17	阻燃防火保温草袋片	m²	2 904.98	3.79
18	隔离剂	kg	261.99	5.74
19	加气混凝土砌块	m³	1 258.49	380.33
20	卡具	kg	562.14	3.55
21	扣件	kg	88.05	12.30
22	模板嵌缝料	kg	120.38	1.55
23	木模板	m³	29.87	1 710.00
24	模板铁件	kg	41.55	7.57
25	阻燃防火保温草袋片	m²	14 926.17	3.79
26	导管	kg	1 551.16	2.30
27	钢护筒	t	1.66	4 966.35
28	普通钻头	kg	1 187.45	6.43
29	焊剂	kg	1 890.94	9.00

续表

序号	名称	单位	数量	单价（元）
30	钢丝绳	kg	10.60	7.76
31	稀料	kg	144.38	11.06
32	防锈漆	kg	1 432.83	17.26
33	钢材钢柱	t	107.33	4 406.93
34	钢材吊车梁、钢梁	t	196.42	4 453.16
35	钢材檩条（组合式）	t	129.16	4 410.78
36	带帽螺栓	kg	379.49	9.10
37	焦炭	kg	1 391.50	1.67
38	木柴	kg	8 449.10	1.20
39	焊丝	kg	2 170.52	8.60
40	普通螺栓	套	84.00	4.80
41	混合气	m³	147.37	9.60
42	丙烷气	kg	402.13	25.00
43	煤	kg	85 965.00	0.70
44	石英砂	kg	1 139 036.25	0.31
45	防火涂料薄型	kg	34 618.03	6.80
46	铁钉	kg	3 572.81	8.32
47	组合钢模板	kg	1 079.95	5.34
48	柴油	kg	574.60	7.24
49	镀膜玻璃	m²	1 242.30	295.00
50	铝板	m²	1 817.60	560.00
51	大理石板	m²	5 331.20	344.40
52	彩色压型钢板	m²	4 056.00	210.00
53	电焊机	台班	30.79	99.61
54	对焊机	台班	250.79	134.10
55	钢筋切断机	台班	307.28	45.84
56	钢筋弯曲机	台班	538.13	24.85
57	灰浆搅拌机	台班	77.58	163.23
58	混凝土输送泵车	台班	5.38	1 221.80
59	木工圆锯机	台班	106.53	28.37

序号	名称	单位	数量	单价（元）
60	汽车式起重机	台班	252.48	728.70
61	载货汽车	台班	688.99	439.58
62	拖式铲运机	台班	120.12	1 052.60
63	轮胎式装载机	台班	198.30	800.51
64	电动夯实机	台班	195.58	26.02
65	潜水钻孔机	台班	512.73	514.32
66	钢筋调直机	台班	404.01	36.48
67	单级离心泵	台班	512.73	68.47
68	泥浆泵	台班	512.73	243.95
69	交流弧焊机	台班	636.14	99.61
70	平整机械	台班	1.85	938.30
71	压路机	台班	118.98	424.96
72	挖掘机	台班	57.97	1 088.06

案例 7　××市地铁车站

表 1　工程概况及项目特征表

序号	名称	内容	说明
1	项目名称	××市地铁车站	
2	项目分类	地铁	单选
3	价格类型	中标价	单选
4	计价依据	土建：《建设工程工程量清单计价规范》（GB 50500—2008）装饰装修：《建设工程工程量清单计价规范》（2013 版）及各专业工程量计量规范执行	
5	车站名称	××站	
6	土建工法	明挖	多选
7	车站建筑面积（主体+附属）（m²）	13 689.00	
8	车站主体建筑面积（m²）	9 873.00	
9	车站附属建筑面积（m²）	3 816.00	
10	公共区装修面积（m²）	5 551.00	
11	非公共区装修面积（m²）	8 138.00	
12	车站长度（双延米）	230.00	
13	车站层数（层）	地下 2 层	
14	车站主体围护结构方式	地下连续墙+钢支撑	
15	站前广场占地面积（m²）	1 470.00	
16	编制时间	土建：2015-08 装饰装修：2020-01	
17	开工日期	土建：2015-11-01 装饰装修：2020-03-01	
18	竣工日期	土建：2018-12-21 装饰装修：2021-06-30	

序号	名称	内容	说明
备注	车站结构形式	××站为地下二层岛式车站，设计起点里程 K37.00+055.61，终点里程 K37.00+285.61。结构采用 800.00 mm 地下连续墙围护，明挖顺作法施工。附属结构基坑深度约 9.89 m，结构采用 Φ850S MW 工法围护，明挖顺作法施工	
	车站埋深	地板埋深约 18.19 m，顶板覆土 3.28 m	
	车站规模	车站总面积 13 626.00 m²，(其中风道及出入口附属地下建筑面积为 3 816.00 m²)。车站主体结构长 230.00 m（内净），标准段宽 20.45 m（内净）	

表 2　项目总指标表

序号	项目名称	金额（元）	单位指标（元/m²）	占比指标（%）
2.1	车站	170 510 513.37	12 456.02	100.00
2.1.1	土建	145 714 933.20	10 644.67	85.46
A	分部分项工程费	133 365 574.08	9 742.54	78.22
B	措施项目费	11 421 134.62	834.33	6.70
C	规费	513 049.45	37.48	0.30
D	税金	415 175.05	30.33	0.24
2.1.2	装修	24 267 586.61	1 772.78	14.23
A	分部分项工程费	15 308 028.34	1 118.27	8.98
B	措施项目费	674 621.89	49.28	0.40
C	其他项目费	5 600 000.00	409.09	3.28

续表

序号	项目名称	金额（元）	单位指标（元/m²）	占比指标（%）
D	规费	942 977.29	68.89	0.55
E	税金	1 741 959.09	127.25	1.02
2.1.3	车站附属设施	527 993.56	38.57	0.31
A	分部分项工程费	432 971.90	31.63	0.25
B	措施项目费	19 080.99	1.39	0.01
C	规费	26 671.15	1.95	0.02
D	税金	49 269.52	3.60	0.03
2.1.4	其他	—	—	—

表 3   工程造价指标表

序号	名称	金额（元）	单位指标（元/m²）	占比指标（%）
2.1	车站	170 510 523.37	12 456.02	100.00
2.1.1	土建	145 714 943.20	10 644.67	85.46
2.1.1.1	主体	87 681 545.53	6 405.26	51.42
2.1.1.2	出入口、风亭地上部分	58 033 397.67	4 239.42	34.04
2.1.2	装修	24 267 586.61	1 772.78	14.23
2.1.2.1	公共区装修	9 335 227.16	681.95	5.47
2.1.2.2	非公共区装修	6 816 941.17	497.99	4.00
2.1.2.3	出入口、风亭地上部分装修	6 502 558.83	475.02	3.81
2.1.2.4	车站外立面装修	1 612 859.45	117.82	0.95
2.1.3	车站附属设施	527 993.56	38.57	0.31
2.1.3.1	站前广场	527 993.56	38.57	0.31
2.1.4	其他	—	—	—
	合计	170 510 523.37	12 456.02	100.00

表4　工程量指标表

序号	工程量名称	单位	工程量	工程量指标（工程量/车站面积）
2.1.1	土建			
2.1.1.1	土方体积	m^3	125 239.30	9.15
2.1.1.2	回填土体积	m^3	29 711.87	2.17
2.1.1.3	注浆地基钻孔长度/加固体积	m/m^3	26 753.03	1.95
2.1.1.4	地下连续墙体积	m^3	14 674.71	1.07
2.1.1.5	临时混凝土支撑体积	m^3	1 766.36	0.13
2.1.1.6	临时钢支撑重量	t	3 312.10	0.24
2.1.1.7	灌注钢筋混凝土桩长度、根数、体积	$m/根/m^3$	11 562.50	0.84
2.1.1.8	砌体体积	m^3	1 249.56	0.09
2.1.1.9	现浇混凝土钢筋重量	t	8 440.39	0.62
2.1.1.10	现浇混凝土体积	m^3	26 612.91	1.94
2.1.1.11	防水面积	m^2	8 127.06	0.59
2.1.2	装修（含公共区装修、非公共区装修、出入口及风亭地上部分装修、车站外立面装修）			
2.1.2.1	楼地面面积	m^2	9 649.23	0.70
2.1.2.2	墙、柱面面积	m^2	19 381.33	1.42
2.1.2.3	天棚面积	m^2	14 479.19	1.06
2.1.2.4	门窗面积	m^2	416.21	0.03
2.1.2.5	油漆、涂料面积	m^2	25 435.46	1.86
2.1.3	车站附属设施			
2.1.3.1	站前广场面积	m^2	1 470.00	0.11
2.1.4	其他	—	—	—

表 5　消耗量指标表

序号	人材机名称	单位	消耗量	单价（元）	单方指标（消耗量/车站面积）
1	人工				
1.1	地下结构（含盾构）	工日	209 550.34	120.00	15.31
1.2	装饰工程（普通）	工日	14 900.82	179.00	1.09
2	土建（明挖、盖挖）	—	—	—	—
2.1	现浇混凝土	m³	57 596.01	385.00	4.21
2.2	钢筋	kg	8 475 643.10	2.75	619.16
2.3	防水卷材	m²	8 127.06	7.95	0.59
2.4	钢管	kg	9 790.00	3.22	0.72
2.5	型钢	kg	340 549.00	2.81	24.88
2.6	模板	m²	70 085.80	2.74	5.12
2.7	水电费	元	1 170 647.65	2.81	85.52
3	土建（矿山）	—	—	—	—
4	土建（高架）	—	—	—	—
5	装修				
5.1	石材楼地面砖				
5.1.1	石材地面	m²	6 147.28	272.95	0.45
5.1.2	地砖地面	m²	6 987.22	112.59	0.51
5.2	天棚铝板装饰板	m²	3 741.49	320.00	0.27
5.3	墙面装饰板	m²	3 225.99	685.00	0.24
5.4	不锈钢栏杆	m	698.88	1 628.01	0.05
5.5	外墙石材	m²	1 677.87	358.24	0.12

案例 8   ××市地铁车站

表 1   工程概况及项目特征表

序号	名称	内容	说明
1	项目名称	××市地铁车站	
2	项目分类	地铁	
3	价格类型	概算价	
4	计价依据	《住建部城轨预算定额及地方配套取费标准》	
5	车站名称	××站	
6	土建工法	盖挖	
7	车站建筑面积（主体+附属）（m²）	13 466.80	
8	车站主体建筑面积（m²）	8 978.11	
9	车站附属建筑面积（m²）	4 488.69	
10	公共区装修面积（m²）	4 512.77	
11	非公共区装修面积（m²）	8 954.03	
12	车站长度（双延米）	205.00	
13	车站层数（层）	地下 2 层岛式	
14	车站主体围护结构方式	地下连续墙+钢支撑	残积土、风化岩，覆土 2.72~4.72 m，埋深 17.3~21.5 m
15	站前广场占地面积（m²）	830.00	
16	编制时间	2016-01（概算信息价采用 2015-04）	
17	开工日期	2016-12	
18	竣工日期	在建	

表 2　项目总指标表

序号	项目名称	金额（元）	单位指标（元/m²）	占比指标（%）
2.1	车站	180 097 000.00	13 373.41	100.00
2.1.1	土建	157 354 100.00	11 684.59	87.37
A	分部分项工程费	126 160 900.34	9 368.29	70.05
B	措施项目费	4 225 509.27	313.77	2.35
C	其他项目费	18 292 323.82	1 358.33	10.16
D	规费	3 459 524.12	256.89	1.92
E	税金	5 215 842.45	387.31	2.90
2.1.2	装修	17 023 700.00	1 264.12	9.45
2.1.3	车站附属设施	1 848 000.00	137.23	1.03
2.1.4	其他	3 871 200.00	287.46	2.15
A	分部分项工程费	2 999 617.85	222.74	1.67
B	措施项目费	104 955.30	7.79	0.06
C	其他项目费	551 025.30	40.92	0.31
D	规费	85 929.42	6.38	0.05
E	税金	129 672.13	9.63	0.07

表 3　工程造价指标表

序号	名称	金额（元）	单位指标（元/m²）	占比指标（%）
2.1	车站	180 097 000.00	13 373.41	100.00
2.1.1	土建	157 354 100.00	11 684.59	87.37
2.1.1.1	主体	106 733 700.00	7 925.69	59.26
2.1.1.2	附属	45 920 400.00	3 409.90	25.50
2.1.1.3	出入口、风亭地上部分	2 700 000.00	200.49	1.50
2.1.1.4	其他	2 000 000.00	148.51	1.11
2.1.2	装修	17 023 700.00	1 264.12	9.45

序号	名称	金额（元）	单位指标（元/m²）	占比指标（%）
2.1.2.1	公共区装修	10 830 648.00	804.25	6.01
2.1.2.2	非公共区装修	6 193 052.00	459.88	3.44
2.1.3	车站附属设施	1 848 000.00	137.23	1.03
2.1.3.1	站前广场	498 000.00	36.98	0.28
2.1.3.2	标识导向	1 200 000.00	89.11	0.67
2.1.3.3	其他附属设施	150 000.00	11.14	0.08
2.1.4	其他	3 871 200.00	287.46	2.15
	合计	180 097 000.00	13 373.41	100.00

表4 工程量指标表

序号	工程量名称	单位	工程量	工程量指标（工程量/车站面积）
2.1.1	土建			
2.1.1.1	土方体积	m³	91 495.90	6.79
2.1.1.2	石方体积	m³	23 572.97	1.75
2.1.1.3	回填土体积	m³	36 458.16	2.71
2.1.1.4	深层搅拌桩长度	m	313.44	0.02
2.1.1.5	高压喷射注浆桩长度	m	12 077.78	0.90
2.1.1.6	地下连续墙体积	m³	8 386.60	0.62
2.1.1.7	临时混凝土支撑体积	m³	1 261.62	0.09
2.1.1.8	临时钢支撑重量	t	2 015.21	0.15
2.1.1.9	灌注钢筋混凝土桩长度、根数、体积	m/根/m³	4 271.80	0.32
2.1.1.10	砌体体积	m³	453.29	0.03
2.1.1.11	现浇混凝土钢筋重量	t	4 756.94	0.35
2.1.1.12	现浇混凝土体积	m³	25 582.97	1.90

序号	工程量名称	单位	工程量	工程量指标（工程量/车站面积）
2.1.1.13	防水面积	m²	24 210.74	1.80
2.1.2	装修（含公共区装修、非公共区装修、出入口及风亭地上部分装修、车站外立面装修）	—	—	—
2.1.3	车站附属设施			
2.1.3.1	站前广场面积	m²	830.00	0.06
2.1.4	其他	—	—	—

表5 消耗量指标表

序号	人材机名称	单位	消耗量	单价（元）	单方指标（消耗量/车站面积）
1	人工				
1.1	地下结构（含盾构）	工日	284 696.02	86.00	21.14
2	土建（明挖、盖挖）				
2.1	现浇混凝土	m³	47 984.19	488.33	3.56
2.2	钢筋	kg	8 297 268.80	2.89	616.13
2.3	防水卷材	m²	26 988.17	66.00	2.00
2.4	钢管	kg	121 811.40	4.20	9.05
2.5	型钢	kg	572 688.38	3.09	42.53
2.6	水电费	元	305 671.96	—	22.70
3	环保绿化				
3.1	各类绿植	m²	12 036.00	100.00	0.89
4	人行天桥	—	—	—	—
5	其他				

表6　主要材料设备明细表

序号	名称	单位	数量	单价（元）
1	泵送商品（水泥42.5）碎石混凝土 Φ20C40（>160 mm）（P8）	m³	18 325.22	488.33
2	非泵送商品（水泥42.5）碎石混凝土 Φ20C35	m³	10 383.18	415.19
3	钢筋	kg	8 297 268.80	2.89
4	电焊条	kg	93 452.58	5.14
5	泵管 Φ150	kg	14 943.80	5.50
6	高分子（HDPE）预铺反粘防水卷材	m²	26 988.17	66.00
7	水	m³	122 410.85	2.30

案例 9　××市地铁明挖车站

表 1　工程概况及项目特征表

序号	名称	内容	说明
1	项目名称	××市地铁明挖车站	
2	项目分类	地铁	
3	价格类型	概算价	
4	计价依据	住建部城轨预算定额及 地方配套取费标准	
5	车站名称	××站	
6	土建工法	明挖	
7	车站建筑面积（主体+附属）（m²）	13 083.20	
8	车站主体建筑面积（m²）	11 517.60	
9	车站附属建筑面积（m²）	1 565.60	
10	公共区装修面积（m²）	5 114.70	
11	非公共区装修面积（m²）	7 968.50	
12	车站长度（双延米）	293.40	
13	车站层数（层）	地下 2 层岛式	
14	车站主体围护结构方式	灌注桩+钢支撑+止水帷幕	以中硬土为主， 覆土 2.20~4.70 m， 埋深 16.50~21.0 m
15	站前广场占地面积（m²）	—	
16	编制时间	2016-01 （概算信息价采用 2015-04）	
17	开工日期	2016-12	
18	竣工日期	在建	

表2　项目总指标表

序号	项目名称	金额（元）	单位指标（元/m²）	占比指标（%）
2.1	车站	151 149 000.00	11 552.91	100.00
2.1.1	土建	132 892 700.00	10 157.51	87.92
A	分部分项工程费	105 684 801.81	8 077.90	69.92
B	措施项目费	3 607 295.73	275.72	2.39
C	其他项目费	16 195 947.88	1 237.92	10.72
D	规费	2 953 193.63	225.72	1.95
E	税金	4 451 460.96	340.24	2.95
2.1.2	装修	16 906 300.00	1 292.21	11.19
2.1.3	车站附属设施	1 350 000.00	103.19	0.89
2.1.4	其他	—	—	—

表3　工程造价指标表

序号	名称	金额（元）	单位指标（元/m²）	占比指标（%）
2.1	车站	151 149 000.00	11 552.91	100.00
2.1.1	土建	132 892 700.00	10 157.51	87.92
2.1.1.1	主体	106 768 900.00	8 160.76	70.64
2.1.1.2	附属	21 223 800.00	1 622.22	14.04
2.1.1.3	出入口、风亭地上部分	2 900 000.00	221.66	1.92
2.1.1.4	其他	2 000 000.00	152.87	1.32
2.1.2	装修	16 906 300.00	1 292.21	11.19
2.1.2.1	公共区装修	12 275 300.00	938.25	8.12
2.1.2.2	非公共区装修	4 631 000.00	353.97	3.06
2.1.3	车站附属设施	1 350 000.00	103.19	0.89
2.1.3.1	标识导向	1 200 000.00	91.72	0.79
2.1.3.2	其他附属设施	150 000.00	11.47	0.10
2.1.4	其他	—	—	—
	合计	151 149 000.00	11 552.91	100.00

表 4　工程量指标表

序号	工程量名称	单位	工程量	工程量指标（工程量/车站面积）
2.1.1	土建			
2.1.1.1	土方体积	m³	68 535.90	5.24
2.1.1.2	石方体积	m³	68 006.60	5.20
2.1.1.3	回填土体积	m³	28 724.20	2.20
2.1.1.4	高压喷射注浆桩长度	m	14 317.63	1.09
2.1.1.5	注浆地基钻孔长度/加固体积	m/m³	114.00	0.01
2.1.1.6	锚杆（锚索）、土钉长度	m	3 972.00	0.30
2.1.1.7	喷射混凝土支护支护面积	m²	4 684.00	0.36
2.1.1.8	临时混凝土支撑体积	m³	560.60	0.04
2.1.1.9	临时钢支撑重量	t	858.60	0.07
2.1.1.10	灌注钢筋混凝土桩长度、根数、体积	m/根/m³	5 939.52	0.45
2.1.1.11	砌体体积	m³	1 141.00	0.09
2.1.1.12	现浇混凝土钢筋重量	t	4 828.27	0.37
2.1.1.13	现浇混凝土体积	m³	25 915.70	1.98
2.1.1.14	防水面积	m²	25 036.30	1.91
2.1.2	装修（含公共区装修、非公共区装修、出入口及风亭地上部分装修、车站外立面装修）	m²	13 083.20	1.00
2.1.3	车站附属设施	—	—	—
2.1.4	其他	—	—	—

表 5　消耗量指标表

序号	名称	单位	消耗量	单价（元）	单方指标（消耗量/车站面积）
1	人工				
1.1	地下结构（含盾构）	工日	234 647.88	86.00	17.94

序号	名称	单位	消耗量	单价（元）	单方指标 （消耗量/ 车站面积）
2	土建（明挖、盖挖）				
2.1	现浇混凝土	m³	39 560.04	415.19	3.02
2.2	钢筋	kg	6 628 115.83	2.89	506.61
2.3	防水卷材	m²	24 498.76	15.00	1.87
2.4	钢管	kg	65 352.31	4.20	5.00
2.5	型钢	kg	47 040.00	2.85	3.60
2.6	水电费	元	330 759.91	—	25.28
3	各类绿植	m²	12 036.00	100.00	0.92
4	人行天桥	—	—	—	—
5	其他	—	—	—	—

表6 主要材料、设备明细表

序号	名称	单位	数量	单价（元）
1	泵送商品（水泥42.5）碎石混凝土 Φ20C20（>160 mm）	m³	2 886.47	370.96
2	泵送商品（水泥42.5）碎石混凝土 Φ20C30（>160 mm）	m³	1 592.58	415.15
3	泵送商品（水泥42.5）碎石混凝土 Φ20C35（>160 mm）	m³	5 094.06	426.44
4	泵送商品（水泥42.5）碎石混凝土 Φ20C35（>160 mm）P8	m³	21 191.83	456.44
5	非泵送水下桩商品混凝土 C35 碎石 Φ40 水泥42.5	m³	8 401.48	415.19
6	泵送商品（水泥42.5）碎石混凝土 Φ20C50（>160 mm）	m³	393.62	524.19
7	喷射混凝土	m³	4 099.07	370.96
8	水泥 32.5	t	3 358.15	436.00

续表

序号	名称	单位	数量	单价（元）
9	水泥 42.5	t	344.72	464.00
10	型钢 综合	kg	47 040.00	2.85
11	钢筋 Φ10 以内	kg	782 072.96	2.89
12	钢筋 Φ10 以外	t	11.56	2 771.00
13	热轧薄钢板 3.5~4 厚	kg	24 937.20	6.00
14	锥螺纹套筒 Φ32 以内	个	107 285	14.00
15	钢板 4.5~20	kg	68 900.00	3.10
16	镀锌铁丝	kg	37 996.41	5.48

案例 10　××市地铁明挖车站

表1　工程概况及项目特征表

序号	名称	内容	说明
1	项目名称	××市地铁明挖车站	
2	项目分类	地铁	
3	价格类型	概算价	单选
4	计价依据	《××市市政工程预算定额及配套取费》	
5	车站名称	××站	
6	土建工法	明挖	多选
7	车站建筑面积（主体+附属）（m²）	16 075.10	
8	车站主体建筑面积（m²）	10 493.60	
9	车站附属建筑面积（m²）	5 581.50	
10	公共区装修面积（m²）	—	
11	非公共区装修面积（m²）	—	
12	车站长度（双延米）	232.00	
13	车站层数（层）	地下2层双柱三跨	
14	车站主体围护结构方式	地下连续墙+钢支撑	土类型为软弱、中软场地土，黏土、粉质黏土、淤泥质黏性土、粉土为Ⅱ级
15	站前广场占地面积（m²）	2 293.00	
16	编制时间	2016-03（信息价2015-09）	
17	开工日期	2016-04	
18	竣工日期	在建	

表2　项目总指标表

序号	项目名称	金额（元）	单位指标（元/m²）	占比指标（%）
2.1	车站	257 060 200.00	15 991.20	100.00
2.1.1	土建	227 748 000.00	14 167.75	88.60
A	分部分项工程费	169 457 733.43	10 541.63	65.92
B	措施项目费	8 683 372.04	540.18	3.38
C	其他项目费	25 228 352.39	1 569.41	9.81
D	规费	16 655 659.53	1 036.12	6.48
E	税金	7 722 882.61	480.43	3.00
2.1.2	装修	19 290 000.00	1 199.99	7.50
2.1.3	车站附属设施	3 320 800.00	206.58	1.29
2.1.4	其他	6 701 400.00	416.88	2.61

表3　工程造价指标表

序号	名称	金额（元）	单位指标（元/m²）	占比指标（%）
2.1	车站	257 060 200.00	15 991.20	100
2.1.1	土建	227 748 000.00	14 167.75	88.60
2.1.1.1	主体	158 693 000.00	9 871.98	61.73
2.1.1.2	附属	62 155 000.00	3 866.54	24.18
2.1.1.3	出入口、风亭地上部分	4 600 000.00	286.16	1.79
2.1.1.4	其他	2 300 000.00	143.08	0.89
2.1.2	装修	19 290 000.00	1 199.99	7.50
2.1.3	车站附属设施	3 320 800.00	206.58	1.29
2.1.3.1	站前广场	917 200.00	57.06	0.36
2.1.3.2	标识导向	1 000 000.00	62.21	0.39
2.1.3.3	环保绿化	1 203 600.00	74.87	0.47
2.1.3.4	其他附属设施	200 000.00	12.44	0.08
2.1.4	其他	6 701 400.00	416.88	2.61
	合计	257 060 200.00	15 991.20	100.00

表4　工程量指标表

序号	工程量名称	单位	工程量	工程量指标 （工程量/ 车站面积）
2.1.1	土建			
2.1.1.1	土方体积	m^3	141 127.00	8.78
2.1.1.2	回填土体积	m^3	39 289.00	2.44
2.1.1.3	高压喷射注浆桩长度	m	26 125.30	1.63
2.1.1.4	注浆地基钻孔长度/加固体积	m/m^3	216.60	0.01
2.1.1.5	地下连续墙体积	m^3	16 893.40	1.05
2.1.1.6	水泥劲性搅拌围护桩（深层搅拌桩成墙）桩体积	m^3	22 011.70	1.37
2.1.1.7	喷射混凝土支护支护面积	m^2	8 537.90	0.53
2.1.1.8	临时混凝土支撑体积	m^3	1 225.70	0.08
2.1.1.9	临时钢支撑重量	t	4 815.01	0.30
2.1.1.10	砌体体积	m^3	1 337.10	0.08
2.1.1.11	现浇混凝土钢筋重量	t	6 041.18	0.38
2.1.1.12	现浇混凝土体积	m^3	31 640.89	1.97
2.1.1.13	防水面积	m^2	29 109.62	1.81
2.1.1.14	混凝土抗渗项体积	m^3	27 524.09	1.71
2.1.2	装修（含公共区装修、非公共区装修、出入口及风亭地上部分装修、车站外立面装修）	—	—	—
2.1.3	车站附属设施			
2.1.3.1	站前广场面积	m^2	2 293.00	0.14
2.1.4	其他	—	—	—

表5　消耗量指标表

序号	人材机名称	单位	消耗量	单价（元）	单方指标（消耗量/车站面积）
1	人工				
1.1	地下结构（含盾构）	工日	339 007.20	107.42	21.09
2	土建（明挖、盖挖）				
2.1	现浇混凝土	m³	63 396.41	490.98	3.94
2.2	钢筋	kg	9 736 332.91	2.68	605.68
2.3	防水卷材	m²	36 969.21	50.00	2.30
2.4	钢管	kg	135 016.55	4.40	8.40
2.5	型钢	kg	127 738.44	2.75	7.95
2.6	水电费	元	379 774.13	—	23.62
3	环保绿化				
3.1	各类绿植	m²	12 036.00	100.00	0.75
4	人行天桥	—	—	—	—
5	其他	—	—	—	—

表6　主要材料、设备明细表

序号	名称	单位	数量	单价（元）
1	预拌混凝土 C45P8	m³	63 396.41	490.98
2	钢筋	kg	9 736 332.91	2.68
3	型钢	t	127.74	2 744.91
4	热轧薄钢板	kg	2 406.60	2.75
5	热轧工字钢	t	121.66	2 683.25
6	钢板（中厚）	kg	19 981.99	2.90
7	钢板（中厚）	t	20.10	2 872.00
8	焊接钢管	t	113.85	4 300.00
9	脚手钢管	kg	21 170.53	4.40
10	板材	m³	1 116.26	2 162.95
11	泵管	kg	1 749.78	4.61

续表

序号	名称	单位	数量	单价（元）
12	材料采管费	元	1 895 351.81	1.00
13	草袋	条	605.00	1.99
14	粗砂	t	422.58	84.00
15	带帽螺栓	kg	14.37	8.91
16	导管	kg	133.15	2.30
17	底座	个	431.00	7.50
18	电	kW·h	55 780.06	0.89
19	水	m³	42 054.76	7.85
20	电焊条	kg	137 124.60	8.58
21	垫木	m³	7.30	923.98
22	镀锌铁丝	kg	2 975.66	8.66
23	镀锌铁丝	kg	22 499.20	8.61
24	镀锌铁丝	kg	679.87	8.49
25	对接扣件	个	874.00	7.30
26	方木	m³	84.14	2 806.00
27	风镐尖	个	1 858.00	27.99
28	改性乳化沥青	kg	8 732.88	5.47
29	干拌砌筑砂浆	t	179.04	334.49
30	钢护筒	t	0.48	4 966.35
31	钢模板	kg	1 200.71	5.71
32	钢支撑	kg	159 166.98	8.50
33	高压胶管	m	213.45	79.40
34	隔离剂	kg	41 886.52	5.74
35	合金钻头	个	11.00	225.00
36	红丹防锈漆	kg	1 916.97	23.01
37	护壁泥浆	m³	20 499.63	61.00
38	回转扣件	个	2 140.00	7.00
39	加气混凝土砌块	m³	1 366.55	418.97
40	胶合板	m²	354.83	33.81
41	聚氨酯胶粘剂	kg	4 075.35	23.21

续表

序号	名称	单位	数量	单价（元）
42	聚苯乙烯硬泡沫塑料	m³	408.69	480.00
43	卡具	kg	17 296.87	3.55
44	扣件	kg	1 822.09	12.30
45	零星卡具	kg	271.37	8.50
46	螺纹钢	t	9 538.28	2 676.00
47	模板嵌缝料	kg	73.65	1.55
48	木模板	m³	90.40	1 710.00
49	黏土	m³	538.69	65.46
50	普通钻头	kg	128.14	6.43
51	气焊条	kg	22 259.74	8.67
52	石膏	kg	44 769.46	1.63
53	石油沥青	kg	2 017.71	4.66
54	石油液化气	kg	6 404.12	7.00
55	水泥	t	12 888.36	355.26
56	水泥	t	165.73	399.76
57	水泥砂浆	m³	466.35	326.48
58	塑护套	个	13 627.00	45.00
59	锁口管	kg	14 324.40	6.65
60	铁钉	kg	16.05	8.32
61	铁件含制作费	kg	66 738.46	3.95
62	混凝土泵送费	m³	782.27	24.00
63	无砂管	m	1 998.68	90.00
64	氧气	m³	14 718.23	3.23
65	乙炔气	m³	7 589.55	18.74
66	油毡	m²	2 760.08	4.42
67	预埋件	kg	127 782.33	3.95
68	原木	m³	0.87	1 610.23
69	圆钉	kg	12 420.03	8.68
70	枕木	m³	4.87	2 550.09
71	直角扣件	个	3 292.00	7.10

序号	名称	单位	数量	单价（元）
72	组合钢模板	kg	36 967.63	5.34
73	SBS 改性沥青防水卷材	m²	36 969.21	50.00
74	改性沥青胶粘剂	kg	14 845.90	20.00
75	钢板腻子止水带	m	4 345.77	100.00
76	黏土	m³	15.50	28.25
77	超声波测壁机	台班	202.72	236.89
78	电动单级离心清水泵	台班	44 426.89	68.47
79	电动多级离心清水泵	台班	627.01	191.22
80	电动灌浆机	台班	30.33	30.46
81	电动夯实机	台班	3 144.23	26.02
82	电动卷扬机	台班	53.40	244.08
83	电动空气压缩机	台班	1 133.92	433.81
84	电焊机	台班	17 631.09	99.61
85	对焊机	台班	6.26	337.38
86	对焊机	台班	1 940.04	134.10
87	风动凿岩机	台班	20.08	11.83
88	钢筋冷拉机	台班	5.69	66.91
89	钢筋切断机	台班	1 389.40	45.84
90	钢筋调直机	台班	8.28	36.48
91	钢筋弯曲机	台班	1 351.64	24.85
92	工程钻机	台班	2 927.59	425.78
93	灰浆搅拌机	台班	2 363.49	128.00
94	混凝土喷射机	台班	179.30	266.18
95	混凝土输送泵	台班	475.59	756.22
96	混凝土输送泵车	台班	807.65	1 226.19
97	挤压式灰浆输送泵	台班	999.54	150.16
98	剪板机	台班	0.27	296.92
99	立式油压千斤顶	台班	900.25	8.46
100	轮胎式装载机	台班	607.47	1 258.02
101	履带式单斗挖掘机	台班	2 646.59	1 246.72

序号	名称	单位	数量	单价（元）
102	履带式起重机	台班	1 496.33	814.16
103	履带式起重机	台班	2 693.25	925.82
104	履带式起重机	台班	510.95	1 148.41
105	履带式起重机	台班	1 893.03	1 859.78
106	履带式推土机	台班	557.09	891.14
107	履带式液压抓斗成槽机	台班	1 233.22	3 441.97
108	木工圆锯机	台班	112.61	28.37
109	内燃空气压缩机	台班	2 216.82	585.66
110	泥浆泵	台班	2 815.90	243.95
111	平板拖车组	台班	463.18	1 071.98
112	气焊设备	台班	1 406.82	17.09
113	汽车式起重机	台班	954.14	860.73
114	潜水泵	台班	73.56	30.16
115	锁口管顶升机	台班	161.92	413.80
116	套丝机	台班	391.83	20.89
117	摇臂钻床	台班	13.38	179.23
118	液压泵车	台班	4 476.93	229.15
119	载货汽车	台班	1 549.54	457.12
120	载货汽车	台班	291.97	543.50
121	转盘钻孔机	台班	93.48	600.18
122	自卸汽车	台班	2 834.84	997.08

案例 11 ××市地铁明挖车站

表 1 工程概况及项目特征表

序号	名称	内容	说明
1	项目名称	××市地铁明挖车站	
2	项目分类	地铁	
3	价格类型	控制价	
4	计价依据	清单计价	
5	车站名称	××站	
6	土建工法	明挖	
7	车站建筑面积（主体+附属）（m²）	13 327.20	
8	车站主体建筑面积（m²）	8 560.70	
9	车站附属建筑面积（m²）	4 766.50	
10	公共区装修面积（m²）	—	
11	非公共区装修面积（m²）	—	
12	车站长度（双延米）	210.00	
13	车站层数（层）	2	
14	车站主体围护结构方式	灌注桩+钢支撑	
15	地质	素填土、杂填土、黄土状粉质黏土、黄土状粉土、细砂、卵石、泥岩	
16	站前广场占地面积（m²）	—	
17	编制时间	2017-05	
18	开工日期	—	
19	竣工日期	—	

表 2　项目总指标表

序号	项目名称	金额（元）	单位指标（元/m²）	占比指标（%）
2.1	车站	113 227 966.21	8 496.01	100.00
2.1.1	土建	113 227 966.21	8 496.01	100.00
A	分部分项工程费	76 976 533.00	5 775.90	67.98
B	措施项目费	15 612 477.52	1 171.47	13.79
C	其他项目费	7 265 011.55	545.13	6.42
D	规费	2 153 155.88	161.56	1.90
E	税金	11 220 788.26	841.95	9.91
2.1.2	装修	—	—	—
2.1.3	车站附属设施	—	—	—
2.1.4	其他	—	—	—

表 3　工程造价指标表

序号	名称	金额（元）	单位指标（元/m²）	占比指标（%）
2.1	车站	113 227 966.21	8 496.01	100.00
2.1.1	土建	113 227 966.21	8 496.01	100.00
2.1.1.1	主体	69 994 097.45	5 251.97	61.82
2.1.1.2	附属	43 219 159.35	3 242.93	38.17
2.1.1.3	其他	14 709.41	1.10	0.01
2.1.2	装修	—	—	—
2.1.3	车站附属设施	—	—	—
2.1.4	其他	—	—	—
	合计	113 227 966.21	8 496.01	100

表4 工程量指标表

序号	工程量名称	单位	工程量	工程量指标（工程量/车站面积）
2.1.1	土建			
2.1.1.1	土方体积	m^3	120 115.30	9.01
2.1.1.2	回填土体积	m^3	27 652.24	2.07
2.1.1.3	喷射混凝土支护面积	m^2	13 361.32	1.00
2.1.1.4	灌注钢筋混凝土桩长度、根数、体积	m/根/m^3	15 843.26	1.19
2.1.1.5	现浇混凝土钢筋重量	t	6 155.65	0.46
2.1.1.6	回填混凝土	m^3	651.57	0.05
2.1.1.7	现浇混凝土体积	m^3	27 088.76	2.03
2.1.1.8	拆除钢筋混凝土	m^3	1 455.49	0.11
2.1.1.9	防水面积	m^2	28 576.34	2.14
2.1.1.10	施工缝	m	12 210.65	0.92
2.1.1.11	变形缝、诱导缝	m	688.10	0.05
2.1.2	装修（含公共区装修、非公共区装修、出入口及风亭地上部分装修、车站外立面装修）	—	—	—
2.1.3	车站附属设施	—	—	—
2.1.4	其他	—	—	—

表5 消耗量指标表

序号	人材机名称	单位	消耗量	单价（元）	单方指标（消耗量/车站面积）
1	人工				
1.1	地下结构（含盾构）	工日	189 402.11	75.00	14.21
2	土建（明挖、盖挖）				
2.1	现浇混凝土	m^3	40 600.52	—	3.05

续表

序号	人材机名称	单位	消耗量	单价（元）	单方指标（消耗量/车站面积）
2.1.1	商品混凝土 C20	m³	2 683.90	361.00	0.20
2.1.2	商品混凝土 C25	m³	10.20	378.00	0.00
2.1.3	商品混凝土 C30	m³	11 747.25	381.00	0.88
2.1.4	抗渗混凝土 C35	m³	20 359.12	408.00	1.53
2.1.5	普通商品混凝土 C35	m³	4 414.58	393.00	0.33
2.1.6	抗渗商品混凝土 C40	m³	1 080.92	444.00	0.08
2.1.7	商品混凝土 C50	m³	304.54	464.00	0.02
2.2	预制混凝土	—	—	—	—
2.3	水泥	kg	1 072 232.48	0.40	80.15
2.4	钢筋	kg	6 473 343.06	3.66	485.72
2.5	玻璃纤维筋	kg	5 392.40	12.00	0.40
2.6	钢支撑	kg	34 666.01	3.86	2.60
2.7	防水卷材	m²	24 504.49	34.30	1.84
2.8	防水涂料	kg	35 709.49	22.50	2.68
2.9	钢管	kg	1 705.10	9.84	0.13
2.10	型钢	kg	144 938.01	3.39	10.88
2.11	钢板	kg	45 605.21	3.65	3.42
2.12	模板				
2.12.1	钢模板	kg	2 580.48	3.69	0.19
2.12.2	组合钢模板	kg	10 862.54	3.86	0.82
2.13	水电费				
2.13.1	水	m³	114 942.03	4.73	8.62
2.13.2	电	kW·h	2 496 143.55	0.71	187.30

表6 主要材料、设备明细表

序号	名称	单位	数量	单价（元）
1	商品混凝土 C20	m³	2 683.90	361.00
2	商品混凝土 C25	m³	10.20	378.00
3	商品混凝土 C30	m³	11 747.25	381.00
4	抗渗混凝土 C35	m³	20 359.12	408.00
5	普通商品混凝土 C35	m³	4 414.58	393.00
6	抗渗商品混凝土 C40	m³	1 080.92	444.00
7	商品混凝土 C50	m³	304.54	464.00
8	水泥	kg	1 072 232.48	0.40
9	钢筋	kg	6 473 343.06	3.66
10	玻璃纤维筋	kg	5 392.40	12.00
11	钢支撑	kg	34 666.01	3.86
12	防水卷材	m²	24 504.49	34.30
13	防水涂料	kg	35 709.49	22.50
14	钢管	kg	1 705.10	9.84
15	型钢	kg	144 938.01	3.39
16	钢板	kg	45 605.21	3.65
17	钢模板	kg	2 580.48	3.69
18	组合钢模板	kg	10 862.54	3.86
19	水	m³	114 942.03	4.73
20	电	kW·h	2 496 143.55	0.71

区间工程

案例 12　××市地铁盾构区间

表 1　工程概况及项目特征表

序号	名称	内容	说明
1	项目名称	××市地铁盾构区间	
2	项目分类	地铁	
3	价格类型	概算价	
4	计价依据	《城市轨道交通工程预算定额》	
5	区间名称	××区间	
6	土建工法	盾构	
7	区间长度（双延米）	583.00	
8	区间面积（m²）	隧道覆土厚度 12.00~19.00 m； 盾构外径 6.20 m，内径 5.50 m， 管片厚度 0.35 m	
9	区间平均宽度（m）	—	
10	施工竖井个数（个）	—	
11	区间主体围护结构方式	风化岩、砂质黏土及孤石	
12	编制时间	2016-01（概算信息价采用 2015-04）	
13	开工日期	2016-12	
14	竣工日期	在建	

表2 项目总指标表

序号	项目名称	金额（元）	单位指标（元/m²）	占比指标（%）
2.2	区间	82 407 400.00	141 350.60	100.00
2.2.1	土建	75 786 400.00	129 993.83	91.97
A	分部分项工程费	56 003 481.33	96 060.86	67.96
B	措施项目费	1 764 212.59	3 026.09	2.14
C	其他项目费	13 826 745.90	23 716.55	16.78
D	规费	1 666 292.79	2 858.14	2.02
E	税金	2 525 667.39	4 332.19	3.06
2.2.2	区间附属设施	5 245 200.00	8 996.91	6.36
2.2.3	其他	1 375 800.00	2 359.86	1.67
A	分部分项工程费	1 188 834.36	2 039.17	1.44
B	措施项目费	24 139.82	41.41	0.03
C	其他项目费	106 498.23	182.67	0.13
D	规费	22 544.84	38.67	0.03
E	税金	33 782.75	57.95	0.04

表3 工程造价指标表

序号	名称	金额（元）	单位指标（元/m）	占比指标（%）
2.2	区间	82 407 400.00	141 350.60	100.00
2.2.1	土建	75 786 400.00	129 993.83	91.97
2.2.1.1	主体	75 064 400.00	128 755.40	91.09
2.2.1.2	附属	—	—	—
2.2.1.3	其他	722 000.00	1 238.42	0.88
2.2.2	区间附属设施	5 245 200.00	8 996.91	6.36
2.2.2.1	其他附属设施	5 245 200.00	8 996.91	6.36
2.2.3	其他	1 375 800.00	2 359.86	1.67
	合计	82 407 400.00	141 350.60	100.00

表 4　工程量指标表

序号	工程量名称	单位	工程量	工程量指标（工程量/区间长度）
2.2.1	土建			
2.2.1.1	土方体积	m³	52 884.50	90.71
2.2.1.2	高压喷射注浆桩长度	m	36 432.00	62.49
2.2.1.3	注浆地基钻孔长度/加固体积	m/m³	5 363.60	9.20
2.2.1.4	预制构件钢筋重量	t	1 384.07	2.37
2.2.1.5	钢结构重量	t	102.00	0.17
2.2.1.6	掘进长度	m	1 186.00	2.03
2.2.1.7	预制钢筋混凝土管片体积	m³	7 689.26	13.19
2.2.1.8	管片密封环数量	环	973.00	1.67
2.2.2	区间附属设施	—	—	—
2.2.3	其他	—	—	—

表 5　消耗量指标表

序号	人材机名称	单位	消耗量	单价（元）	单方指标（消耗量/区间长度）
1	人工				
1.1	地下结构（含盾构）	工日	139 545.37	86.00	239.36
1.2	地下结构（含地面）	工日	—	—	—
2	土建（盾构）				
2.1	钢管	kg	5 473.00	4.20	9.39
2.2	型钢	kg	31 851.00	3.46	54.63
2.3	水电费	元	1 149 803.47	—	1 972.22
2.4	水泥	kg	7 380 438.10	0.44	12 659.41
2.5	混凝土管片	m³	7 874.98	564.19	13.51
2.6	钢管片	kg	102 000.00	13.83	174.96
2.7	管片钢筋	kg	1 498 201.70	2.89	2 569.81

表6 主要材料设备明细表

序号	名称	单位	数量	单价（元）
1	泵送商品（水泥 42.5）碎石混凝土 Φ20C45（>160 mm）（P10）	m³	70.38	534.57
2	泵送商品（水泥 42.5）碎石混凝土 Φ20C50（>160 mm）（P10）	m³	7 804.60	564.19
3	预拌混凝土 C20	m³	11.20	383.11
4	钢筋	t	1 498.20	2 890.00
5	环圈钢板	t	1.38	3 160.00
6	型钢 综合	t	31.85	3 461.00
7	钢板 中厚	t	109.07	4 162.00
8	乙炔气	kg	1 074.20	36.00
9	黏土	m³	728.64	36.16
10	高压橡胶管	m	863.48	42.66
11	三元乙丙	m	54 488.00	50.00
12	中砂	t	7 540.70	52.45
13	氯丁橡胶	kg	31.15	10.30
14	高压胶皮风管	m	0.23	10.35
15	乳胶水泥	kg	6 083.36	10.89
16	水泥 32.5	t	7 373.43	436.00
17	水泥 52.5	t	7.01	573.48
18	合金钢钻头	个	5.00	12.00
19	三乙醇胺	kg	1 110.27	12.20
20	聚氨酯泡沫塑料	kg	2 299.56	12.54
21	外防水氯丁酚醛胶	kg	791.18	14.06
22	聚氨酯粘合剂	kg	1 555.88	16.00
23	盖堵 Φ75	个	193.00	16.19
24	帘布橡胶条	kg	337.19	16.71
25	喷射管	m	194.04	84.18

续表

序号	名称	单位	数量	单价（元）
26	软木衬垫	m²	7 005.60	20.13
27	氧气	m³	3 223.67	28.00
28	枕木	m³	10.81	956.67
29	板枋材	m³	118.41	1 800.00
30	盾构托架	t	2.49	2 453.60
31	环氧树脂	kg	57.63	22.95
32	普通橡胶管	m	863.48	23.00
33	聚苯乙烯硬泡沫塑料	m³	4.67	155.04
34	结皮海绵胶板	kg	2 199.88	24.00
35	内防水橡胶止水带	m	81.77	81.96
36	高压皮龙管 Φ150×3 m	根	21	168.00
37	钢筋弯曲机 直径 Φ40 mm	台班	712.79	20.74
38	灰浆搅拌机 拌筒容量 400 L	台班	863.48	20.83
39	钢筋调直机 直径 Φ14 mm	台班	1 000.68	31.37
40	钢筋切断机 直径 Φ40 mm	台班	671.27	36.89
41	轴流通风机 功率 7.5 kW	台班	241.38	35.17
42	灰浆搅拌机 350 L	台班	1 126.36	56.19
43	交流电焊机 容量 30 kV·A	台班	7 596.20	70.45
44	交流弧焊机 功率 30 kV·A	台班	40.50	70.45
45	小型交流电焊机 功率 42 kV·A	台班	101.71	102.72
46	点焊机 容量 75 kV·A	台班	415.22	123.61
47	泥浆拌合机 100-150L	台班	619.34	126.45
48	组合烘箱	台班	473.85	127.82
49	牛头刨床 刨削长度 650 mm	台班	155.55	138.73
50	电动空气压缩机 排气量 1 m³/min	台班	36.75	146.07
51	电动灌浆机	台班	1 324.11	161.85
52	摇臂钻床 钻孔直径 63 mm	台班	239.19	178.03
53	液压钻机 XUL-150	台班	1 202.26	181.88

续表

序号	名称	单位	数量	单价（元）
54	电动单级离心清水泵 出口直径 Φ100	台班	217.02	189.36
55	强制式反转出料混凝土搅拌机 800 L	台班	692.03	193.19
56	硅整流充电机 90 A/190 V	台班	740.01	209.20
57	电动卷扬机 双筒慢速 牵引力 100 kN	台班	104.04	222.94
58	卷扬机 20×2 000	台班	19.89	226.18
59	电动单级离心清水泵 出口直径 Φ200	台班	1 170.14	239.29
60	泥浆排放设备	台班	863.48	242.00
61	泥浆泵 37 kW	台班	2 065.73	242.74
62	电动空气压缩机 排气量 6 m³/min	台班	863.48	302.04
63	龙门刨床 刨削宽度×长度 1 000 mm×3 000 mm	台班	489.09	304.58
64	内燃空气压缩机 排气量 3 m³/min	台班	16.64	326.18
65	旋喷车	台班	863.48	333.69
66	电瓶车 牵引质量 10 t	台班	831.53	371.83
67	轨道平车 装载质量 5 t	台班	1 620.25	15.72
68	轴流风机 功率 100 kW	台班	1 815.12	393.95
69	载重汽车 装载质量 4 t	台班	2 677.40	397.93
70	汽车式起重机 提升质量 5 t	台班	523.64	401.14
71	载重汽车 装载质量 6 t	台班	5.62	437.83
72	电动空气压缩机 排气量 10 m³/min	台班	19.94	448.24
73	履带式起重机 提升质量 10 t	台班	6.68	528.35
74	履带式推土机 功率 75 kW	台班	28.57	565.75
75	盾构压浆泵 Φ2.1×7	台班	375.45	591.62
76	履带式推土机 功率 105 kW	台班	0.05	672.73
77	履带式起重机 提升质量 25 t	台班	172.99	752.27
78	自卸汽车 装载质量 12 t	台班	2 830.48	755.16
79	载货汽车 装载质量 15 t	台班	738.17	843.09
80	工业锅炉 蒸发量 2 t/h	台班	768.93	1 003.81
81	龙门式起重机 50 t	台班	2 760.96	1 069.46

序号	名称	单位	数量	单价（元）
82	履带式单斗挖掘机 液压 斗容量 1.0 m³	台班	133.38	1 277.47
83	混凝土输送泵车 输送量 75 m³/h	台班	24.15	1 451.91
84	板料校平机 16×2 500	台班	59.67	1 545.44
85	电动多级离心清水泵 扬程 280 m 以上	台班	863.48	2 311.31
86	履带式起重机 提升质量 100 t	台班	23.64	4 311.85
87	复合式土压平衡盾构机	台班	563.60	10 508.02
88	履带式起重机 提升质量 300 t	台班	15.78	13 065.04
89	大型履带式起重机 300 t	台班	12.63	13 173.53

案例 13 ××市地铁盾构区间

表1 工程概况及项目特征表

序号	名称	内容	说明
1	项目名称	××市地铁盾构区间	
2	项目分类	地铁	
3	价格类型	概算价	
4	计价依据	《××市市政工程预算定额及配套取费》	
5	区间名称	××区间	
6	土建工法	盾构	
7	区间长度（双延米）	1 497.70	
8	区间面积（m²）	盾构外径6.60 m，内径5.90 m，钢筋混凝土管片宽度1.50 m，厚度350.00 mm	
9	区间平均宽度（m）	—	
10	施工竖井个数（个）	2个联络通道	
11	区间主体围护结构方式	土类型为软弱—中软场地土，黏土、粉质黏土、淤泥质黏性土、粉土为Ⅱ级	
12	编制时间	2016-03（信息价2015-09）	
13	开工日期	2016-04	
14	竣工日期	在建	

表2 项目总指标表

序号	项目名称	金额（元）	单位指标（元/m）	占比指标（%）
2.2	区间	203 932 000.00	136 163.45	100.00
2.2.1	土建	195 362 000.00	130 441.34	95.80
A	分部分项工程费	143 838 716.84	96 039.74	70.53

序号	项目名称	金额（元）	单位指标（元/m）	占比指标（%）
B	措施项目费	7 124 898.31	4 757.23	3.49
C	其他项目费	21 880 769.24	14 609.58	10.73
D	规费	15 892 935.71	10 611.56	7.79
E	税金	6 624 679.90	4 423.24	3.25
2.2.2	区间附属设施	3 395 000.00	2 266.81	1.66
2.2.3	其他（风险源加固）	5 175 000.00	3 455.30	2.54
A	分部分项工程费	3 879 352.39	2 590.21	1.90
B	措施项目费	186 484.13	124.51	0.09
C	其他项目费	576 476.11	384.91	0.28
D	规费	357 204.43	238.50	0.18
E	税金	175 482.94	117.17	0.09

表 3　工程造价指标表

序号	名称	金额（元）	单位指标（元/区间长度）	占比指标（%）
2.2	区间	203 932 000.00	136 163.45	100.00
2.2.1	土建	195 362 000.00	130 441.34	95.80
2.2.1.1	主体	181 987 000.00	121 510.98	89.24
2.2.1.2	附属（联络通道、泵站）	10 655 000.00	7 114.24	5.22
2.2.1.3	其他（监测）	2 720 000.00	1 816.12	1.33
2.2.2	区间附属设施	3 395 000.00	2 266.81	1.66
2.2.2.1	疏散平台	3 395 000.00	2 266.81	1.66
2.2.3	其他（风险源加固）	5 175 000.00	3 455.30	2.54
	合计	203 932 000.00	136 163.45	100.00

表 4　工程量指标表

序号	工程量名称	单位	工程量	工程量指标（工程量/区间长度）
2.2.1	土建			
2.2.1.1	土方体积	m³	113 943.00	76.08
2.2.1.2	回填土体积	m³	3 747.20	2.50
2.2.1.3	高压喷射注浆桩长度	m	8 771.00	5.86
2.2.1.4	注浆地基钻孔长度/加固体积	m/m³	15 149.50	10.12
2.2.1.5	水泥劲性搅拌围护桩（深层搅拌桩成墙）桩体积	m³	6 985.40	4.66
2.2.1.6	喷射混凝土支护支护面积	m²	1 399.00	0.93
2.2.1.7	临时混凝土支撑体积	m³	86.40	0.06
2.2.1.8	临时钢支撑重量	t	63.13	0.04
2.2.1.9	灌注钢筋混凝土桩长度、根数、体积	m/根/m³	139.00	0.09
2.2.1.10	现浇混凝土钢筋重量	t	28.12	0.02
2.2.1.11	预制构件钢筋重量	t	4 117.15	2.75
2.2.1.12	钢结构重量	t	178.77	0.12
2.2.1.13	支护工程小导管长度	m	657.91	0.44
2.2.1.14	喷射混凝土混凝土体积	m³	58.00	0.04
2.2.1.15	衬砌混凝土体积	m³	224.87	0.15
2.2.1.16	掘进长度（单延米）	m	3 025.41	2.02
2.2.1.17	预制钢筋混凝土管片体积	m³	20 585.80	13.74
2.2.1.18	管片密封环数量	环	1 997.00	1.33
2.2.1.19	冻结加固	m³	4 058.49	2.71
2.2.1.20	现浇混凝土体积	m³	370.71	0.25
2.2.1.21	防水面积	m²	792.69	0.53
2.2.2	区间附属设施	—	—	—
2.2.3	其他	—	—	—

表5　消耗量指标表

序号	人材机名称	单位	消耗量	单价（元）	单方指标（消耗量/区间长度）
1	人工				
1.1	地下结构（含盾构）	工日	309 871.60	107.40	206.90
2	土建（矿山）				
2.1	现浇混凝土	m³	878.00	490.98	0.59
2.2	钢筋	kg	151 900.00	2.68	101.42
2.3	防水卷材	m²	998.80	50.00	0.67
2.4	钢管	kg	2 749.30	3.70	1.84
2.5	型钢	kg	27 288.60	2.74	18.22
2.6	水电费	元	157 385.89	—	105.09
2.7	水泥	kg	2 200 000.00	0.40	1 468.92
3	土建（盾构）				
3.1	现浇混凝土	m³	20 940.70	543.10	13.98
3.2	钢筋	kg	4 289 227.00	2.68	2 863.88
3.3	钢管	kg	64 535.20	4.30	43.09
3.4	型钢	kg	197 126.70	2.87	131.62
3.5	水电费	元	3 394 302.91	—	2 266.34
3.6	水泥	kg	5 426 572.00	0.36	3 623.27
3.7	混凝土管片	m³	20 585.80	490.98	13.74
3.8	钢管片	kg	135 200.00	19.07	90.27
3.9	管片钢筋	kg	4 117 150.00	2.68	2 748.98

表6　主要材料、设备明细表

序号	名称	单位	数量	单价（元）
1	预拌混凝土	m³	21 865.04	490.98
2	钢筋	t	14.81	2 724.43
3	螺纹钢	t	24.91	2 676.00
4	螺纹钢锰	t	4 390.58	2 676.00

序号	名称	单位	数量	单价（元）
5	螺纹钢锰	t	10.78	2 661.00
6	PE 泡沫板	m²	832.32	10.17
7	PVC 防水板	m²	990.86	16.15
8	PVC 塑料管	m	59.33	41.86
9	扒钉	kg	18.83	9.53
10	板材	m³	9.27	2 162.95
11	泵管	kg	166.74	4.61
12	玻璃布	m²	6.78	4.93
13	草袋	条	39.00	1.99
14	醇酸防锈漆	kg	2 458.54	14.01
15	粗砂	t	17.45	84.00
16	带帽螺栓	kg	648.62	8.91
17	导管	kg	52.83	2.30
18	底座	个	2.00	7.50
19	电	kW·h	2 855 503.84	0.89
20	电焊条	kg	45 711.45	8.71
21	垫木	m³	4.85	923.98
22	丁醛自粘腻子	kg	9 745.36	12.76
23	锭子油	kg	90 551.23	7.60
24	冻结法加固地层材料费	m³	4 058.49	1 800.00
25	镀锌铁丝	kg	1 663.65	8.66
26	镀锌铁丝	kg	481.51	8.61
27	镀锌铁丝	kg	19.47	8.49
28	对接扣件	个	4.00	7.30
29	盾构托架	t	1.66	2 526.24
30	方木	m³	26.76	2 806.00
31	防水卷材	m²	998.79	50.00
32	防水橡胶	kg	51 482.66	43.20
33	粉煤灰	t	13 994.79	107.68
34	风镐尖	个	127.86	27.99

续表

序号	名称	单位	数量	单价（元）
35	风管	kg	54 487.62	0.87
36	钢板（中厚）	kg	45.74	2.87
37	钢板（中厚）	t	160.34	2 872.00
38	热轧薄钢板	kg	14.43	2.75
39	热轧工字钢	t	12.63	3 691.16
40	热轧一般无缝钢管	kg	2 230.31	3.70
41	钢材	kg	10 612.86	4.00
42	钢管	m	7.74	66.34
43	钢管	kg	16 730.51	4.30
44	型钢	kg	1 436.10	2.75
45	型钢	t	39.26	2 744.91
46	钢管栏杆	kg	46 833.33	4.40
47	钢轨枕	kg	57 634.04	5.28
48	钢护筒	t	0.13	4 966.35
49	钢丝绳	kg	380.00	8.32
50	钢支撑	kg	1 609.45	8.50
51	钢制台座	kg	10 920.00	3.78
52	高压胶管	m	112.08	79.40
53	高压皮龙管	根	60.00	1 882.32
54	隔离剂	kg	3 922.64	5.74
55	隔离油	kg	10 601.67	0.66
56	管片钢模	kg	189 388.99	14.54
57	管片连接螺栓	kg	498 734.31	8.10
58	合金钻头	个	13.00	225.00
59	红丹防锈漆	kg	433.17	23.01
60	环氧聚氨酯嵌缝膏	kg	35 446.75	1.35
61	环氧树脂	kg	61.37	32.66
62	回转扣件	个	9.00	7.00
63	胶粉油毡衬垫	kg	13 699.42	14.40
64	胶合板	m²	34.06	33.81

序号	名称	单位	数量	单价（元）
65	焦油聚氨酯涂料	kg	209.00	11.35
66	脚手钢管	kg	86.27	4.40
67	结皮海绵橡胶板	kg	2 343.00	20.87
68	金属支架	kg	44 110.46	5.60
69	聚氨酯胶粘剂	kg	1 657.10	23.21
70	聚氨酯泡沫塑料	kg	3 747.21	15.50
71	聚苯乙烯硬泡沫塑料	m³	4.98	480.00
72	卡具	kg	176.18	3.55
73	扣件	kg	241.51	12.30
74	帘布橡胶条	kg	359.12	16.71
75	零星卡具	kg	3.46	8.50
76	六角空心钢	kg	9.87	4.45
77	螺栓套管	个	1 228.00	0.87
78	氯丁胶粘剂	kg	9 745.36	20.47
79	氯丁橡胶	kg	33.18	21.00
80	木模板	m³	4.15	1 710.00

案例 14 ××市地铁明挖区间

表 1 工程概况及项目特征表

序号	名称	内容	说明
1	项目名称	××市地铁明挖区间	
2	项目分类	地铁	
3	价格类型	概算价	
4	计价依据	《××市市政工程预算定额及配套取费》	
5	区间名称	××区间	
6	土建工法	明挖	
7	区间长度（双延米）	117.00	
8	区间面积（m²）	1 825.20	
9	区间平均宽度（m）	15.60	
10	施工竖井个数（个）	—	
11	区间主体围护结构方式	灌注桩+钢支撑+止水帷幕	土类型为软弱—中软场地土，黏土、粉质黏土、淤泥质黏性土、粉土为Ⅱ级
12	编制时间	2016-03（信息价 2015-09）	
13	开工日期	2016-04	
14	竣工日期	在建	

表 2 项目总指标表

序号	项目名称	金额（元）	单位指标（元/m）	占比指标（%）
2.2	区间	35 930 000.00	307 094.02	100.00
2.2.1	土建	34 852 000.00	297 880.34	97.00
A	分部分项工程费	26 041 857.77	222 579.98	72.48
B	措施项目费	1 321 056.90	11 291.08	3.68
C	其他项目费	3 862 234.16	33 010.55	10.75

序号	项目名称	金额（元）	单位指标 （元/m）	占比指标（%）
D	规费	2 445 028.54	20 897.68	6.80
E	税金	1 181 822.62	10 101.05	3.29
2.2.2	区间附属设施	634 000.00	5 418.80	1.76
2.2.3	其他（风险源加固）	444 000.00	3 794.87	1.24
A	分部分项工程费	344 172.81	2 941.65	0.96
B	措施项目费	15 715.66	134.32	0.04
C	其他项目费	49 767.93	425.37	0.14
D	规费	19 287.68	164.85	0.05
E	税金	15 055.92	128.68	0.04

表3 工程造价指标表

序号	名称	金额（元）	单位指标 （元/m）	占比指标（%）
2.2	区间	35 930 000.00	307 094.02	100.00
2.2.1	土建	34 852 000.00	297 880.34	97.00
2.2.1.1	主体	34 838 000.00	297 760.68	96.96
2.2.1.2	其他（监测）	14 000.00	119.66	0.04
2.2.2	区间附属设施	634 000.00	5 418.80	1.76
2.2.2.1	疏散平台	634 000.00	5 418.80	1.76
2.2.3	其他（风险源加固）	444 000.00	3 794.87	1.24
	合计	35 930 000.00	307 094.02	100.00

表4 工程量指标表

序号	工程量名称	单位	工程量	工程量指标 （工程量/ 区间长度）
2.2.1	土建			
2.2.1.1	土方体积	m³	22 326.00	190.82

序号	工程量名称	单位	工程量	工程量指标（工程量/区间长度）
2.2.1.2	回填土体积	m³	7 103.80	60.72
2.2.1.3	高压喷射注浆桩长度	m	20 416.00	174.50
2.2.1.4	注浆地基钻孔长度/加固体积	m/m³	461.90	3.95
2.2.1.5	水泥劲性搅拌围护桩（深层搅拌桩成墙）桩体积	m³	190.00	1.62
2.2.1.6	喷射混凝土支护支护面积	m²	3 314.00	28.32
2.2.1.7	临时混凝土支撑体积	m³	322.60	2.76
2.2.1.8	临时钢支撑重量	t	679.93	5.81
2.2.1.9	灌注钢筋混凝土桩长度、根数、体积	m/根/m³	4 060.60	34.71
2.2.1 10	现浇混凝土钢筋重量	t	1 105.09	9.45
2.2.1.11	支护工程小导管长度	m	2 625.00	22.44
2.2.1.12	现浇混凝土体积	m³	5 868.06	50.15
2.2.1.13	防水面积	m²	4 045.55	34.58
2.2.2	区间附属设施	—	—	—
2.2.3	其他	—	—	—

表5 消耗量指标表

序号	人材机名称	单位	消耗量	单价（元）	单方指标（消耗量/区间长度）
1	人工				
1.1	地下结构（含盾构）	工日	58 162.90	107.40	497.12
2	土建（明挖、盖挖）				
2.1	现浇混凝土	m³	12 362.29	490.98	105.66
2.2	钢筋	kg	1 981 939.75	2.68	16 939.66
2.3	防水卷材	m²	5 137.85	50.00	43.91
2.4	钢管	kg	14 465.99	4.40	123.64
2.5	型钢	kg	6 170.70	2.76	52.74
2.6	水电费	元	612 568.54	—	5 235.63

表6 主要材料、设备明细表

序号	名称	单位	数量	单价（元）
1	预拌混凝土 C45	m³	12 362.29	490.98
2	钢筋	t	1 981.94	2 676.00
3	板材	m³	135.69	2 162.95
4	泵管	kg	190.79	4.61
5	草袋	条	106.00	1.99
6	粗砂	t	31.00	84.00
7	促进剂	kg	4 757.26	0.70
8	带帽螺栓	kg	166.49	8.91
9	导管	kg	1 543.03	2.30
10	底座	个	53.00	7.50
11	电	kW·h	639 834.18	0.89
12	电焊条	kg	14 200.36	8.58
13	镀锌铁丝	kg	9 202.42	8.66
14	对接扣件	个	106.00	7.30
15	方木	m³	20.49	2 806.00
16	粉煤灰	t	36.95	100.00
17	风镐尖	个	194.00	27.99
18	改性乳化沥青	kg	1 213.67	5.47
19	钢板（中厚）	kg	5 364.65	2.87
20	钢护筒	t	3.26	4 966.35
21	钢支撑	kg	21 792.58	8.50
22	高压胶管	m	199.16	79.40
23	隔离剂	kg	681.80	5.74
24	合金钻头	个	67.00	225.00
25	红丹防锈漆	kg	238.98	23.01
26	回转扣件	个	266.00	7.00
27	胶合板	m²	21.37	33.81
28	脚手钢管	kg	2 522.55	4.40
29	聚氨酯胶粘剂	kg	566.38	23.21

序号	名称	单位	数量	单价（元）
30	卡具	kg	2 047.85	3.55
31	扣件	kg	184.19	12.30
32	零星卡具	kg	12.90	8.50
33	六角空心钢	kg	66.62	4.45
34	木模板	m³	8.94	1 500.99
35	黏土	m³	39.52	65.46
36	普通钻头	kg	1 504.75	6.43
37	热轧薄钢板	kg	739.44	2.76
38	热轧一般无缝钢管	kg	11 943.43	3.70
39	石膏	kg	898.18	1.63
40	石油沥青	kg	148.03	4.66
41	石油液化气	kg	890.02	7.00
42	水	m³	5 492.50	7.85
43	水玻璃	kg	2 618.80	2.50
44	水泥	t	4 536.36	355.26
45	水泥	t	50.34	399.76
46	水泥砂浆	m³	40.32	326.48
47	铁件含制作费	kg	8 098.64	2.95
48	土工布	m²	4 441.60	7.70
49	无砂管	m	146.63	90.00
50	氧气	m³	870.91	3.23
51	乙炔气	m³	296.11	18.74
52	油毡	m²	202.49	4.42
53	原木	m³	0.13	1 610.23
54	圆钉	kg	1 712.11	8.68
55	直角扣件	个	398.00	7.10
56	组合钢模板	kg	5 004.84	5.34
57	柴油	kg	110 322.35	8.73
58	SBS 改性沥青防水卷材	m²	5 137.85	50.00
59	改性沥青胶粘剂	kg	2 063.23	20.00

续表

序号	名称	单位	数量	单价（元）
60	钢板腻子止水带	m	2 036.37	100.00
61	黏土	m³	179.68	65.46
62	电动单级离心清水泵	台班	2 532.29	68.47
63	电动多级离心清水泵	台班	489.98	191.22
64	电动夯实机	台班	173.83	26.02
65	电动卷扬机	台班	5.30	176.39
66	电动空气压缩机	台班	199.23	433.81
67	电焊机	台班	1 855.91	99.61
68	对焊机	台班	269.09	134.10
69	风动凿岩机	台班	95.17	11.83
70	钢筋冷拉机	台班	71.54	66.91
71	钢筋切断机	台班	221.19	45.84
72	钢筋调直机	台班	3.88	36.48
73	钢筋弯曲机	台班	394.58	24.85
74	工程钻机	台班	509.26	532.15
75	管子切断机	台班	9.52	17.96
76	轨道平车	台班	227.33	20.03
77	灰浆搅拌机	台班	537.55	163.23
78	混凝土喷射机	台班	86.16	327.02
79	混凝土输送泵	台班	20.09	786.64
80	混凝土输送泵车	台班	120.61	1 226.19
81	挤压式灰浆输送泵	台班	9.50	150.16
82	剪板机	台班	0.08	296.92
83	轮胎式装载机	台班	61.86	1 318.86
84	履带式单斗挖掘机	台班	156.28	1 307.56
85	履带式起重机	台班	672.12	986.66
86	履带式推土机	台班	102.50	951.98
87	木工圆锯机	台班	13.36	28.37
88	内燃空气压缩机	台班	635.14	585.66
89	泥浆泵	台班	763.05	243.95

序号	名称	单位	数量	单价（元）
90	气焊设备	台班	145.15	17.09
91	汽车式起重机	台班	325.51	1 217.90
92	汽油	kg	24.66	9.19
93	潜水泵	台班	263.29	30.16
94	液压注浆泵	台班	18.47	282.34
95	载货汽车	台班	108.95	487.54
96	轴流通风机	台班	137.85	159.40
97	转盘钻孔机	台班	476.93	635.02
98	自卸汽车	台班	288.69	1 057.92

案例 15　××市地铁高架区间

表 1　工程概况及项目特征表

序号	名称	内容	说明
1	项目名称	××市地铁高架区间	
2	项目分类	地铁	
3	价格类型	概算价	
4	计价依据	《××市市政工程预算定额及配套取费》	
5	区间名称	××区间	
6	土建工法	高架	标准梁采用支架现浇，标准跨为 30 m
7	区间长度（双延米）	271.60	
8	区间面积（m²）	2 716.00	
9	区间平均宽度（m）	10.00	
10	施工竖井个数（个）	—	
11	区间主体围护结构方式	土类型为软弱—中软场地土，黏土、粉质黏土、淤泥质黏性土、粉土为Ⅱ级	
12	编制时间	2016-03（信息价 2015-09）	
13	开工日期	2016-04	
14	竣工日期	在建	

表 2　项目总指标表

序号	项目名称	金额（元）	单位指标（元/m）	占比指标（%）
2.2	区间	17 982 700.00	66 210.24	100.00
2.2.1	土建	17 982 700.00	66 210.24	100.00
A	分部分项工程费	12 873 204.86	47 397.66	71.59

序号	项目名称	金额（元）	单位指标（元/m）	占比指标（%）
B	措施项目费	718 305.60	2 644.72	3.99
C	其他项目费	1 979 744.86	7 289.19	11.01
D	规费	1 801 656.56	6 633.49	10.02
E	税金	609 788.12	2 245.17	3.39
2.2.2	区间附属设施	—	—	—
2.2.3	其他	—	—	—

表3　工程造价指标表

序号	名称	金额（元）	单位指标（元/m）	占比指标（%）
2.2	区间	17 982 700.00	66 210.24	100.00
2.2.1	土建	17 982 700.00	66 210.24	100.00
2.2.1.1	主体	16 895 000.00	62 205.45	93.95
2.2.1.2	附属	543 200.00	2 000.00	3.02
2.2.1.3	其他	544 500.00	2 004.79	3.03
	合计	17 982 700.00	66 210.24	100.00

表4　工程量指标表

序号	工程量名称	单位	工程量	工程量指标（工程量/区间长度）
2.2.1	土建			
2.2.1.1	土方体积	m³	4 139.00	15.24
2.2.1.2	石方体积	m³	—	—
2.2.1.3	回填土体积	m³	3 188.00	11.74
2.2.1.4	钢制桩重量、根数	t/根	387.20	1.43
2.2.1.5	灌注钢筋混凝土桩长度、根数、体积	m/根/m³	2 267.10	8.35
2.2.1.6	高架现浇混凝土体积	m³	2 565.90	9.45

续表

序号	工程量名称	单位	工程量	工程量指标（工程量/区间长度）
2.2.1.7	现浇混凝土钢筋重量	t	453.31	1.67
2.2.1.8	预应力钢筋重量	t	74.30	0.27
2.2.2	区间附属设施	—	—	—
2.2.3	其他	—	—	—

表5 消耗量指标表

序号	人材机名称	单位	消耗量	单价（元）	单方指标（消耗量/区间长度）
1	人工				
1.1	桥梁	工日	31 628.50	107.40	116.45
2	土建（高架）				
2.1	现浇混凝土	m³	5 911.51	484.67	21.77
2.2	钢筋	kg	611 342.86	2.68	2 250.89
2.3	钢绞线	kg	77 200.00	6.33	284.24
2.4	钢管	kg	780.00	5.44	2.87
2.5	型钢	kg	481.20	4.38	1.77
2.6	水电费	元	299 344.16	—	1 102.15

表6 主要材料设备明细表

序号	名称	单位	数量	单价（元）
1	预拌混凝土 AC20	m³	449.11	386.10
2	预拌混凝土 AC35	m³	63.28	428.07
3	预拌混凝土 AC40	m³	198.78	455.15
4	预拌混凝土 AC45	m³	3 504.32	484.67
5	预拌混凝土 AC50	m³	1 696.02	526.81
6	钢筋 D10 以外	t	136.10	2 644.26

续表

序号	名称	单位	数量	单价（元）
7	螺纹钢 Φ14 以内	t	462.38	2 676.00
8	螺纹钢锰 D14~D32	t	12.86	2 676.00
9	预应力钢绞线	t	77.27	6 329.75
10	热轧一般无缝钢管 D83	t	0.78	5 444.60
11	钢支撑	kg	1 289.56	8.50
12	钢板（中厚）综合	kg	1 159.34	2.87
13	钢板（中厚）综合	t	55.72	2 872.00
14	热轧薄钢板 3.5~5.5	kg	42.16	4.52
15	型钢	kg	481.20	4.38
16	钢板桩	t	20.17	5 500.00
17	钢材	kg	2.72	5.22
18	钢管 DN130	m	22.61	66.34
19	钢护筒	t	0.88	5 340.00
20	PVC 塑料管 DN160	m	173.40	41.86
21	板材	m³	7.30	2 162.95
22	混凝土泵送费	m³	1 744.01	24.00
23	草袋 840 mm×760 mm	条	2 644.00	1.99
24	碴石 2~4	t	1 564.00	86.47
25	沉降预埋件	套	36.00	250.00
26	醇酸磁漆	kg	17.35	19.10
27	粗砂	kg	207.55	0.92
28	粗砂	t	103.35	92.90
29	黏土	m³	98.65	45.00
30	带帽螺栓 综合	kg	95.67	8.91
31	导电膏	kg	2.55	50.00
32	导管	kg	861.49	2.30
33	电焊条 E4303 D3.2	kg	7 563.60	8.58
34	定型钢模板	kg	1 740.90	7.80
35	镀锌铁丝 0.7~1.2	kg	3 471.31	8.66
36	镀锌铁丝 2.8~4.0	kg	29.76	8.49

序号	名称	单位	数量	单价（元）
37	方木	m³	8.33	2 806.00
38	防水涂料	kg	4 050.00	17.00
39	风镐尖	个	6.00	27.99
40	钢丝绳	kg	3.14	7.05
41	隔离剂	kg	706.44	5.74
42	脚手钢管	t	7.33	4 600.00
43	接头夹板	块	26.00	2.46
44	接头扣板 50 kg	块	53.00	2.46
45	接头螺栓带帽 50 kg	套	80.00	5.32
46	金属波纹管 Φ95	m	4 601.23	11.51
47	旧轨	t	8.45	2 000.00
48	沥青油	kg	3.92	0.71
49	硫黄	kg	117.34	2.00
50	六角螺栓带螺母、垫圈 M10×35	10 套	198.00	1.97
51	螺旋道钉带螺帽 M24×195	套	583.00	4.20
52	锚具 15~19	套	248.00	513.97
53	锚具 XM15-12	套	16.00	370.80
54	模板嵌缝料	kg	353.22	1.55
55	木模板	m³	13.51	1 710.00
56	平垫圈 25×45×4	个	589.00	0.43
57	普通钻头 Φ4~6	kg	735.51	6.43
58	球形钢支座	t	8.02	7 600.00
59	热缩管 Φ15	m	12.74	2.00
60	伸缩缝 TS-8	m	100.00	1 419.05
61	石油沥青 #30	kg	184.98	5.34
62	水	m³	1 839.97	7.85
63	电	kW·h	320 112.78	0.89
64	水泥 32.5 级	kg	58.55	355.26
65	水泥 32.5 级	t	67.70	355.26
66	水泥砂浆 M10	m³	69.56	253.03

序号	名称	单位	数量	单价（元）
67	塑料垫板护轨	块	289.00	0.85
68	塑料弯头	个	97.00	57.77
69	替打钢材	t	2.59	5 267.00
70	铁件含制作费	kg	1 064.90	8.53
71	铜接线端子 DT-95 mm^2	个	198.00	11.41
72	铜制均回流母线排	套	98.00	500.00

案例 16　××市地铁盾构区间

表 1　工程概况及项目特征表

序号	名称	内容	说明
1	项目名称	××市地铁盾构区间	
2	项目分类	地铁	
3	价格类型	控制价	
4	计价依据	清单计价	
5	区间名称	××区间	
6	土建工法	盾构	
7	区间长度（双延米）	1 629.87	
8	区间面积（m²）	—	
9	区间平均宽度（m）	—	
10	施工竖井个数（个）	—	
11	区间主体围护结构方式	—	
12	地质	杂填土、素填土、黄土状粉质黏土、黄土状粉土、粉质黏土、粉土、细砂、砾砂、卵石、泥岩、砾岩	
13	编制时间	2017-05	

表 2　项目总指标表

序号	项目名称	金额（元）	单位指标（元/m）	占比指标（%）
2.2	区间	143 262 222.00	87 898.00	100.00
2.2.1	土建	143 262 222.00	87 898.00	100.00
A	分部分项工程费	108 893 237.00	66 811.04	76.01
B	措施项目费	7 565 467.00	4 641.76	5.28
C	其他项目费	9 041 007.00	5 547.08	6.31
D	规费	3 565 354.00	2 187.51	2.49
E	税金	14 197 157.00	8 710.61	9.91
2.2.2	区间附属设施	—	—	—
2.2.3	其他	—	—	—

表 3 工程造价指标表

序号	名称	金额（元）	单位指标（元/m）	占比指标（%）
2.2	区间	143 262 222.00	87 898.00	100.00
2.2.1	土建	143 262 222.00	87 898.00	100.00
2.2.1.1	主体	138 484 728.77	84 966.78	96.67
2.2.1.2	附属	2 169 690.47	1 331.21	1.51
2.2.1.3	其他	2 607 802.76	1 600.01	1.82
2.2.2	区间附属设施	—	—	—
2.2.3	其他	—	—	—
	合计	143 262 222.00	87 898.00	100.00

表 4 工程量指标表

序号	工程量名称	单位	工程量	工程量指标（工程量/区间长度）
2.2.1	土建			
2.2.1.1	土方体积	m³	242.34	0.15
2.2.1.2	现浇混凝土钢筋重量	t	24.10	0.01
2.2.1.3	支护工程小导管长度	m	588.00	0.36
2.2.1.4	喷射混凝土混凝土体积	m³	55.16	0.03
2.2.1.5	衬砌混凝土体积	m³	48.92	0.03
2.2.1.6	掘进长度	m	3 206.78	1.97
2.2.1.7	预制钢筋混凝土管片体积	m³	20 619.60	12.65
2.2.1.8	预制混凝土管片钢筋	t	3 299.14	2.02
2.2.1.9	管片密封环数量	环	2 136.00	1.31
2.2.1.10	管片嵌缝	环	2 136.00	1.31
2.2.1.11	预制钢筋混凝土管片预埋（滑）槽道	m	34 192.00	20.98
2.2.1.12	现浇混凝土体积	m³	6.48	0.00
2.2.1.13	防水面积	m²	194.04	0.12
2.2.1.14	变形缝、诱导缝	m	138.64	0.09
2.2.1.15	施工缝	m	28.00	0.02
2.2.2	区间附属设施	—	—	—
2.2.3	其他	—	—	—

表5 消耗量指标表

序号	人材机名称	单位	消耗量	单价（元）	单方指标（消耗量/区间长度）
1	人工				
1.1	地下结构（含盾构）	工日	183 310.65	75.00	112.47
2	土建（明挖、盖挖）	—	—	—	—
3	土建（矿山）	—	—	—	—
4	土建（高架）	—	—	—	—
5	土建（盾构）				
5.1	现浇混凝土	m³	1 084.84	355.99	0.67
5.2	预制混凝土	m³	20 928.89	312.77	12.84
5.3	钢筋	kg	18 314.74	3.66	11.24
5.4	防水卷材	m²	241.58	24.50	0.15
5.5	防水涂料	—	—	—	—
5.6	钢管	kg	17 841.53	4.34	10.95
5.7	无缝钢管	kg	2 414.24	3.73	1.48
5.8	型钢	kg	71 468.11	3.39	43.85
5.9	钢板	kg	12 896.25	3.65	7.91
5.10	钢支撑	kg	4 984.42	3.86	3.06
5.11	钢模板	kg	460.67	3.69	0.28
5.12	钢平台	kg	11 456.52	3.69	7.03
5.13	水电费				
5.13.1	水	m³	156 230.82	4.73	95.85
5.13.2	电	kW·h	10 102 922.21	0.71	6 198.61
5.14	水泥	kg	16 824 239.36	0.43	10 322.45
5.15	混凝土管片	m³	20 928.89	312.77	12.84
5.16	管片钢筋	kg	3 530 075.52	3.66	2 165.86
5.17	管片密封条	m	119 616.00	12.00	73.39
5.18	复合式土压平衡盾构掘进机	台班	1 470.67	8 600.00	0.90

表6　主要材料、设备明细表

序号	名称	单位	数量	单价（元）
1	现浇混凝土	m³	1 084.84	355.99
2	预制混凝土	m³	20 928.89	312.77
3	钢筋	kg	18 314.74	3.66
4	防水卷材	m²	241.58	24.50
5	钢管	kg	17 841.53	4.34
6	无缝钢管	kg	2 414.24	3.73
7	型钢	kg	71 468.11	3.39
8	钢板	kg	12 896.25	3.65
9	钢支撑	kg	4 984.42	3.86
10	钢模板	kg	460.67	3.69
11	钢平台	kg	11 456.52	3.69
12	水	m³	156 230.82	4.73
13	电	kW·h	10 102 922.21	0.71
14	水泥	kg	16 824 239.36	0.43
15	混凝土管片	m³	20 928.89	312.77
16	管片钢筋	kg	3 530 075.52	3.66
17	管片密封条	m	119 616.00	12.00
18	复合式土压平衡盾构掘进机	台班	1 470.67	8 600.00

案例 17 ××市地铁盾构区间

表 1 工程概况及项目特征表

序号	名称	内容	说明
1	项目名称	××市地铁盾构区间	
2	项目分类	地铁	
3	价格类型	中标价	
4	计价依据	采用《××市市政工程预算定额》（2000 年）及相应取费标准编制	
5	区间名称	××站—××站盾构区间	
6	土建工法	盾构	
7	区间长度（双延米）	1 081.17	
8	区间面积（m²）	7 460.07	
9	区间平均宽度（m）	6.90	
10	施工竖井个数（个）	—	
11	区间主体围护结构方式	其他	
12	编制时间	2016-05	
13	开工日期	2016-06-15	
14	竣工日期	2018-12-30	
备注	区间结构形式	本区间采用的单圆盾构隧道衬砌管片，外径为 6 600.00 mm，壁厚 350.00 mm，环宽均为 1 200.00 mm，混凝土强度等级 C55。每环管片由一块封顶块、两块邻接块、两块标准块、一块拱底块组成，管片采用通缝拼装	

表2　项目总指标表

序号	项目名称	金额（元）	单位指标（元/m）	占比指标（%）
2.2	区间	64 621 067.41	59 769.57	100.00
2.2.1	土建	61 716 673.80	57 083.23	95.51
A	分部分项工程费	49 686 854.53	45 956.56	76.89
B	措施项目费	2 454 529.00	2 270.25	3.80
C	其他项目费	3 500 000.00	3 237.23	5.42
D	规费	4 102 075.60	3 794.11	6.35
E	税金	1 973 214.67	1 825.07	3.05
2.2.2	区间附属设施	2 904 393.61	2 686.34	4.49
2.2.3	其他	—	—	—

表3　工程造价指标表

序号	名称	金额（元）	单位指标（元/m）	占比指标（%）
2.2	区间	64 621 067.41	59 769.57	100.00
2.2.1	土建	61 716 673.80	57 083.23	95.51
2.2.1.1	主体	61 716 673.80	57 083.23	95.51
2.2.2	区间附属设施	2 904 393.61	2 686.34	4.49
2.2.2.1	疏散平台	2 904 393.61	2 686.34	4.49
2.2.3	其他	—	—	—
	合计	64 621 067.41	59 769.57	100.00

表4　工程量指标表

序号	工程量名称	单位	工程量	工程量指标（工程量/区间长度）
2.2.1	土建			
2.2.1.1	土方体积	m³	77 346.02	71.54

续表

序号	工程量名称	单位	工程量	工程量指标 （工程量/ 区间长度）
2.2.1.2	注浆地基钻孔长度/加固体积	m/m³	5 206.34	4.82
2.2.1.3	衬砌混凝土体积	m³	13 110.80	12.13
2.2.1.4	掘进长度	m	2 132.13	1.97
2.2.1.5	管片密封环数量	环	1 796	1.66
2.2.2	区间附属设施			
2.2.2.1	疏散平台	块	23 882	0.83
2.2.3	其他	—	—	—

表5 消耗量指标表

序号	人材机名称	单位	消耗量	单价（元）	单方指标 （消耗量/ 区间长度）
1	人工				
1.1	地下结构（含盾构）	工日	97 216.33	115.00	89.92
2	土建（明挖、盖挖）	—	—	—	—
3	土建（矿山）	—	—	—	—
4	土建（高架）	—	—	—	—
5	土建（盾构）				
5.1	现浇混凝土	m³	178.89	341.00	0.17
5.2	钢筋	kg	1 899.00	2.26	1.76
5.3	型钢	kg	5 620.00	2.20	5.20
5.4	模板	m²	817.38	115.28	0.76
5.5	水泥	kg	2 969 259.20	0.28	2 746.34
5.6	混凝土管片	m³	16 645.32	1 951.90	15.40
5.7	管片钢筋	kg	8 250.00	2.26	7.63

续表

序号	人材机名称	单位	消耗量	单价（元）	单方指标（消耗量/区间长度）
6	疏散平台				
6.1	钢构件	套	46 887	433.63	43.37
6.2	钢梯	套	238	3 097.35	0.22
6.3	钢质疏散平台板	块	23 882	878.87	22.09
7	噪声防护	—	—	—	—
8	其他	—	—	—	—

案例 18 ××市地铁盾构区间

表1 工程概况及项目特征表

序号	名称	内容	说明
1	项目名称	××市地铁盾构区间	
2	项目分类	地铁	
3	价格类型	控制价	
4	计价依据	《建设工程工程量清单计价规范》（GB 50500—2013）；《××市轨道交通工程预算定额》	
5	区间名称	A站—B站区间	湿陷性黄土地区，埋深20 m
6	土建工法	盾构	
7	区间长度（双延米）	770.56	
8	区间面积（m²）	—	
9	区间平均宽度（m）	15.00	
10	施工竖井个数（个）	1	
11	区间主体围护结构方式	其他	
12	编制时间	2014-02	
13	开工日期	2014-02	
14	竣工日期	2017-06	

表2 项目总指标表

序号	项目名称	金额（元）	单位指标（元/m）	占比指标（%）
2.2	区间	74 962 753.61	97 283.47	100.00
2.2.1	土建	71 175 806.30	92 368.93	94.95
A	分部分项工程费	59 855 283.00	77 677.64	79.85

序号	项目名称	金额（元）	单位指标（元/m）	占比指标（%）
B	措施项目费	2 344 937.70	3 043.16	3.13
C	其他项目费	4 354 015.50	5 650.46	5.81
D	规费	2 374 374.20	3 081.36	3.17
E	税金	2 247 195.90	2 916.32	3.00
2.2.2	区间附属设施	2 611 447.15	3 389.03	3.48
A	分部分项工程费	2 196 096.07	2 850.00	2.93
B	措施项目费	86 035.99	111.65	0.11
C	其他项目费	159 749.24	207.32	0.21
D	规费	87 116.02	113.06	0.12
E	税金	82 449.83	107.00	0.11
2.2.3	其他	1 175 500.16	1 525.51	1.57
A	分部分项工程费	988 536.67	1 282.88	1.32
B	措施项目费	38 727.69	50.26	0.05
C	其他项目费	71 908.51	93.32	0.10
D	规费	39 213.85	50.89	0.05
E	税金	37 113.44	48.16	0.05

表3 工程造价指标表

序号	名称	金额（元）	单位指标（元/m）	占比指标（%）
2.2	区间	74 962 753.61	97 283.47	100.00
2.2.1	土建	71 175 806.30	92 368.93	94.95
2.2.1.1	主体	71 175 806.30	92 368.93	94.95
2.2.2	区间附属设施	2 611 447.15	3 389.03	3.48
2.2.2.1	疏散平台	1 081 699.70	1 403.78	1.44
2.2.2.2	其他附属设施	1 529 747.45	1 985.24	2.04
2.2.3	其他	1 175 500.16	1 525.51	1.57
	合计	74 962 753.61	97 283.47	100.00

表4　工程量指标表

序号	工程量名称	单位	工程量	工程量指标（工程量/区间长度）
2.2.1	土建			
2.2.1.1	注浆地基钻孔长度/加固体积	m/m³	1 421.17	1.84
2.2.1.2	咬合灌注桩桩长度	m	2 228.33	2.89
2.2.1.3	掘进长度	m	1 541.12	2.00
2.2.1.4	预制钢筋混凝土管片体积	m³	9 906.06	12.86
2.2.1.5	管片密封环数量	环	1 284.00	1.67
2.2.2	区间附属设施	—	—	—
2.2.3	其他	—	—	—

表5　消耗量指标表

序号	人材机名称	单位	消耗量	单价（元）	单方指标（消耗量/区间长度）
1	人工				
1.1	地下结构（含盾构）	工日	87 566.50	65.00	113.64
2	土建（明挖、盖挖）	—	—	—	—
3	土建（矿山）	—	—	—	—
4	土建（高架）	—	—	—	—
5	土建（盾构）				
5.1	现浇混凝土	m³	166.38	561.40	0.22
5.2	钢筋	kg	20 541.00	3.91	26.66
5.3	钢管	kg	9 908.82	5.13	12.86
5.4	型钢	kg	25 422.00	3.93	32.99
5.5	水电费	元	1 124 587.67	—	1 459.44
5.6	水泥	kg	1 240 477.52	0.49	1 609.84
5.7	混凝土管片	m³	10 005.12	2 235.05	12.98
5.8	管片密封条	m	34 104.32	29.00	44.26

序号	人材机名称	单位	消耗量	单价（元）	单方指标（消耗量/区间长度）
6	疏散平台				
6.1	镀锌钢板	kg	14 442.48	4.72	18.74
6.2	镀锌角钢	kg	26 793.82	4.31	34.77
6.3	钢构件	kg	12 108.00	5.25	15.71
6.4	钢梯	kg	2 400.00	4.92	3.11
6.5	预制混凝土	m³	236.95	971.20	0.31
6.6	钢筋	kg	23 811.00	3.91	30.90
7	噪声防护	—	—	—	—
8	其他	—	—	—	—

表6　主要材料、设备明细表

序号	名称	单位	数量	单价（元）
1	预制钢筋混凝土管片 C50 抗渗	m³	10 005.12	2 235.03
2	板方材	m³	17.43	2 150.00
3	钢板	kg	1 608.00	3.96
4	钢筋 Φ10 以内	kg	1 105 768.59	3.66
5	钢筋 Φ10 以外	kg	58 236.81	3.91
6	水泥 32.5	t	1 261.06	430.70
7	水玻璃	kg	12 772.50	0.80
8	型钢	t	25.51	3 933.11
9	水泥 42.5	t	17.42	492.21
10	中砂	m³	46.10	80.00
11	塑料注浆阀管	m	1 760.00	20.00
12	钢管栏杆	kg	27 428.88	4.09
13	钢支撑	kg	4 903.32	3.93
14	焊接钢管 DN40	kg	31 909.29	4.09
15	钢管 Φ80	kg	9 803.00	4.09

续表

序号	名称	单位	数量	单价（元）
16	走道板	kg	35 999.43	4.92
17	金属支架	kg	25 836.54	6.66
18	钢轨枕	kg	33 767.03	4.81
19	三元乙丙胶条	m	34 104.32	29.00
20	丁基自粘腻子	kg	1 566.48	12.66
21	钢平台	kg	12 415.51	5.33
22	环圈钢板	t	7.78	3 957.31
23	水泥 52.5	t	7.01	625.46
24	热轧薄钢板 厚 2.0~2.5 mm	kg	7 184.39	4.50
25	冷轧薄钢板 厚 1.0~1.5 mm	kg	7 007.82	4.50
26	等边角钢（综合）	kg	26 616.23	3.93
27	工字钢（综合）	kg	3 834.61	3.93
28	槽钢（综合）	kg	10 005.25	3.93
29	槽钢	kg	204.00	3.93
30	钢筋 $\Phi22$	kg	552.00	3.91
31	角钢	kg	177.60	3.93
32	钢板 厚 4.5~20.0 mm	kg	12 834.48	3.96
33	注浆止水带	m	163.53	20.00
34	遇水膨胀止水条	m	355.74	16.00
35	商品细石混凝土 C15	m³	1.64	400.00
36	商品混凝土 C25	m³	2.00	400.00
37	商品混凝土 C30	m³	1 455.03	410.00
38	商品混凝土 C40 抗渗	m³	76.43	490.00
39	商品混凝土 C20	m³	126.31	390.00

案例 19　××市地铁矿山区间

表 1　工程概况及项目特征表

序号	名称	内容	说明
1	项目名称	××市地铁矿山区间	
2	项目分类	地铁	
3	价格类型	结算价	
4	计价依据	《××市轨道交通工程预算定额》	
5	车站名称	××站—××站区间	
6	土建工法	矿山	
7	区间建筑面积（主体+附属）（双延米）	930.00	
8	车站主体建筑面积（m²）	—	
9	车站附属建筑面积（m²）	—	
10	公共区装修面积（m²）	—	
11	非公共区装修面积（m²）	—	
12	车站长度（双延米）		
13	车站层数（层）		
14	车站主体围护结构方式	其他	
15	站前广场占地面积（m²）	—	
16	编制时间	2017-09	
17	开工日期	—	—
18	竣工日期	—	—

表 2　项目总指标表

序号	项目名称	金额（元）	单位指标（元/m）	占比指标（%）
2.1	区间	174 923 841.00	188 090.15	100.00
2.1.1	区间正线	134 814 155.31	144 961.46	77.07
A	分部分项工程费	114 169 504.00	122 762.91	65.27

序号	项目名称	金额（元）	单位指标（元/m）	占比指标（%）
B	措施项目费	8 274 477.94	8 897.29	4.73
C	规费	7 836 415.54	8 426.25	4.48
D	税金	4 533 757.83	4 875.01	2.59
2.1.2	附属（风井和竖井横通道）	38 777 017.71	41 695.72	22.17
A	分部分项工程费	32 838 932.00	35 310.68	18.77
B	措施项目费	2 380 014.00	2 559.15	1.36
C	规费	2 254 012.74	2 423.67	1.29
D	税金	1 304 058.96	1 402.21	0.75
2.1.3	其他	1 332 667.98	1 432.98	0.76
A	分部分项工程费	1 128 591.00	1 213.54	0.65
B	措施项目费	81 795.06	87.95	0.05
C	规费	77 464.71	83.30	0.04
D	税金	44 817.21	48.19	0.03

表3 工程造价指标表

序号	名称	金额（元）	单位指标（元/m²）	占比指标（%）
2.1	区间	174 923 841.00	188 090.15	100.00
2.1.1	土建	134 814 155.31	144 961.46	77.07
2.1.1.1	主体	134 814 155.31	144 961.46	77.07
2.2.2	区间附属设施	38 777 017.71	41 695.72	22.17
2.2.2.1	区间风井	25 338 102.35	27 245.27	14.49
2.2.2.2	1号竖井及通道	3 891 183.53	4 184.07	2.22
2.2.2.3	2号竖井及通道	9 161 336.47	9 850.90	5.24
2.2.2.4	新增横通道	386 395.36	415.48	0.22
2.2.3	其他	1 332 667.98	1 432.98	0.76
	合计	174 923 841.00	188 090.15	100.00

表 4 工程量指标表

序号	工程量名称	单位	工程量	工程量指标（工程量/区间长度）
2.1.1	土建			
2.1.1.1	土方体积	m³	51 072.07	54.92
2.1.1.2	现浇混凝土钢筋重量	t	3 217.33	3.46
2.1.1.3	喷射混凝土混凝土体积	m³	9 285.02	9.98
2.1.1.4	衬砌混凝土体积	m³	10 098.37	10.86
2.1.1.5	防水面积	m²	19 530.00	21.00
2.1.2	区间附属设施			
2.1.2.1	土石方	m³	11 681.50	12.56
2.1.2.2	喷射混凝土	m³	4 149.36	4.46
2.1.2.3	小导管	m	26 191.00	28.16
2.1.2.4	初支钢筋	t	717.84	0.77
2.1.2.5	二衬混凝土	m³	5 480.58	5.89
2.1.2.6	二衬钢筋	t	986.50	1.06
2.1.2.7	防水面积	m²	5 148.66	5.54
2.1.3	其他			
2.1.3.1	土方密闭式运输增加费	元	1 304 058.96	1 402.21

表 5 消耗量指标表

序号	人材机名称	单位	消耗量	单价（元）	单方指标（消耗量/区间长度）
1	人工				
1.1	地下结构（含盾构）	工日	162 140.00	72.00	174.34
2	土建（暗挖）				
2.1	现浇混凝土	m³	15 578.95	709.15	16.75
2.2	钢筋	t	4 203.84	4 981.01	4.52
2.3	防水卷材	m²	24 678.66	154.14	26.54

续表

序号	人材机名称	单位	消耗量	单价（元）	单方指标（消耗量/区间长度）
2.4	模板	m²	36 315.00	69.28	39.05
2.5	水电费	元	681 617.00	1.00	732.92
3	土建（矿山）	—	—	—	—
4	土建（高架）	—	—	—	—
5	装修				
5.1	石材楼地面砖	m²	11 681.50	—	12.56
5.2	天棚铝板装饰板	m²	26 191.00	—	28.16
5.3	墙面装饰板	m²	4 149.36	—	4.46
5.4	不锈钢栏杆	m	903.74	—	0.97
5.5	玻璃幕墙	m²	380.66	—	0.41
6	标识导向	—	—	—	—
7	自行车停车场	—	—	—	—
8	环保绿化	—	—	—	—
9	人行天桥	—	—	—	—
10	其他	—	—	—	—

表6　主要材料、设备明细表

序号	名称	单位	数量	单价（元）
一	人工类别			
1	综合工日	工日	326.92	92.00
2	综合工日	工日	39.74	92.00
3	综合工日	工日	66.49	92.00
4	综合工日	工日	32 443.09	92.00
5	综合工日	工日	5 606.62	92.00
6	综合工日	工日	84.02	92.00
7	综合工日	工日	25.25	92.00
8	综合工日	工日	121 959.00	92.00
9	综合人工	工日	1 588.78	92.00

序号	名称	单位	数量	单价（元）
二	配合比类别			
1	水泥砂浆 1：2.5	m³	906.48	289.42
三	材料类别			
1	钢筋 Φ10 以内	kg	361 442.87	3.79
2	钢筋 Φ10 以外	kg	1 420 989.97	3.79
3	型钢	kg	23 800.74	3.92
4	普通钢板 厚 3.5~4.0 mm	kg	6 459.61	3.69
5	轻轨	kg	15 232.99	5.12
6	钢支撑	kg	1 561.68	6.14
7	盾构托架	t	3.02	4 526.24
8	钢丝绳	kg	680.00	4.20
9	钢轨枕	kg	23 072.24	5.12
10	走道板	kg	32 779.34	4.42
11	金属支架	kg	20 701.67	5.32
12	钢管 80 mm	kg	8 930.53	4.78
13	压浆平台摊销	kg	10 637.51	4.78
14	环圈钢板	t	8.80	3 980.00
15	钢制台座	kg	9 792.42	4.78
16	钢制台座	kg	17 481.10	4.48
17	管片钢模精加工制作	kg	114 746.78	14.54
18	水泥 综合	kg	4 053 246.58	0.41
19	水泥 52.5	kg	467 338.50	0.46
20	板方材	m³	41.98	3 867.40
21	砂子	kg	1 375 261.33	0.07
22	预埋铁件	kg	68 419.80	4.65
23	电焊条 综合	kg	12 336.21	6.20
24	钢管栏杆	kg	16 655.34	4.86
25	管片连接螺栓	kg	229 758.16	8.10
26	高分子自粘胶膜防水卷材 1.5 mm	m²	179.22	93.00
27	橡胶止水带 市政	m	40.82	41.60

序号	名称	单位	数量	单价（元）
28	橡胶止水带 市政	m	35.57	41.60
29	中埋式钢边橡胶止水带 市政	m	40.82	137.00
30	帘布橡胶条	kg	283.40	16.71
31	内防水橡胶止水带	kg	68.72	101.02
32	接皮海绵橡胶板	kg	1 848.96	20.87
33	水膨胀橡胶圈	kg	1 062.89	1.01
34	三元乙丙橡胶条	m	111 418.00	16.00
35	防锈漆	kg	362.48	16.30
36	土粉	t	251.76	120.00
37	速凝增强剂	kg	616.93	3.10
38	聚氨酯粘合剂	kg	1 307.69	22.53
39	环氧树脂	kg	48.43	27.18
40	外加剂 SN2	kg	45 187.28	3.77
41	氯丁粘接剂	kg	4 303.04	19.87
42	丁醛自粘腻子	kg	4 303.04	12.76
43	胶粉油毡衬垫	kg	9 336.06	6.44
44	环氧聚氨酯嵌缝膏	kg	25 722.19	18.02
45	外掺剂	kg	23 052.00	0.63
46	外防水氯丁酚醛胶	kg	664.97	14.84
47	泡沫剂	升	204 360.00	15.00
48	高压龙皮管 150 mm×3 mm	根	36.00	1 882.32
49	膨润土	kg	367 848.00	0.45
50	乳胶水泥	kg	5 112.95	13.09
51	预拌抗渗混凝土 C25	m³	7.21	400.00
52	预拌抗渗混凝土 C40	m³	32.64	455.00
53	预拌混凝土 C20	m³	20.56	370.00
54	预拌混凝土 C40	m³	4.49	440.00
55	豆石混凝土 C20	m³	47.46	215.17
56	抗渗混凝土	m³	11 646.80	490.00
57	水费	t	66 256.16	6.21

序号	名称	单位	数量	单价（元）
58	电费	度	1 716 464.33	0.98
59	收敛标志点	个	516.00	20.00
60	应变计	个	50.00	450.00
61	应变计预埋件	个	240.00	50.00
62	聚羧酸系高性能混凝土外加剂	kg	11 511.08	10.00
63	倾斜预埋件	个	80.00	237.50
64	管线抱箍标志	个	80.00	200.00
四	机械类别			
1	汽车起重机 5 t	台班	413.19	388.88
2	载重汽车 4 t	台班	503.86	275.62
3	空压机 6 m³/min	台班	296.38	101.92
4	自卸车 4 t	台班	4 098.15	334.12
5	汽车起重机 20 t	台班	247.85	949.98
6	履带式起重机 15 t	台班	39.24	517.09
7	平板拖车组 20 t	台班	1 323.03	821.73
8	履带式起重机 25 t	台班	41.98	599.97
9	履带式起重机 10 t	台班	90.77	398.09
10	龙门式起重机 10 t	台班	4 362.83	230.69
11	自卸汽车 15 t	台班	2 871.29	846.02
12	电动空气压缩机 排气量 3 m³/min	台班	250.70	89.02
13	地质钻机 150 型 1	台班	1 510.56	150.49
14	灌浆泵机械（灌浆泵）	台班	515.33	117.50
15	高喷台车	台班	515.33	92.71
16	灰浆搅拌机 400 L	台班	84.45	52.66
17	龙门式起重机 5 t	台班	8 213.89	163.67
18	履带式起重机 50 t	台班	38.88	1 275.97
19	履带式起重机 300 t	台班	17.06	8 985.71
20	刀盘式土压平衡盾构机 Φ6 000	台班	1 576.08	4 049.79
21	工业锅炉 1 t/h	台班	2 122.82	436.15

案例 20　××省地铁盾构区间

表1　工程概况及项目特征表

序号	名称	内容	说明
1	项目名称	××省地铁盾构区间	
2	项目分类	地铁	
3	价格类型	控制价	
4	计价依据	《城市轨道交通工程工程量计算规范》（GB 50861—2013）；《××省建设工程计价依据》	
5	区间名称	某区间	
6	土建工法	盾构	
7	区间长度（双延米）	1 562.00	
8	区间面积（m²）	—	
9	区间平均宽度（m）	6.2	
10	施工竖井个数（个）	—	
11	区间主体围护结构方式	—	
12	编制时间	2017-05-26	
13	开工日期	2017-06-01	
14	竣工日期	2020-12-31	

表2　项目总指标表

序号	项目名称	金额（元）	单位指标（元/m）	占比指标（%）
2.2	区间	132 272 315.00	84 681.38	100.00
2.2.1	土建	132 272 315.00	84 681.38	100.00
A	分部分项工程费	112 047 471.00	71 733.34	84.71
B	措施项目费	9 699 118.00	6 209.42	7.33
C	其他项目费	534 004.00	341.87	0.40

序号	项目名称	金额（元）	单位指标（元/m）	占比指标（%）
D	规费	1 285 409.00	822.93	0.97
E	税金	8 706 313.00	5 573.82	6.58
2.2.2	区间附属设施	—	—	—
2.2.3	其他	—	—	—

表3　工程造价指标表

序号	名称	金额（元）	单位指标（元/m）	占比指标（%）
2.2	区间	132 272 315.00	84 681.38	100.00
2.2.1	土建	132 272 315.00	84 681.38	100.00
2.2.1.1	主体	132 272 315.00	84 681.38	100.00
2.2.2	区间附属设施	—	—	—
2.2.3	其他	—	—	—
	合计	132 272 315.00	84 681.38	100.00

表4　工程量指标表

序号	工程量名称	单位	工程量	工程量指标（工程量/区间长度）
2.2.1	土建			
2.2.1.1	掘进长度	m	3 124.08	2.00
2.2.1.2	预制钢筋混凝土管片体积	m³	20 085.18	12.86
2.2.1.3	管片密封环数量	环	2 602.00	1.67
2.2.2	区间附属设施	—	—	—
2.2.3	其他	—	—	—

表5　消耗量指标表

序号	人材机名称	单位	消耗量	单价（元）	单方指标（消耗量/区间长度）
1	人工				
1.1	地下结构（含盾构）	工日	176 591.87	84.97	113.05
2	土建（明挖、盖挖）	—	—	—	—
3	土建（矿山）	—	—	—	—
4	土建（高架）	—	—	—	—
5	土建（盾构）				
5.1	现浇混凝土	m^3	598.60	375.84	0.38
5.2	钢管	kg	24 843.34	3.76	15.90
5.3	型钢	kg	2 621.54	43.04	1.68
5.4	水电费	元	3 190 555.06	—	2 042.56
5.5	水泥	kg	21 452 477.47	0.44	13 733.63
5.6	混凝土管片	m^3	20 085.18	13 758.65	12.86
5.7	钢管片	kg	27 122.40	12 560.00	17.36
5.8	管片钢筋	kg	3 850 960.00	2 646.50	2 465.34
5.9	管片密封条	m	140 508.00	29.98	89.95

表6　主要材料、设备明细表

序号	名称	单位	数量	单价（元）
1	螺纹钢	t	15.99	3 193.00
2	圆钢	t	4.41	3 344.00
3	型钢	t	94.97	3 215.00
4	中厚钢板	t	123.36	3 029.00
5	镀锌铁丝	kg	26.08	4.51
6	水泥	t	8 947.86	382.00
7	水泥	kg	57 547 154.26	0.38
8	黄砂（净砂）	t	25.79	80.81
9	黄砂（毛砂）	t	544.00	73.91

续表

序号	名称	单位	数量	单价（元）
10	塘渣	t	2 926.88	38.83
11	标准砖	千块	100.80	350.00
12	非泵送商品混凝土	m³	40.32	330.00
13	非泵送商品混凝土	m³	545.55	345.00
14	非泵送商品混凝土	m³	105.60	359.00
15	泵送商品混凝土	m³	63.95	330.00
16	泵送商品混凝土	m³	851.38	392.00
17	泵送商品混凝土	m³	186.63	428.00
18	汽油	kg	433.95	6.50
19	氧气	m³	6 484.41	3.56
20	水	m³	364 600.42	5.94
21	电	kW·h	7 948 839.91	0.78

续表

通信系统

案例 21 ××省地铁通信工程

表 1 工程概况及项目特征表

序号	名称	内容	说明
1	项目名称	××省地铁通信工程	
2	项目分类	地铁	
3	价格类型	中标价	
4	计价依据	《建设工程工程量清单计价规范》（GB 50500—2013）； 《城市轨道交通工程工程量计算规范》（GB 50861—2013）； 《××省城市轨道交通工程预算定额》	
5	通信系统编制范围	正线、停车场、控制中心 （以项合价包干的光缆、电缆、配线、配管未计入）	
6	通信系统子系统	传输系统、公务电话、专用电话、无线系统、 广播系统、闭路电视监视系统、时钟系统、电源系统	
7	正线长度/正线公里	35.95	
8	车站数量（座）	25	
9	其中：地下站（座）	18	
10	其中：地上站（座）	7	
11	停车场数量（座）	1	
12	车辆段数量（座）	1	
13	控制中心数量（座）	—	
14	备用控制中心数量（座）	—	
15	临时控制中心数量（座）	—	
16	编制时间	2019-04-04	
17	开工日期	2019-07	
18	竣工日期	2020-12-31	

表 2　工程造价指标表

序号	项目名称	金额（元）	单位指标 （元/正线公里）	占比指标（%）
2.3	乘客信息系统	90 859 055.00	2 527 372.88	100.00
2.3.1	专用通信	58 857 650.00	1 637 208.62	64.78
A	分部分项工程费	50 501 221.00	1 404 762.75	55.58
B	措施项目费	1 633 047.00	45 425.51	1.80
C	其他项目费	284 544.00	7 914.99	0.31
D	规费	1 579 032.00	43 923.00	1.74
E	税金	4 859 806.00	135 182.36	5.35
2.3.2	公安通信	28 978 989.00	806 091.49	31.89
A	分部分项工程费	24 523 891.00	682 166.65	26.99
B	措施项目费	967 691.00	26 917.69	1.07
C	其他项目费	158 962.00	4 421.75	0.17
D	规费	935 684.00	26 027.37	1.03
E	税金	2 392 761.00	66 558.03	2.63
2.3.3	其他	3 022 416.00	84 072.77	3.33
A	措施项目费	2 658 709.00	73 955.74	2.93
B	其他项目费	4 836.00	134.52	0.01
C	规费	109 314.00	3 040.72	0.12
D	税金	249 557.00	6 941.78	0.27

表 3　工程量指标表

序号	工程量名称	单位	工程量	工程量指标 （工程量/ 正线长度）
2.3.1	专用通信			
2.3.1.1	光缆	m	407 750.00	11 342.14
2.3.1.2	通信电缆	m	13 529.00	376.33
2.3.1.3	射频同轴电缆	m	18 326.00	509.76
2.3.1.4	桥架、线槽	m	45 545.00	1 266.90

续表

序号	工程量名称	单位	工程量	工程量指标 （工程量/ 正线长度）
2. 3. 1. 5	配管	m	5 050.00	140.47
2. 3. 2	公安通信			
2. 3. 2. 1	光缆	m	434 255.00	12 079.42
2. 3. 2. 2	漏泄式同轴电缆	m	79 920.00	2 223.09
2. 3. 2. 3	射频同轴电缆	m	1 240.00	34.49
2. 3. 2. 4	桥架、线槽	m	1 962.00	54.58
2. 3. 3	民用通信	—	—	—
2. 3. 4	政务通信	—	—	—
2. 3. 5	其他	—	—	—

表4　消耗量指标表

序号	人材机名称	单位	消耗量	单价（元）	单方指标 （消耗量/ 正线长度）
1	人工				
1.1	人工	工日	177 437.60	135.00	4 935.68
2	专用通信				
2.1	光缆	m	415 905.00	6.42	11 568.98
2.2	通信电缆	m	13 799.58	47.52	383.85
2.3	射频同轴电缆	m	18 692.52	23.00	519.96
2.4	尾纤	条	20 104.40	10.62	559.23
2.5	桥架、线槽	m	45 772.73	177.53	1 273.23
2.6	钢管	m	5 201.50	22.57	144.69
3	公安通信				
3.1	光缆	m	442 940.10	8.16	12 321.00
3.2	尾纤	m	9 830.76	10.62	273.46
3.3	桥架、线槽	m	1 971.81	181.47	54.85
4	民用通信	—	—	—	—
5	政务通信	—	—	—	—
6	其他	—	—	—	—

表5　主要材料、设备明细表

序号	名称	单位	数量	单价（元）
1	热浸锌金属桥架 400×150×2 mm	m	23 447.66	162.26
2	热浸锌金属桥架 500×150×2 mm	m	13 123.29	200.00
3	光缆 4 芯单模	m	419 628.00	5.20
4	光缆 GYTZA53-48B1	m	199 287.60	7.62
5	通信线缆 HYAZT23-20×2×0.7 mm²	m	49 821.90	23.26
6	电源线 WDZ-RYY-3×1.5 mm²	m	274 411.62	4.00
7	光缆 GYTZA53-96B1	m	95 074.20	11.12
8	支架、吊架	套	22 321.00	43.20
9	静电地板 600×600×25	m²	3 774.75	251.23
10	电源线 WDZ-RYY-3×2.5 mm²	m	145 252.08	5.91
11	通信线缆 DWZR-YJE23-3×2.5 mm²	m	101 357.40	7.68
12	光缆 GYTZA53-24B1	m	101 357.40	6.37
13	通信线缆 DWZR-YJE23-3×4 mm²	m	60 894.00	10.12
14	热浸锌金属桥架 500×200×2 mm	m	2 844.15	215.04
15	光缆 GYTZA53-4B1	m	115 260.00	5.26
16	摄像机 3 m 吊杆	台	2 474.00	240.00
17	线路核心交换机	套	2.00	290 556.53
18	过轨槽绝缘盖板 250×10 mm 树脂复合材料	m	2 550.00	187.05
19	射频电缆 7/8"	m	18 386.52	23.00
20	线缆 WDZ-RYYP-2×1.5 mm²	m	100 505.70	4.18
21	电缆槽 400×150	m	3 030.00	138.35
22	热浸锌金属桥架 300×150×2 mm	m	2 972.79	134.51
23	落地式机柜	套	127.00	3 133.89
24	24 口接入交换机	套	81.00	4 893.92
25	光纤交换机	套	2.00	187 871.81
26	24 光口汇聚交换机	套	6.00	59 650.34

续表

序号	名称	单位	数量	单价（元）
27	跳线 1/2" 跳线	条	1 328.04	239.47
28	防护钢管 JDG25	m	16 011.35	19.00
29	热浸锌金属数据线槽 400×150×2 mm	m	1 788.90	165.68
30	电源线 WDZ-YJE23-3×2.5 mm²	m	34 715.70	7.92
31	三类大对数 UTP 电缆 25 对	m	9 411.54	26.32
32	网管终端配套桌椅	台	18.00	13 274.00
33	电缆柜 1 000 mm×400 mm×4 000 mm（宽×深×高）（定制）	个	50.00	4 725.00
34	8 口接入交换机	套	93.00	2 333.77
35	核心交换机板卡 2	套	2.00	107 301.10
36	48 口接入交换机	套	28.00	7 647.09
37	三类大对数 UTP 电缆 100 对	m	4 388.04	47.52
38	防护钢管 JDG50	m	5 150.00	39.74
39	光纤尾纤	条	19 045.00	10.62
40	光缆终端盒	套	835.00	242.00
41	核心交换机板卡 1	套	1.00	180 222.33
42	4 号线车站各种配线线缆（含设备上联、互联配电、配线线缆等）	项	1.00	178 125.00
43	控制中心各种配线线缆（包括 4 号线控制中心通信设备室传输设备连至线网信息中心机房汇聚设备的 24 芯单模光缆）（含 ODF 配线架）	项	1.00	178 125.00
44	汇聚交换机	套	32.00	4 881.44
45	热浸锌金属桥架 200×150×2 mm	m	1 440.17	107.04
46	慈城停车场各种配线线缆（含设备上联、互联配电、配线线缆等）（只计主材费）	项	1.00	145 500.00
47	东钱湖车辆段各种配线线缆（含设备上联、互联配电、配线线缆等）	项	1.00	145 500.00

序号	名称	单位	数量	单价（元）
48	上走线专用桥架 600 mm×150 mm×2 mm	m	537.68	257.52
49	管理服务器（含网管软件）	套	1.00	130 973.45
50	控制服务器（含软件）	套	1.00	130 973.45
51	EDF 配线排 24 口	条	161.00	778.76
52	光缆接头盒 24 芯	套	707.00	177.00
53	存储设备（含硬盘）	台	2.00	57 101.77
54	热浸锌金属桥架（含隔板）500 mm×200 mm×2 mm	m	466.32	244.25
55	光纤尾纤	根	9 825.00	10.62
56	降阻剂	kg	56 350.00	1.80
57	降阻剂	kg	56 000.00	1.80
58	防火防鼠堵料	kg	5 495.00	18.00
59	防护钢管 JDG80	m	1 542.94	62.18
60	以太网交换机 48 口	套	2.00	45 333.63
61	漏缆跳线	m	2 550.00	35.20
62	光缆 24 芯单模	m	13 540.50	6.57
63	维护终端	台	4.00	21 780.00
64	玻璃钢管 DN80	m	2 060.00	39.74
65	AP 天线立柱 DN80/4 m（含避雷针）	个	155.00	515.00
66	热浸锌金属电源线槽 200 mm×150 mm×2 mm	m	691.44	111.50
67	铜箔、铜带	处	5.00	15 000.00
68	视频解码设备	台	7.00	10 619.46
69	扬声器吊杆定制	套	2 963.00	25.00
70	OTDR 测试仪	台	1.00	72 100.00
71	镀锌钢管 JDG25	m	3 764.65	19.00
72	工业除湿机	台	5.00	13 500.00
73	双孔信息插座	个	1 454.00	46.02
74	大屏控制器（含软件）	台	1.00	65 442.48

序号	名称	单位	数量	单价（元）
75	8 口交换机	套	20.00	3 175.22
76	热浸锌金属电缆槽 300 mm×100 mm×2 mm	m	522.60	121.06
77	光缆成端接头材料	套	19 748.00	3.00
78	防护钢管 DG25	m	3 090.00	19.00
79	金属软管 DN50	m	3 090.00	18.75
80	镀锌钢管 DN80	m	927.00	62.18
81	光缆接头盒	套	323.00	177.00
82	光纤配线架 12 芯	架	150.00	375.22
83	静电地板踢脚线 高 80	m	2 163.00	25.86
84	电源电缆 WDZ-YJYR-4×120+1×70 mm²	m	202.00	269.32
85	高清固定摄像机（含镜头、防护罩、支架）	套	17.00	3 153.98
86	光缆终端盒 24 芯	套	221.00	242.00
87	镀锌角钢（5#角钢厚 5 mm）	kg	12 403.44	4.04
88	网管设备终端	台	4.00	12 500.00
89	电源线 WDZ-YJE23-3×4 mm²	m	4 794.00	10.43
90	镀锌角钢 Q235-A50×5	kg	12 326.40	4.04
91	天馈线分析仪	台	2.00	24 500.00
92	射频电缆接头 7/8"	个	1 002.00	48.67
93	机柜底座 300 mm×600 mm×1 000 mm（高×宽×深）（定制）	个	149.00	307.96
94	PDU	套	248.00	180.00
95	光缆 12 芯单模	m	7 073.70	6.23
96	非屏蔽超五类线 WDZ-UTP-CAT5e	m	18 616.53	2.27
97	接地电缆	m	4 100.40	9.89
98	镀锌钢管 DN25	m	2 060.00	19.00
99	AP 机箱支架	套	518.00	74.85
100	摄像机立杆	台	85.00	450.00

续表

序号	名称	单位	数量	单价（元）
101	48 口交换机	套	5.00	7 376.99
102	电梯电话线 WDZ-RYYP-4×0.75 mm²	m	8 434.65	4.33
103	高清半球摄像机（含镜头、防护罩、支架）	套	22.00	1 592.92
104	接地线 WDZ-BVR-1×16	m	3 489.55	9.89
105	热浸锌金属桥架 400 mm×200 mm×2 mm	m	180.90	182.12
106	电源插线板	套	286.00	110.00
107	热浸锌金属数据线槽 600×150×2 mm	m	120.60	257.52
108	垂直爬架 800 mm×4 000 mm（高）	套	47.00	659.29
109	玻璃钢管 DN50	m	2 060.00	14.35
110	电源线 WDZ-RYY-3×4	m	3 213.00	8.96
111	光电转换器	台	59.00	486.73
112	金属软管 DN20	m	8 034.00	3.56

案例 22　××市地铁通信工程

表1　工程概况及项目特征表

序号	名称	内容	说明
1	项目名称	××市地铁通信工程	
2	项目分类	地铁	
3	价格类型	中标价	
4	计价依据	采用《××市轨道交通工程预算定额》及相应取费标准编制	
5	通信系统编制范围	正线、停车场、车辆段、控制中心	
6	通信系统子系统	传输系统、公务电话、专用电话、无线系统、广播系统、闭路电视监视系统、时钟系统、电源系统、集中告警系统、防雷设施、计算机网络	
7	正线长度/正线公里	38.51	
8	车站数量（座）	31	
9	其中：地下站（座）	31	
10	其中：地上站（座）	0	
11	停车场数量（座）	1	
12	车辆段数量（座）	1	
13	控制中心数量（座）	1	
14	备用控制中心数量（座）	1	
15	临时控制中心数量（座）	—	
16	编制时间	2020-04-10	
17	开工日期	2019-11	
18	竣工日期	2021-06-30	

表 2　工程造价指标表

序号	项目名称	金额（元）	单位指标 （元/m）	占比指标 （%）
2.3	通信系统	348 591 471.95	9 051 032.66	100.00
2.3.1	专用通信	49 946 903.99	1 296 850.60	14.33
A	分部分项工程费	44 219 091.32	1 148 130.32	12.69
B	规费	1 603 756.38	41 640.87	0.46
C	税金	4 124 056.29	107 079.41	1.18
2.3.2	公安通信	39 077 632.90	1 014 634.49	11.21
A	分部分项工程费	33 754 576.34	876 423.54	9.68
B	规费	2 096 463.02	54 433.79	0.60
C	税金	3 226 593.54	83 777.16	0.93
2.3.3	民用通信	4 102 821.88	106 528.06	1.18
A	分部分项工程费	3 620 262.40	93 998.61	1.04
B	规费	143 794.37	3 733.56	0.04
C	税金	338 765.11	8 795.90	0.10
2.3.4	政务通信	11 332 204.18	294 235.97	3.25
A	分部分项工程费	9 833 645.02	255 326.51	2.82
B	规费	562 872.58	14 614.75	0.16
C	税金	935 686.58	24 294.71	0.27
2.3.5	其他（传输系统、消防无线系统、技术防范系统、广播系统、时间系统、电源及接地等系统）	244 131 909.00	6 338 783.53	70.03
A	分部分项工程费	232 694 052.53	6 041 804.34	66.75
B	措施项目费	10 493 446.30	272 457.97	3.01
C	税金	944 410.17	24 521.22	0.27

表3　工程量指标表

序号	工程量名称	单位	工程量	工程量指标（工程量/正线长度）
2.3.1	专用通信			
2.3.1.1	光缆	m	42 122.50	1 093.69
2.3.1.2	通信电缆	m	510.00	13.24
2.3.1.3	漏泄式同轴电缆	m	28 050.00	728.31
2.3.1.4	射频同轴电缆	m	105 774.00	2 746.38
2.3.1.5	设备线（缆）	m	8 653.00	224.67
2.3.1.6	电力电缆	m	38 570.00	1 001.45
2.3.1.7	尾纤	根	134.00	3.48
2.3.1.8	配管	m	5 150.00	133.72
2.3.2	公安通信			
2.3.2.1	光缆	m	6 597.50	171.30
2.3.2.2	漏泄式同轴电缆	m	85 091.50	2 209.37
2.3.2.3	射频同轴电缆	m	72 012.00	1 869.76
2.3.2.4	电力电缆	m	6 617.00	171.81
2.3.2.5	尾纤	根	1 320.00	34.27
2.3.2.6	配管	m	3 605.00	93.60
2.3.3	民用通信			
2.3.3.1	光缆	m	5 684.00	147.58
2.3.3.2	通信电缆	m	4 998.00	129.77
2.3.3.3	电力电缆	m	609.00	15.81
2.3.3.4	尾纤	根	10.00	0.26
2.3.3.5	配管	m	3 090.00	80.23
2.3.4	政务通信			
2.3.4.1	光缆	m	11 165.00	289.89
2.3.4.2	通信电缆	m	19 890.00	516.44
2.3.4.3	电力电缆	m	11 165.00	289.89
2.3.4.4	尾纤	根	140.00	3.64
2.3.4.5	配管	m	5 562.00	144.42
2.3.5	其他	—	—	—

表4　消耗量指标表

序号	人材机名称	单位	消耗量	单价（元）	单方指标（消耗量/正线长度）
1	人工				
1.1	人工	工日	78 593.33	164.00	2 040.64
2	专用通信				
2.1	光缆	m	42 122.50	3.26	1 093.69
2.2	通信电缆	m	510.00	2.26	13.24
2.3	漏泄式同轴电缆	m	28 050.00	39.00	728.31
2.4	射频同轴电缆	m	105 774.00	24.00	2 746.38
2.5	设备线（缆）	m	38 570.00	18.81	1 001.45
2.6	尾纤	条	134.00	15.00	3.48
2.7	钢管	m	5 150.00	4.61	133.72
3	公安通信				
3.1	光缆	m	6 597.50	3.26	171.30
3.2	漏泄式同轴电缆	m	85 091.50	39.00	2 209.37
3.3	射频同轴电缆	m	72 012.00	24.00	1 869.76
3.4	设备线（缆）	m	6 617.00	18.81	171.81
3.5	尾纤	m	1 320.00	15.00	34.27
3.6	钢管	m	3 605.00	4.61	93.60
4	民用通信				
4.1	光缆	m	5 684.00	3.26	147.58
4.2	通信电缆	m	4 998.00	2.26	129.77
4.3	设备线（缆）	m	609.00	18.81	15.81
4.4	尾纤	根	10.00	15.00	0.26
4.5	钢管	m	3 090.00	4.61	80.23
5	政务通信				
5.1	光缆	m	42 122.50	3.26	1 093.69
5.2	通信电缆	m	510.00	2.26	13.24
5.3	漏泄式同轴电缆	m	28 050.00	39.00	728.31

序号	人材机名称	单位	消耗量	单价（元）	单方指标（消耗量/正线长度）
5.4	射频同轴电缆	m	105 774.00	24.00	2 746.38
5.5	设备线（缆）	m	8 653.00	18.81	224.67
5.6	尾纤	根	134.00	15.00	3.48
5.7	钢管	m	5 592.00	4.61	145.19
6	其他	—	—	—	—

轨道工程

案例 23　××省地铁轨道工程

表 1　工程概况及项目特征表

序号	名称	内容	说明
1	项目名称	××省地铁轨道工程	
2	项目分类	地铁	
3	价格类型	控制价	
4	计价依据	《建设工程工程量清单计价规范》（GB 50500—2013）； 《城市轨道交通工程工程量计算规范》 （GB 50861—2013）； 《市政工程工程量计算规范》（GB 50857—2013）； 《××省建设工程计价规则》； 《××省建设工程计价依据》	
5	轨道工程编制范围	正线、停车场、车辆段	
6	轨道工程子系统	铺轨、备品备件	
7	停车场	地面	
8	轨道工程道床类型	整体道床、碎石道床	
9	轨道类型	一般减振地段轨道 中等减振地段轨道 弹性减振垫地段轨道	
10	钢轨类型	60 kg/m，50 kg/m	
11	车辆段（公里）	92.64	
12	其中：正线铺轨 长度（公里）	76.39	
13	其中：停车场、 车辆段铺轨长度 （公里）	16.25	

序号	名称	内容	说明
14	编制时间	2020-04-08	
15	开工日期	2019-05-01	
16	竣工日期	2020-12	

表2 工程造价指标表

序号	项目名称	金额（元）	单位指标（元/km）	占比指标（%）
2.4	轨道工程	599 724 917.00	6 473 574.80	100.00
2.4.1	正线	544 777 515.00	5 880 459.35	90.84
A	分部分项工程费	471 246 298.00	5 086 745.73	78.58
B	措施项目费	18 677 416.00	201 608.51	3.11
C	其他项目费	551 845.00	5 956.75	0.09
D	停车场	4 776 727.00	51 561.14	0.80
E	税金	49 525 229.00	534 587.22	8.26
2.4.2	车辆段	34 863 511.00	376 325.11	5.81
A	分部分项工程费	30 643 648.00	330 774.90	5.11
B	车辆段	332 549.00	3 589.61	0.06
C	其他项目费	47 461.00	512.31	0.01
D	规费	389 614.00	4 205.59	0.06
E	税金	3 450 239.00	37 242.71	0.58
2.4.3	停车场	20 083 891.00	216 790.34	3.35
A	分部分项工程费	18 029 460.00	194 614.32	3.01
B	措施项目费	88 907.00	959.68	0.01
C	其他项目费	13 464.00	145.33	0.00
D	规费	118 247.00	1 276.39	0.02
E	税金	1 833 813.00	19 794.62	0.31

表 3　消耗量指标表

序号	人材机名称	单位	消耗量	单价（元）	单方指标（消耗量/铺轨长度）
1	人工				
1.1	人工	工日	440 342.41	90.31	4 753.16
2	正线				
2.1	钢轨	根	6 146.92	8 530.00	66.35
2.2	道岔	组	41.00	497 242.65	0.44
2.3	扣件	套	249 937.73	277.15	2 697.89
2.4	轨枕	根	153 877.25	169.53	1 660.99
2.5	水泥（综合）	kg	3 355.57	0.46	36.22
2.6	混凝土	m³	96 843.17	559.46	1 045.35
2.7	钢筋	kg	5 453 793.00	4.16	58 869.55
3	停车场				
3.1	钢轨	根	455.90	7 334.88	4.92
3.2	道岔	组	18.00	252 491.56	0.19
3.3	扣件	套	16 833.70	106.67	181.71
3.4	轨枕	根	5 823.49	167.93	62.86
3.5	混凝土	m³	1 256.73	374.02	13.57
3.6	钢筋	kg	52 620.76	3.22	568.00
4	车辆段				
4.1	钢轨	根	887.19	6 743.71	9.58
4.2	道岔	组	35.00	215 639.97	0.38
4.3	扣件	套	27 225.85	39.17	293.88
4.4	轨枕	根	11 343.29	159.76	122.44
4.5	混凝土	m³	1 325.24	458.49	14.30
4.6	钢筋	kg	80 333.75	3.75	867.14
5	其他	—	—	—	—

表4 主要材料、设备明细表

序号	名称	单位	数量	单价（元）
1	螺纹钢 HRB400 钢筋	t	5 051.22	4 122.89
2	圆钢 HPB300 钢筋	t	534.39	4 319.70
3	泵送商品混凝土 C30	m³	21 223.75	522.86
4	泵送商品混凝土 C35	m³	64 607.20	565.00
5	泵送商品混凝土 C40	m³	14 644.38	580.00
6	碎石道碴底碴	t	20 743.54	77.41
7	碎石道碴面碴	t	50 366.22	78.34
8	钢轨 60 kg 25 m U75 V	根	6 306.00	8 515.15
9	钢轨 50 kg 25 m U71Mn	根	1 138.00	6 802.74
10	钢轨 50~60 kg 12.5 m	根	16.00	7 849.82
11	埋入长轨枕 C50	根	70 242.00	231.00
12	新Ⅱ型混凝土长枕 C60	根	10 474.00	183.39
13	混凝土短枕 C50	块	1 604.00	113.00
14	扣件混凝土短枕 WJ-2A	块	45 085.00	118.00
15	型扣件混凝土短枕 CK-1	块	2 915.00	98.00
16	压缩性减振扣件混凝土短枕	块	36 946.00	118.00
17	钢轨弹条 50 kg	套	18 952.00	20.17
18	钢轨弹条 50 kg	套	7 055.00	17.97
19	CK-1 型扣件	套	18 723.00	126.80
20	CK-02 型扣件	套	219.00	111.11
21	WJ-2A 型扣件	套	45 085.00	208.00
22	减振型扣件	套	87 893.00	404.51
23	DTⅢ2 型扣件	套	123 319.00	197.00
24	单开道岔 50 kg 7# AT（混凝土枕用）	组	49.00	140 658.88
25	单开道岔 60 kg 9# AT（混凝土枕用）	组	16.00	207 716.81
26	单开道岔（合金钢）60 kg 9#（整体道床）	组	21.00	335 000.00

续表

序号	名称	单位	数量	单价（元）
27	混凝土岔枕 50 kg 7#（单开道岔用）	组	49.00	48 032.13
28	混凝土岔枕 60 kg 9#（单开道岔用）	组	37.00	69 018.21
29	混凝土岔枕（交叉渡线 50 kg 7#间距 5.0 m）	组	3.00	235 597.15
30	混凝土岔枕（交叉渡线 60 kg 9#间距 4.6 m）	组	4.00	347 996.00
31	混凝土岔枕（交叉渡线 60 kg 9#间距 5.0 m）	组	1.00	355 450.00
32	交叉渡线 50 kg 7#间距 5.0 m（混凝土岔枕）	组	2.00	557 555.00
33	交叉渡线（合金钢）60 kg 9#间距 4.6 m（整体道床）	组	2.00	1 290 000.00
34	交叉渡线（合金钢）60 kg 9#间距 5.0 m（整体道床）	组	1.00	1 420 000.00

信号系统工程

案例 24　××省地铁信号系统

表1　工程概况及项目特征表

序号	名称	内容	说明
1	项目名称	××省地铁信号系统工程	不包含甲供材料/设备价格，包含其安装费
2	项目分类	地铁	单选
3	价格类型	中标价	单选
4	计价依据	《××省建设工程计价规则》； 《××省城市轨道交通工程预算定额》； 《××省通用安装工程预算定额》； 《××省房屋建筑与装饰工程预算定额》	
5	信号系统编制范围	控制中心、正线、停车场	多选
6	信号系统子系统	轨旁设备、ATS设备、电源设备、防雷及接地装置、停车场连锁及监测系统、信号机、转辙机	多选
7	正线长度/正线公里	35.95	
8	车站数量（座）	25	
9	其中：地下站（座）	18	
10	其中：地上站（座）	7	
11	停车场数量（座）	1	
12	车辆段数量（座）	—	
13	控制中心数量（座）	1	
14	维修中心数量（座）	—	
15	列车数量（列）	—	
16	编制时间	2019-04-04	
17	开工日期	2019-07	
18	竣工日期	2020-12-31	

表 2　工程造价指标表

序号	项目名称	金额（元）	单位指标 （元/正线公里）	占比指标（%）
2.5.1	信号系统	76 190 942.23	2 119 358.62	93.97
A	分部分项工程费	65 030 291.89	1 808 909.37	80.20
B	措施项目费	1 099 477.24	30 583.51	1.36
C	其他项目费	226 946.20	6 312.83	0.28
D	规费	3 543 231.67	98 559.99	4.37
E	税金	6 290 995.23	174 992.91	7.76
2.5.2	其他	4 889 956.77	136 021.05	6.03
A	措施项目费	3 868 630.48	107 611.42	4.77
B	其他项目费	3 477.93	96.74	0.00
C	规费	614 090.46	17 081.79	0.76
D	税金	403 757.90	11 231.10	0.50

表 3　工程量指标表

序号	工程量名称	单位	工程量	工程量指标 （工程量/ 正线长度）
2.5.1	信号系统			
2.5.1.1	桥架、线槽、走线槽道	m	9 028.00	251.13
2.5.1.2	配管	m	18 828.00	523.73
2.5.1.3	信号电缆	m	772 539.00	21 489.26
2.5.1.4	光缆	m	231 463.00	6 438.47
2.5.1.5	电力电缆	m	36 762.00	1 022.59
2.5.1.6	信号机	架	177.00	4.92
2.5.1.7	转辙机	台	158.00	4.39
2.5.1.8	室外箱、盒	个	436.00	12.13
2.5.2	其他	—	—	—

表4 消耗量指标表

序号	人材机名称	单位	消耗量	单价（元）	单方指标（消耗量/正线长度）
1	人工	工日	102 738.00	135.00	2 857.80
1.1	人工	工日	102 738.00	135.00	2 857.80
2	信号系统				
2.1	光缆	m	236 092.26	4.84	6 567.24
2.2	信号电缆	m	787 989.78	15.50	21 919.05
2.3	电力电缆	m	37 497.24	11.56	1 043.04
2.4	桥架	m	9 028.00	192.40	251.13
2.5	钢管	m	8 590.00	29.80	238.94
2.6	塑料管	m	10 238.00	25.80	284.78
3	其他	—	—	—	—

表5 主要材料、设备明细表

序号	名称	单位	数量	单价（元）
1	紧固件配套系统	套	3 757.02	13.27
2	铜芯塑料软线 500V 1.5 mm^2	m	954.32	1.33
3	方向电缆盒 HF-7	个	8.00	787.61
4	终端电缆盒 HZ-24	个	65.00	407.08
5	信号机托架	个	27.00	884.96
6	防静电地板	m^2	1 008.46	247.79
7	紧急关闭按钮	个	100.00	1 017.70
8	信号锁 40	把	29.00	15.93
9	支撑系统 I 类	套	3 757.00	35.40
10	数据电缆 YJ54 663 2×2×0.38 mm^2	m	775.20	8.85
11	数据电缆 WDZC-RYYP 4×1.0 mm^2	m	8 000.88	5.44
12	电源电缆 WDZC-RYY 3×2.5 mm^2	m	6 505.56	6.29
13	超 5 类 4 对屏蔽双绞线	m	6 014.94	2.65

序号	名称	单位	数量	单价（元）
14	接地线缆 WDZC-BYY 1×10 mm²	m	891.48	7.61
15	接地线缆 WDZC-BYY 1×25 mm²	m	10 598.82	16.43
16	接地电缆 WDZC-BYR 1×10 mm²	m	224.40	7.36
17	接地电缆 WDZC-BYR 1×16 mm²	m	438.60	10.58
18	接地电缆 WDZC-BYR 1×25 mm²	m	632.40	16.41
19	电源电缆 WDZC-YJY 3×2.5 mm²	m	8 000.88	6.26
20	电源电缆 WDZC-YJY 3×6 mm²	m	10 205.10	14.18
21	信号电缆 WDZC-PTYA23 6×1.0 mm²	m	18 555.84	8.30
22	计轴电缆 WDZC-PJZL23 6×1.0 mm²	m	303 660.12	10.91
23	计轴电缆 WDZC-PJZL23 6×1.4 mm²	m	66 465.24	15.26
24	信号电缆 WDZC-PTYA23 8×1.0 mm²	m	670.14	9.82
25	信号电缆 WDZC-PTYA23 12×1.0 mm²	m	106 145.28	12.89
26	信号电缆 WDZC-PTYA23 12×1.4 mm²	m	39 569.88	16.12
27	信号电缆 WDZC-PTYA23 16×1.0 mm²	m	1 786.02	15.73
28	信号电缆 WDZC-PTYA23 16×1.4 mm²	m	2 046.12	20.25
29	信号电缆 WDZC-PTYA23 21×1.0 mm²	m	43 784.52	19.27
30	信号电缆 WDZC-PTYA23 21×1.4 mm²	m	43 901.82	25.27
31	信号电缆 WDZC-PTYA23 24×1.0 mm²	m	11 231.22	21.43
32	信号电缆 WDZC-PTYA23 24×1.4 mm²	m	22 960.20	28.33
33	信号电缆 WDZC-PTYA23 37×1.4 mm²	m	19 239.24	43.16
34	信号电缆 WDZC-PTYA23 42×1.4 mm²	m	9 624.72	48.46
35	信号电缆 WDZC-LEU·BSYL23（1×4×1.53）4 mm²	m	84 436.62	15.32
36	信号电缆 WDZC-PTYA23 9×1.0 mm²	m	15.30	10.75
37	信号电缆 WDZC-PTYA23 14×1.0 mm²	m	27.54	14.29
38	信号电缆 WDZC-PTYA23 19×1.0 mm²	m	161.16	17.73
39	信号电缆 WDZC-PTYA23 28×1.0 mm²	m	1 031.22	24.08
40	信号电缆 WDZC-PTYA23 42×1.0 mm²	m	2 232.78	33.76
41	信号电缆 WDZC-PTYA23 48×1.0 mm²	m	1 668.72	37.70

序号	名称	单位	数量	单价（元）
42	光缆 WDZC-GYTZA53-16B1	m	236 092.26	4.84
43	热浸锌钢电缆槽 400×170×2 mm	m	1 532.00	184.07
44	热浸锌钢电缆槽 200×50×2 mm	m	900.00	89.38
45	热浸锌钢电缆槽 200×170×2 mm	m	745.00	124.78
46	热浸锌钢电缆槽 300×200×2 mm	m	2 127.00	159.29
47	热浸锌钢电缆槽 100×100×2 mm	m	1 747.00	65.49
48	热浸锌钢电缆槽 200×200×2 mm	m	260.00	138.05
49	热浸锌钢电缆槽 400×200×2 mm	m	2 177.00	188.50
50	接地母线 WDZC-BVR 1×95 mm^2	m	5 100.00	58.41
51	接地扁钢 40×4 mm	m	83 295.00	9.73
52	区间复合材料电缆支架 6 托臂	套	54 227.00	163.72
53	区间复合材料电缆支架 4 托臂	套	25 116.00	106.19
54	区间角钢电缆支架 6 托臂	套	144.00	75.22
55	上走线专用桥架 600×150×2 mm	m	440.00	1 051.33
56	终端电缆盒 HZ-24	个	244.00	407.08
57	终端电缆盒 HZ-6	个	107.00	336.28
58	地铁矮型 LED 信号机三显示（封绿灯）	架	23.00	3 097.35
59	地铁矮型 LED 信号机三显示（封绿灯、黄灯）	架	2.00	2 743.36
60	地铁矮型 LED 信号机二显示（封绿灯）	架	2.00	2 477.88
61	地铁矮型 LED 信号机三显示	架	125.00	3 539.82
62	地铁矮型 LED 信号机二显示	架	22.00	2 743.36
63	地铁矮型 LED 信号机单红灯	架	1.00	1 902.65
64	半高柱 LED 信号机（矮型机构）进站四显示（封绿灯）	架	2.00	884.96
65	内锁闭及安装装置	套	20.00	16 371.68
66	正线外锁闭安装装置及整体绝缘安装装置	套	112.00	33 805.31
67	矮型 LED 信号机机构	个	6.00	1 946.90
68	透镜组件	块	11.00	97.35

序号	名称	单位	数量	单价（元）
69	点灯变压器	个	20.00	309.73
70	采集板	块	12.00	194.69
71	手持式蓄电池内阻测试仪	个	1.00	8 849.56
72	蓄电池充电机	套	1.00	44 247.79
73	M3-M10 电动扳手及其套筒组件	套	3.00	513.27
74	矮型光源 黄色	个	10.00	1 061.95
75	矮型光源 绿色	个	10.00	1 061.95
76	矮型光源 红色	个	10.00	1 061.95
77	矮型光源 白色	个	2.00	1 061.95
78	矮型光源 蓝色	个	2.00	1 061.95
79	拉力测试仪	个	3.00	7 964.60
80	摇表	个	3.00	884.96
81	线号印字机	套	1.00	10 619.47
82	钳形接地电阻仪	个	3.00	2 654.87
83	交流/直流钳形表	个	3.00	2 654.87
84	活动扳手 450 mm	把	6.00	176.99
85	活动扳手 375 mm	把	6.00	159.29
86	活动扳手 250 mm	把	6.00	132.74
87	棘轮扳手 M20	把	6.00	159.29
88	棘轮扳手 M16	把	6.00	141.59
89	道岔电路整流盒	个	24.00	265.49
90	灯丝报警仪手持仪	个	3.00	1 769.91
91	正线外锁闭安装装置尖一	套	2.00	33 805.31
92	正线交流电动转辙机尖二右装	台	6.00	49 380.53
93	正线交流电动转辙机尖二左装	台	6.00	49 380.53
94	正线交流电动转辙机尖一右装	台	6.00	49 380.53
95	正线交流电动转辙机尖一左装	台	6.00	49 380.53
96	正线外锁闭安装装置尖二	套	2.00	33 805.31
97	停车场内锁闭及安装装置	套	2.00	18 500.00
98	停车场交流电动转辙机	套	2.00	49 380.53

序号	名称	单位	数量	单价（元）
99	免维护电缆接续盒	个	2.00	132.74
100	紧急停车按钮箱（带灯）	个	5.00	1 017.70
101	HZ-24 防盗型复合材料箱盒	个	10.00	407.08
102	HF-7 防盗型复合材料箱盒	个	2.00	787.61
103	道岔缺口监测室外设备	套	82.00	5 309.73
104	道岔缺口监测室内设备	套	6.00	70 796.46
105	正交流电动转辙机	台	112.00	49 380.53
106	停车场交流电动转辙机	套	20.00	49 380.53

供电系统工程

案例 25　××省地铁供电系统

表 1　工程概况及项目特征表

序号	名称	内容	说明
1	项目名称	××省地铁供电系统	
2	项目分类	地铁	
3	价格类型	中标价	
4	计价依据	《建设工程工程量清单计价规范》（GB 50500—2013）； 《城市轨道交通工程工程量计算规范》（GB 50861—2013）； 《房屋建筑与装饰工程工程量计算规范》 （GB 50854—2013）； 《通用安装工程工程量计算规范》（GB 50856—2013）； 《市政工程工程量清单计算规范》（GB 50857—2013）； 《××省建设工程工程量清单计价指引》； 《××省建设工程计价规则》； 《××省建设工程计价依据》； 《××市地铁工程预算定额》； 《××省市政工程预算定额》	
5	供电系统编制范围	正线	
6	供电系统子系统	变电所、牵引网、变电所自动化	多选
7	正线长度/正线公里	35.95	
8	车站数量（站）	25.00	
9	牵引网类型	接触网	
10	供电电压等级	35.00 kV	
11	牵引网电压等级	1 500.00 V	
12	主变电所数量（座）	3（不含甲供材料，单独分批招标 无法对应范围统计）	

续表

序号	名称	内容	说明
13	其中：电力 进线（条公里）	—	
14	跟随所数量（座）	0	
15	变电所数量（座）	11	
16	其中：降压所（座）	5	
17	其中：牵引所（座）	0	
18	其中：混合所（座）	6	
19	系统电缆（条公里）	—	
20	接触轨（条公里）	35.24	
21	其中：正线（条公里）	35.24	
22	其中：停车场（条公里）	—	
23	其中：车辆段（条公里）	—	
24	接触网（条公里）	37.23（不含甲供材料，单独分批招标 无法对应范围统计）	
25	其中：正线 刚性（条公里）	37.23（不含甲供材料，单独分批招标 无法对应范围统计）	
26	其中：正线 柔性（条公里）	—	
27	其中：停车场（条公里）	—	
28	其中：车辆段（条公里）	—	
29	编制时间	2018-12-15	
30	开工日期	2019-01	
31	竣工日期	2020-12-31	

表2　工程造价指标表

序号	项目名称	金额（元）	单位指标 （元/正线公里）	占比指标（%）
2.6	供电系统	92 503 995.66	2 573 129.23	100.00
2.6.1	主变电所（或外电源）	17 179 906.73	477 883.36	18.57
A	分部分项工程费	13 936 335.68	387 658.85	15.07

序号	项目名称	金额（元）	单位指标 （元/正线公里）	占比指标（%）
B	措施项目费	915 103.29	25 454.89	0.99
C	其他项目费	85 965.32	2 391.25	0.09
D	规费	680 692.74	18 934.43	0.74
E	税金	1 561 809.70	43 443.94	1.69
2.6.2	牵引网（接触轨）	74 580 496.76	2 074 561.80	80.62
A	分部分项工程费	64 123 041.09	1 783 672.91	69.32
B	措施项目费	1 885 109.56	52 436.98	2.04
C	其他项目费	349 152.06	9 712.16	0.38
D	规费	1 443 148.89	40 143.22	1.56
E	税金	6 780 045.16	188 596.53	7.33
2.6.3	变电所综合自动化	743 592.17	20 684.07	0.80
A	分部分项工程费	560 842.01	15 600.61	0.61
B	措施项目费	57 505.62	1 599.60	0.06
C	其他项目费	15 221.00	423.39	0.02
D	规费	42 424.25	1 180.09	0.05
E	税金	67 599.29	1 880.37	0.07

表 3　工程量指标表

序号	工程量名称	单位	工程量	工程量指标 （工程量/ 正线长度）
2.6.1	主变电所（或外电源）			
2.6.1.1	电缆支架	套	9 326.15	259.42
2.6.1.2	电力电缆	m	33 511.75	932.18
2.6.1.3	电缆终端头	个	1 680.00	46.73
2.6.2	变电所	—	—	—
2.6.3	系统电缆	—	—	—
2.6.4	接触轨	—	—	—
2.6.5	接触网	—	—	—

续表

序号	工程量名称	单位	工程量	工程量指标（工程量/正线长度）
2.6.5.1	刚性接触网			
2.6.5.1.1	隧道内悬挂安装	处	6 522.00	181.42
2.6.5.1.2	汇流排	m	34 752.13	966.68
2.6.5.1.3	接触线	m	37 229.51	1 035.59
2.6.5.1.4	架空地线	m	36 438.25	1 013.58
2.6.5.1.5	中心锚结	处	174.00	4.84
2.6.5.1.6	下锚装配	处	87.00	2.42
2.6.5.1.7	接触网设备	台	30.00	0.83
2.6.5.1.8	电连接	处	277.00	7.71
2.6.5.1.9	直流电缆	m	12 192.24	339.14
2.6.5.2	柔性接触网	—	—	—
2.6.6	杂散电流防护系统	—	—	—
2.6.7	电源整合	—	—	—
2.6.8	变电所综合自动化			
2.6.8.1	光缆	m	4 745.31	132.00
2.6.9	电能质量管理	—	—	—
2.6.10	其他	—	—	—

表4 消耗量指标表

序号	人材机名称	单位	消耗量	单价（元）	单方指标（消耗量/正线长度）
1	人工				
1.1	人工-主变电所	工日	32 455.95	91.00	902.81
1.2	人工-接触轨（网）	工日	72 352.34	91.00	2 012.58
1.3	人工-变电所自动化	工日	1 480.72	91.00	41.19
2	主变电所（或外电源）				
2.1.1	电缆	m	49 713.02	27.15	1 382.84

续表

序号	人材机名称	单位	消耗量	单价（元）	单方指标（消耗量/正线长度）
2.1.2	电缆头	个	1 713.60	124.60	47.67
2.2	电力进线	—	—	—	—
3	系统电缆	—	—	—	—
4	牵引网（接触轨）				
4.1	水泥（综合）	kg	1 136.52	0.43	31.61
4.2	接触线	m	37 787.44	62.85	1 051.11
4.3	汇流排	m	35 099.52	149.83	976.34
4.4	防护罩	m	363.60	170.69	10.11
4.5	绞线	m	49 772.59	58.99	1 384.49
4.6	吊柱	根	571.94	2 121.13	15.91
4.7	底座	套	6 556.92	41.96	182.39
4.8	腕臂	套	17.17	234.22	0.48
4.9	定位支撑	套	17.17	58.79	0.48
4.10	绝缘子	套	5 676.73	89.10	157.91
4.11	线夹	套	25 887.63	141.50	720.10
4.12	锚栓	套	71 061.58	36.01	1 976.68
4.13	支座	套	8.00	362.07	0.22
4.14	支架	套	16.00	362.07	0.45
4.15	连接器	套	124.23	47.41	3.46
4.16	心形环	套	405.21	33.19	11.27
4.17	螺栓	套	7 896.63	33.66	219.66
4.18	标示牌	个	2 214.71	0.05	61.61
5	杂散电流防护	—	—	—	—
6	电源整合	—	—	—	—
7	变电所综合自动化				
7.1	钢管	m	4 017.00	11.38	111.74
7.2	塑料管	—	—	—	—
8	电能质量管理	—	—	—	—
9	其他	—	—	—	—

表5 主要材料、设备明细表

序号	名称	单位	数量	单价（元）
1	镀锌钢管 SC20	m	137 299.00	11.38
2	控制电缆 WDZA-KYJYP2/23-1KV-5×1.5 mm²	m	1 319.50	8.72
3	电力电缆 WDZA-YJY23-1KV-3×4 mm²	m	19 998.00	10.53
4	控制电缆 WDZA-KYJYP2/23-1kV-5×2.5 mm²	m	4 263.00	11.89
5	电力电缆 WDZA-YJY23-1KV-3×6 mm²	m	1 212.00	14.09
6	控制电缆 WDZA-KYJYP2/23-1KV-10×1.5 mm²	m	1 319.50	14.32
7	电力电缆 WDZA-YJY23-1KV-3×10 mm²	m	404.00	21.32
8	控制电缆 WDZA-KYJYP2/23-1kV-10×2.5 mm²	m	1 218.00	20.83
9	控制电缆 WDZA-KYJYP2/23-1kV-14×2.5 mm²	m	16 240.00	26.87
10	电力电缆 WDZA-YJY23-1KV-3×25 mm²	m	808.00	45.78
11	电力电缆 WDZA-FSY-YJY-AC0.6/1KV-1×240 mm²	m	2 931.02	126.34
12	差动保护光缆 GYTZA53-8B1	m	57 568.80	2.84
13	电缆终端盒	套	1 114.00	151.72
14	电缆终端头 AC1.8/3KV-1×400 mm²	套	441.00	142.24
15	电缆终端头 DC1.8KV-1×400 mm²	套	922.00	142.24
16	电缆终端头 DC1.8KV-1×150 mm²	套	61.00	142.24
17	电缆终端头 0.6/1KV-1×240 mm²	套	290.00	37.93
18	A 型垂直悬吊安装底座 GXJL11（A）-99	套	1 255.00	118.53
19	A 型单支悬吊槽钢 GXJL12（A）-99	套	3 896.00	90.09
20	A 型汇流排中心锚结下锚底座 GXJL07（A）-99	套	311.00	72.07
21	B 型单支悬吊槽钢 GXJL12（B）-99	套	1 368.00	61.64
22	B 型汇流排定位线夹 GXJL02（B）-99	套	5 408.00	222.84
23	架空地线安装底座	套	33.00	80.60
24	地线线夹 CJL44-98	套	2 282.00	130.86
25	地线线夹托板	套	4 167.00	45.52
26	电缆支架 HD3-400 型	套	128.00	120.15
27	电缆支架 HD3-600 型	套	90.00	129.63
28	电缆支架 HD3-800 型	套	5.00	188.33
29	电缆支架 EC2-350 型	套	8.00	34.71

续表

序号	名称	单位	数量	单价（元）
30	电缆支架 EC3-350 型	套	3 207.00	49.12
31	电缆支架 EC3-300 型	套	20.00	49.12
32	电缆支架 EL2-350 型	套	4.00	63.34
33	电缆支架 EC4-350 型	套	4 073.00	68.18
34	电缆支架 EL3-350 型	套	10.00	77.66
35	电缆支架 EC5-350 型	套	669.00	82.03
36	电缆支架 EL4-350 型	套	969.00	100.99
37	电缆支架 EL3-300 型	套	87.00	104.22
38	电缆支架 EL5-350 型	套	91.00	110.66
39	电缆支架 FL5-1000 型	套	1 675.00	253.28
40	电连接线夹 D2 型	套	4 721.00	128.02
41	电连接线夹 D4 型	套	170.00	128.02
42	接触线 CTAH120	m	37 787.44	62.85
43	专用回流轨低速端部弯头	个	76.00	2 560.34
44	专用回流轨高速端部弯头	个	134.00	3 413.79
45	刚性悬挂用针式绝缘子	个	5 289.00	85.34
46	刚性悬挂三台电动隔离开关	台	24.00	64 862.07
47	刚性悬挂双台电动隔离开关	台	6.00	43 241.38
48	刚性悬挂单台电动隔离开关	台	9.00	21 620.69
49	汇流排	m	35 099.52	149.83
50	汇流排电连接线夹 GXJL04-99	套	1 848.00	144.14
51	B 型汇流排中心锚结线夹	套	31.00	128.02
52	接地箱	台	6.00	94.83
53	接地挂环	个	405.00	33.19
54	回流箱	套	12.00	4 741.38
55	均流箱	套	12.00	4 741.38
56	锚固螺栓 M16	套	4 720.00	29.40
57	专用回轨膨胀接头	个	352.00	5 120.69
58	软铜绞线 TRJ-120 mm²	m	1 108.98	69.50
59	铜母排 TMY100×10	m	44.27	122.62

续表

序号	名称	单位	数量	单价（元）
60	硬铜绞线 TJ-120 mm²	m	48 663.61	58.75
61	中心锚结棒式绝缘子 500 型	套	41.00	151.72
62	中心锚结棒式绝缘子 350 型	套	313.00	142.24
63	钢轨绝缘节	套	1.00	284.48
64	专用回流轨支撑 正线整体道床区段	套	7 585.00	362.07
65	专用回流轨支撑 橡胶弹簧浮置板道床	套	495.00	362.07
66	专用回流轨支撑 正线隔离式减振垫浮置板道床	套	801.00	362.07
67	专用回流轨 15 米/根	m	35 595.43	426.72
68	终锚线夹 T120 型	套	90.00	275.00
69	回流轨接地柜 DC1 250A	面	11.00	55 948.28
70	防护网栅	套	17.00	777.59
71	管帽 60 型	套	17.00	7.59
72	铜绞线 BVR16	m	102.01	9.40
73	后扩底锚栓 M8×100	套	77 776.00	10.91
74	后扩底锚栓 M10×100	套	78 962.00	12.80
75	螺杆锚栓 M8	套	16 186.00	14.22
76	基础型钢	kg	38 155.71	9.29
77	镀锌扁钢 -40×4	m	628.22	11.38
78	镀锌扁钢 -50×5	m	85 598.00	17.07
79	后扩底锚栓 M12×80	套	2 392.00	17.07
80	后扩底锚栓 M12×100	套	10 936.00	17.07
81	玻璃钢管 Φ50	m	5 753.58	37.93
82	T 型头螺栓 M20×300	套	2 735.00	26.55
83	化学螺杆锚栓 M16	套	125.00	45.52
84	化学锚栓 M16	套	10 999.00	45.52
85	单耳连接器 D 型	套	124.00	47.41
86	铜绞线 BVR95	m	158.57	52.17
87	化学锚栓 M20	套	7 803.00	76.81
88	中心锚结下锚底座	套	40.00	71.12
89	架空地线下锚安装底座	套	55.00	80.60

序号	名称	单位	数量	单价（元）
90	化学锚栓 M24	套	69.00	111.90
91	铜铝过渡接线端子	套	20.00	92.93
92	汇流排防护罩 HLP05-2005	m	363.60	170.69
93	D168 型架空地线肩架	套	3.00	180.17
94	汇流排接地线夹	处	202.00	194.40
95	D168 型腕臂上底座	套	34.00	199.14
96	鱼尾板	套	3 633.00	232.33
97	P 型腕臂	套	17.00	234.22
98	电缆连接板	套	277.00	644.83
99	悬挂框架	套	1.00	739.66
100	中心锚结下锚吊柱	套	40.00	853.45
101	地线终端下锚吊柱	套	55.00	1 706.90
102	DZ-168-L 型吊柱	套	3.00	2 275.86
103	吊柱	套	474.00	2 275.86
104	切槽式汇流排	套	2.00	11 379.31
105	刚性悬挂分段绝缘器	处	13.00	31 862.07
106	单向导通装置	台	6.00	72 827.59
107	专用轨安装专用工具	套	4.00	142 241.38
108	预弯汇流排	套	14.00	2 655.17
109	汇流排终端	套	355.00	1 517.24
110	放热焊接	处	3 124.00	151.72
111	接地线 WDZA-BYJ-1×4 mm²	m	1 100.00	2.53
112	汇流排中间头	套	3 059.00	142.24
113	绞线固定卡	套	14 150.00	14.22
114	电缆固定卡	套	2 036.00	14.22
115	隧道内电缆固定卡子	套	2 036.00	14.22
116	接线端子安装底座	套	4 717.00	14.22
117	ZG60 型套管双耳	套	17.00	56.90
118	定位管支撑	套	17.00	58.79
119	调整螺栓	套	441.00	123.28

续表

序号	名称	单位	数量	单价（元）
120	120 型地线线夹	套	3 255.00	130.86
121	0#铜铝过渡电连接线夹 GXJL32（A）-2006	套	3 697.00	156.47
122	D 型垂直悬吊安装底座	套	111.00	180.17
123	W 型汇流排定位线夹	套	17.00	293.97
124	下锚绝缘子	套	17.00	109.05
125	棒式绝缘子	套	17.00	109.05
126	15 m 钢铝复合轨	根	5.00	6 400.86
127	端部弯头 3.4 m	套	3.00	1 634.83
128	端部弯头 5.2 m	套	3.00	2 265.43
129	膨胀接头	套	5.00	4 718.62
130	橡胶弹簧浮置板道床绝缘支座	套	8.00	362.07
131	整体道床绝缘支架	套	16.00	362.07
132	防爬器（大坡度）	套	15.00	246.55
133	防爬器（普通型）	套	20.00	246.55
134	专用回轨防爬器	套	626.00	246.55
135	扩底型锚栓 M16×100/80	套	33 879.00	33.19
136	化学锚栓 M16×100/80	套	2 000.00	45.52

车站综合监控系统工程

案例 26　××省地铁综合监控系统

表 1　工程概况及项目特征表

序号	名称	内容	说明
1	项目名称	××省地铁综合监控系统	
2	项目分类	地铁	
3	价格类型	中标价	
4	计价依据	《建设工程工程量清单计价规范》（GB 50500—2013）； 《房屋建筑与装饰工程工程量计算规范》（GB 50854—2013）； 《通用安装工程工程量计算规范》（GB 50856—2013）； 《城市轨道交通工程工程量计算规范》（GB 50861—2013）； 《××省建设工程计价规则》（2018 版）	
5	综合监控系统范围	正线	
6	综合监控系统子系统	车站	
7	正线长度/正线公里	35.95	
8	车站数量（座）	25（不含甲供材料，单独分批 招标无法对应范围统计）	
9	其中：地下站（座）	18	
10	其中：地上站（座）	7	
11	停车场数量（座）	1	
12	车辆段数量（座）	1	
13	控制中心数量（座）	—	
14	备用控制中心数量（座）	—	
15	临时控制中心数量（座）	—	
16	编制时间	2019-03-20	
17	开工日期	2019-05	
18	竣工日期	2020-12-31	

表 2　工程造价指标表

序号	项目名称	金额（元）	单位指标（元/座）	占比指标（%）
2.7	综合监控系统	253 818.55	253 818.55	100.00
2.7.1	综合监控系统	253 818.55	253 818.55	100.00
A	分部分项工程费	215 953.45	215 953.45	85.08
B	措施项目费	7 175.91	7 175.91	2.83
C	其他项目费	558.78	558.78	0.22
D	规费	7 056.00	7 056.00	2.78
E	税金	23 074.41	23 074.41	9.09
2.7.2	其他	—	—	—

表 3　工程量指标表

序号	工程量名称	单位	工程量	工程量指标（工程量/车站数量）
2.7.1	综合监控系统			
2.7.1.1	桥架、线槽	m	320.32	320.32
2.7.1.2	配管	m	100.52	100.52
2.7.1.3	电力电缆	m	720.33	720.33
2.7.1.4	光缆	m	200.45	200.45
2.7.1.5	双绞线	m	1 140.27	1 140.27
2.7.2	其他	—	—	—

表 4　消耗量指标表

序号	人材机名称	单位	消耗量	单价（元）	单方指标（消耗量/正线长度）
1	人工				
1.1	人工	工日	662.11	135.00	18.42
2	综合监控系统				

序号	人材机名称	单位	消耗量	单价（元）	单方指标（消耗量/正线长度）
2.1	电缆	m	878.90	13.70	24.45
2.2	光缆	m	204.23	10.62	5.68
2.3	双绞线	m	1 197.89	6.04	33.32
2.4	桥架	m	323.21	104.40	8.99
2.5	钢管	m	103.36	14.46	2.88
3	其他	—	—	—	—

表5 主要材料、设备明细表

序号	名称	单位	数量	单价（元）
1	镀锌钢管 SC32	m	103.00	14.46
2	铜芯电力电缆 WDZA-YJY-1×6 mm²	m	210.00	5.94
3	铜芯电力电缆 WDZA-YJY-1×16 mm²	m	42.00	12.25
4	屏蔽双绞线 STP CAT6，阻燃低烟无卤	m	1 197.00	6.04
5	铜芯电力电缆 WDZA-YJY-3×4 mm²	m	303.00	10.94
6	铜芯电力电缆 WDZA-YJY-3×6 mm²	m	101.00	14.77
7	铜芯电力电缆 WDZA-YJY-516 mm²	m	40.40	53.15
8	铜芯电力电缆 WDZA-YJY-3×16 mm²	m	40.40	33.42
9	铜芯控制电缆 WDZBN-KYJYP-16×1.5 mm²	m	101.50	15.22
10	铜芯控制电缆 WDZBN-RYJYSP-4×1.5 mm²	m	40.60	11.62
11	多模，8 芯铠装光纤 GYFTA53-8A1 LSZH	m	204.00	10.62
12	金属软管	m	515.00	20.00
13	防火桥架（热镀锌槽式）300×100×2 mm	m	101.00	123.89
14	防火桥架（热镀锌槽式）200×100×2 mm	m	222.20	95.58
15	光纤融接盒防护箱约 H250×W400×D400	个	1.00	132.74
16	支架	t	4.02	6 500.00

车站火灾自动报警（FAS系统）及气体灭火系统工程

案例 27　××省地铁火灾自动报警系统及气体灭火系统

表 1　工程概况及项目特征表

序号	名称	内容
1	项目名称	××省地铁火灾自动报警（FAS）系统及气体灭火系统安装施工
2	项目分类	地铁
3	价格类型	中标价
4	计价依据	《建设工程工程量清单计价规范》（GB 50500—2013）； 《房屋建筑与装饰工程工程量计算规范》 （GB 50854—2013）； 《通用安装工程工程量计算规范》（GB 50856—2013）； 《城市轨道交通工程工程量计算规范》（GB 50861—2013）； 《××省建设工程计价规则》
5	火灾自动报警（FAS）系统及气体灭火系统编制范围	正线
6	火灾自动报警（FAS）系统及气体灭火系统子系统	火灾自动报警、气体灭火
7	正线长度/正线公里	35.95
8	车站数量（座）	25（不含甲供材料，单独分批招标无法对应范围统计）
9	其中：地下站（座）	18

续表

序号	名称	内容
10	其中：地上站（座）	7
11	停车场数量（座）	1
12	车辆段数量（座）	1
13	控制中心数量（座）	—
14	备用控制中心数量（座）	—
15	临时控制中心数量（座）	—
16	维修中心数量（座）	—
17	编制时间	2019-03-20
18	开工日期	2019-05
19	竣工日期	2020-12-31

表2　工程造价指标表

序号	项目名称	金额（元）	单位指标（元/正线公里）	占比指标（%）
2.6	火灾自动报警（FAS）系统及气体灭火系统	1 837 938.84	51 124.86	100.00
2.6.1	火灾自动报警系统	1 639 292.01	45 599.22	89.19
A	分部分项工程费	1 412 419.81	39 288.45	76.85
B	措施项目费	35 512.18	987.82	1.93
C	其他项目费	7 414.68	206.25	0.40
D	规费	34 918.79	971.32	1.90
E	税金	149 026.55	4 145.38	8.11
2.6.2	气体灭火系统	198 646.83	5 525.64	10.81
A	分部分项工程费	162 979.77	4 533.51	8.87
B	措施项目费	7 522.02	209.24	0.41
C	其他项目费	2 448.62	68.11	0.13
D	规费	7 637.62	212.45	0.42
E	税金	18 058.80	502.33	0.98

表3 工程量指标表

序号	工程量名称	单位	工程量	工程量指标（工程量/车站数量）
2.6.1	火灾自动报警（FAS）系统			
2.6.1.1	点型探测器	只	122.00	122.00
2.6.1.2	线型探测器	—	—	—
2.6.1.3	接口（模块）	只	290.00	290.00
2.6.1.4	桥架、线槽	m	200.24	200.24
2.6.1.5	配管	m	18 300.60	18 300.60
2.6.1.6	光缆	m	100.46	100.46
2.6.1.7	报警线、回路线、电话线	m	13 100.37	13 100.37
2.6.1.8	控制电缆	m	950.25	950.25
2.6.1.9	电源线	m	4 400.27	4 400.27
2.6.2	气灭报警			
2.6.2.1	控制电缆	m	6 102.62	6 102.62
2.6.2.2	桥架、线槽	m	350.30	350.30
2.6.2.3	配管	m	2 446.66	2 446.66
2.6.2.4	报警线、回路线、电话线	m	1 500.00	1 500.00
2.6.3	气灭管网			
2.6.3.1	钢管	m	634.24	634.24
2.6.3.2	管道支架	kg	1 000.00	1 000.00
2.6.3.3	阀门	个	16.00	16.00
2.6.3.4	喷头	个	51.00	51.00

表 4 消耗量指标表

序号	人材机名称	单位	消耗量	单价（元）	单方指标（消耗量/正线长度）
1	人工				
1.1	人工-火灾自动报警（FAS）系统	工日	3 283.87	135.00	91.35
1.2	人工-气体灭火系统	工日	546.30	135.00	15.20
2	火灾自动报警（FAS）系统				
2.1	电缆	m	11 053.12	9.54	307.46
2.2	光缆	m	102.00	7.08	2.84
2.3	导线	m	21 060.00	6.20	585.81
2.4	桥架	m	162.83	290.92	4.53
2.5	钢管	m	21 368.38	13.78	594.39
3	气体灭火系统				
3.1	钢管	m	635.61	47.70	17.68
3.2	塑料管	m	—	—	—
4	其他	—	—	—	—

表 5 主要材料、设备明细表

序号	名称	单位	数量	单价（元）
1	镀锌钢管 SC25	m	20 544.38	13.50
2	镀锌钢管 SC50	m	824.00	20.74
3	回路线 WDZBN-RYJYSP-2×1.5 mm²	m	6 588.00	7.34
4	回路线（区间用）WDZBN-RYJYSP-2×2.5 mm²	m	5 940.00	9.85
5	电话线 WDZBN-RYJYSP-2×1.5 mm²	m	4 536.00	7.34
6	电话线（区间用）WDZBN-RYJYSP-2×2.5 mm²	m	3 780.00	9.85
7	电源线 WDZBN-BYJYS-2×1.5 mm²	m	4 752.00	4.74
8	电源线（区间用）WDZBN-BYJYS-2×2.5 mm²	m	2 700.00	6.41
9	监控线 WDZBN-BYJYS-2×1.5 mm²	m	3 024.00	4.74
10	吸气式组网线 WDZBN-RYJYSP-2×1.5 mm²	m	540.00	7.34
11	回路线 WDZBN-RYJS-2×1.5 mm²	m	1 620.00	5.20

续表

序号	名称	单位	数量	单价（元）
12	铜芯电力电缆 WDZBN-BYJY-2×2.5 mm²	m	1 032.48	6.13
13	铜芯电力电缆 WDZAN-YJY-1×6 mm²	m	105.00	6.58
14	铜芯电力电缆 WDZBN-YJY-1×6 mm²	m	705.60	6.58
15	网络线5类屏蔽双绞线，低烟无卤	m	157.50	4.37
16	铜芯电力电缆 WDZAN-YJY-3×4 mm²	m	50.50	12.55
17	铜芯电力电缆 WDZBN-YJY-3×4 mm²	m	1 844.26	12.55
18	铜芯控制电缆 WDZBN-KYJYP-16×1.5 mm²	m	812.00	15.22
19	铜芯控制电缆 WDZBN-KYJYP-4×1.5 mm²	m	152.25	8.84
20	铜芯控制电缆 WDZBN-KYJY-3×1.5 mm²	m	2 537.50	6.49
21	铜芯控制电缆 WDZBN-KYJY-5×1.5 mm²	m	1 829.03	8.73
22	铜芯控制电缆 WDZBN-KYJY-8×1.5 mm²	m	1 827.00	12.69
23	单模光纤 DWZR-GYFTA53-4B1	m	102.00	7.08
24	金属软管	m	1 030.00	20.00
25	接线盒	个	2 040.00	2.00

车站环境与设备监控系统（BAS）工程

案例 28　××省地铁环境与设备监控系统

表 1　工程概况及项目特征表

序号	名称	内容	说明
1	项目名称	××省地铁环境与设备监控系统（BAS）安装施工	
2	项目分类	地铁	
3	价格类型	中标价	
4	计价依据	《建设工程工程量清单计价规范》（GB 50500—2013）； 《房屋建筑与装饰工程工程量计算规范》（GB 50854—2013）； 《通用安装工程工程量计算规范》（GB 50856—2013）； 《城市轨道交通工程工程量计算规范》（GB 50861—2013）； 《××省建设工程计价规则》	
5	环境与设备监控系统范围	正线	
6	正线长度/正线公里	35.95	
7	车站数量（座）	25.00（不含甲供材料，单独分批招标无法对应范围统计）	
8	其中：地下站（座）	18	
9	其中：地上站（座）	7	
10	停车场数量（座）	1	
11	车辆段数量（座）	1	
12	控制中心数量（座）	—	
13	备用控制中心数量（座）	—	

序号	名称	内容	说明
14	临时控制中心数量（座）	—	
15	编制时间	2019-03-20	
16	开工日期	2019-05	
17	竣工日期	2020-01-31	

表 2　工程造价指标表

序号	项目名称	金额（元）	单位指标（元/正线公里）	占比指标（%）
2.9	环境与设备监控系统（BAS）	663 015.46	18 442.71	100.00
2.9.1	环境与设备监控系统（BAS）	663 015.46	18 442.71	100.00
A	分部分项工程费	575 864.60	16 018.49	86.86
B	措施项目费	12 468.34	346.82	1.88
C	其他项目费	2 148.39	59.76	0.32
D	规费	12 260.00	341.03	1.85
E	税金	60 274.13	1 676.61	9.09
2.9.2	其他	—	—	—

表 3　工程量指标表

序号	工程量名称	单位	工程量	工程量指标（工程量/车站数量）
2.9.1	环境与设备监控系统			
2.9.1.1	桥架、线槽	m	750.32	750.32
2.9.1.2	配管	m	6 050.11	6 050.11
2.9.1.3	控制电缆	m	8 700.20	8 700.20
2.9.1.4	双绞线	m	5 900.00	5 900.00
2.9.1.5	光缆	m	2 200.28	2 200.28
2.9.2	其他	—	—	—

表4　消耗量指标表

序号	人材机名称	单位	消耗量	单价（元）	单方指标（消耗量/正线长度）
1	人工				
1.1	人工	工日	1 165.28	135.00	32.41
2	环境与设备监控系统				
2.1	光缆	m	2 244.32	7.08	62.43
2.2	电缆	m	11 244.56	10.30	312.78
2.3	导线	m	6 195.24	4.68	172.33
2.4	桥架	m	757.51	86.73	21.07
2.5	钢管	m	6 231.57	13.70	173.34
3	其他	—	—	—	—

表5　主要材料、设备明细表

序号	名称	单位	数量	单价（元）
1	镀锌钢管 SC32	m	1 596.50	14.46
2	镀锌钢管 SC25	m	4 635.00	13.50
3	铜芯电力电缆 WDZA-YJY-1×6 mm²	m	945.00	5.94
4	通信线（以太网线）STP-CAT5E（LSZH）	m	420.00	5.11
5	通信线（RS485）屏蔽双绞线	m	5 775.00	4.65
6	铜芯电力电缆 WDZA-YJY-3×4 mm²	m	656.50	10.94
7	铜芯控制电缆 WDZBN-KYJYP-5×1 mm²	m	7 612.50	10.04
8	铜芯控制电缆 WDZBN-KYJYP-8×1.5 mm²	m	1 218.00	16.98
9	铜芯电力电缆 WDZBN-YJY-4×1.5 mm²	m	812.00	7.32
10	多模4光纤 GYFTA-4Ab1	m	2 244.00	7.08
11	金属软管	m	515.00	20.00
12	接线盒	个	1 020.00	2.00
13	铝合金线槽 200 mm×100 mm×2 mm	m	757.50	86.73
14	机架	个	4.00	300.00
15	支架	t	4.02	6 500.00

车站门禁系统工程

案例 29　××省地铁门禁系统

表 1　工程概况及项目特征表

序号	名称	内容	说明
1	项目名称	××省地铁门禁系统	
2	项目分类	地铁	
3	价格类型	中标价	单选
4	计价依据	《建设工程工程量清单计价规范》（GB 50500—2013）； 《房屋建筑与装饰工程工程量计算规范》 （GB 50854—2013）； 《通用安装工程工程量计算规范》（GB 50856—2013）； 《城市轨道交通工程工程量计算规范》（GB 50861—2013）； 《××省建设工程计价规则》	
5	门禁系统范围	正线	多选
6	正线长度/正线公里	35.95	
7	车站数量（座）	25（不含甲供材料，单独分批招标 无法对应范围统计）	
8	其中：地下站（座）	18	
9	其中：地上站（座）	7	
10	停车场数量（座）	1	
11	车辆段数量（座）	1	
12	跟随所数量（座）	1	
13	编制时间	2019-03-20	
14	开工日期	2019-05	
15	竣工日期	2020-12-31	

表 2　工程造价指标表

序号	项目名称	金额（元）	单位指标（元/正线公里）	占比指标（%）
2.10	门禁系统	502 199.14	13 969.38	100
2.10.1	门禁系统	502 199.14	13 969.38	100
A	分部分项工程费	429 816.81	11 955.96	85.59
B	措施项目费	12 611.63	350.81	2.51
C	其他项目费	1 715.33	47.71	0.34
D	规费	12 400.90	344.95	2.47
E	税金	45 654.47	1 269.94	9.09
2.10.2	其他	—	—	—

表 3　工程量指标表

序号	工程量名称	单位	工程量	工程量指标（工程量/车站数量）
2.10.1	门禁系统			
2.10.1.1	配管	m	7 000.00	7 000.00
2.10.1.2	配线	m	180.67	180.67
2.10.2	其他	—	—	—

表 4　消耗量指标表

序号	人材机名称	单位	消耗量	单价（元）	单方指标（消耗量/正线长度）
1	人工				
1.1	人工	工日	1 182.36	135.00	32.89
2	门禁系统				
2.1	光缆	m	102.33	7.08	2.85

序号	人材机名称	单位	消耗量	单价（元）	单方指标（消耗量/正线长度）
2.2	导线	m	189.27	4.16	5.26
2.3	钢管	m	7 210.84	13.83	200.58
3	其他	—	—	—	—

表5　主要材料、设备明细表

序号	名称	单位	数量	单价（元）
1	镀锌钢管 SC32	m	2 472.00	14.46
2	镀锌钢管 SC25	m	4 738.00	13.50
3	铜芯电力电缆 WDZBN-YJYP-1×4 mm²	m	840.00	5.39
4	网络线 CAT5e-8P-STP	m	189.00	4.37
5	铜芯控制电缆 WDZBN-KYJYP-8×0.75 mm²	m	812.00	12.27
6	铜芯控制电缆 WDZBN-KYJYP-8×1.0 mm²	m	406.00	14.68
7	铜芯控制电缆 WDZBN-KYJYP-2×0.5 mm²	m	710.50	4.83
8	铜芯控制电缆 WDZBN-KYJYP-2×1.0 mm²	m	101.50	5.48
9	铜芯控制电缆 WDZBN-KYJYP-4×0.5 mm²	m	812.00	7.25
10	铜芯控制电缆 WDZBN-KYJYP-4×1.0 mm²	m	2 070.60	8.46
11	铜芯电力电缆 WDZBN-YJYP-3×1.5 mm²	m	2 233.00	8.00
12	多模 4 光纤 GYFTA-4Ab1	m	102.00	7.08
13	金属软管	m	515.00	20.00
14	接线盒	个	1 020.00	2.00
15	支架	t	4.02	6 500.00

车站动力照明系统工程

案例 30　××省地铁动力照明系统

表 1　工程概况及项目特征表

序号	名称	内容	说明
1	项目名称	××省地铁动力照明系统	
2	项目分类	地铁	
3	价格类型	中标价	
4	计价依据	《建设工程工程量清单计价规范》（GB 50500—2013）；《房屋建筑与装饰工程工程量计算规范》（GB 50854—2013）；《通用安装工程工程量计算规范》（GB 50856—2013）；《城市轨道交通工程工程量计算规范》（GB 50861—2013）；《××省建设工程计价规则》	
5	单体工程名称（车站/区间名称）	××车站	
6	车站面积（m²）	11 408.00（不含甲供材料，单独分批招标无法对应范围统计）	
7	区间长度（公里）	—	
8	车站层数（层）	2	
9	出入口个数（个）	4	
10	风道个数（个）	3	
11	换乘通道个数（个）	—	
12	联络通道个数（个）	—	
13	动力照明系统编制范围	车站	
14	车站数量（座）	25	

续表

序号	名称	内容	说明
15	地下站数量（座）	18	
16	地上站数量（座）	7	
17	编制时间	2019-03-20	
18	开工日期	2019-05	
19	竣工日期	2020-12-31	

表 2　工程造价指标表

序号	项目名称	金额（元）	单位指标（元/m²）	占比指标（%）
2.11	动力照明系统	7 756 233.29	679.89	100.00
2.11.1	车站	7 756 233.29	679.89	100.00
A	分部分项工程费	6 856 049.98	600.99	88.39
B	措施项目费	88 674.72	7.77	1.14
C	其他项目费	16 359.02	1.43	0.21
D	规费	90 037.45	7.89	1.16
E	税金	705 112.12	61.81	9.09
2.11.2	区间	—	—	—
2.11.3	光伏发电	—	—	—
2.11.4	其他	—	—	—

表 3　工程量指标表

序号	工程量名称	单位	工程量	工程量指标［工程量/车站主体面积（区间长度）］
2.11.1	车站			
2.11.1.1	电缆桥架	m	2 212.33	0.19
2.11.1.2	配管	m	41 052.27	3.60
2.11.1.3	电力电缆	m	33 698.21	2.95
2.11.1.4	控制电缆	m	12 500.00	1.10

续表

序号	工程量名称	单位	工程量	工程量指标 [工程量/车站主体 面积（区间长度）]
2.11.1.5	配线	m	97 425.62	8.54
2.11.1.6	灯具	套	676.00	0.06
2.11.1.7	开关、插座	套	407.00	0.04
2.11.2	区间	—	—	—
2.11.3	其他	—	—	—

表4　消耗量指标表

序号	人材机名称	单位	消耗量	单价 （元）	单方指标 [工程量/车站主体 面积（区间长度）]
1	人工				
1.1	人工-车站	工日	5 866.37	135.00	0.51
2	车站				
2.1	灯具	个	682.76	136.14	0.06
2.2	开关	个	223.38	12.24	0.02
2.3	插座	个	191.76	10.70	0.02
2.4	电缆	m	46 722.69	70.98	4.10
2.5	导线	m	111 815.82	1.96	9.80
2.6	钢管	m	41 462.79	11.50	3.63
2.7	塑料管	m	1 281.54	4.43	0.11
2.8	桥架	m	2 234.12	175.90	0.20
2.9	型钢	kg	1 932.00	5.50	0.17
3	区间	—	—	—	—
4	其他	—	—	—	—

表5　主要材料、设备明细表

序号	名称	单位	数量	单价（元）
1	型钢 综合	kg	1 932.00	5.50
2	镀锌钢管 SC150	m	22.66	74.94
3	镀锌钢管 SC100	m	345.05	43.18
4	镀锌钢管 SC80	m	451.14	33.17
5	镀锌钢管 SC50	m	1 981.72	20.74
6	镀锌钢管 SC32	m	2 076.48	14.46
7	镀锌钢管 SC25	m	2 160.94	13.50
8	镀锌钢管 SC20	m	34 000.30	10.00
9	安全出口标志灯 LED 4 W	套	86.00	75.00
10	壁装单管荧光灯（含光源）LED 1×18 W	套	82.00	70.00
11	壁装单管荧光灯（含光源）LED 1×9 W	套	3.00	65.00
12	壁装防水防尘单管荧光灯（含光源）LED 1×18 W	套	37.00	106.20
13	单管荧光灯（含光源、吊杆）LED 1×18 W	套	67.00	70.00
14	电光型疏散指示标志灯（单向）LED 4 W	套	97.00	75.00
15	电光型疏散指示标志灯（双向）LED 4 W	套	8.00	75.00
16	防爆单管荧光灯（含光源、吊杆）LED 1×18 W	套	3.00	159.29
17	嵌入式双管格栅灯（含光源）LED 2×9 W	套	13.00	128.32
18	双管荧光灯（含光源、吊杆）LED 2×18 W	套	2.00	80.00
19	吸顶 36 V 安全照明灯（含光源）LED 1×10 W	套	89.00	115.04
20	吸顶防水防尘荧光灯（含光源）LED 1×18 W	套	4.00	106.20
21	应急壁装单管荧光灯（含光源）LED 1×18 W	套	57.00	225.66
22	应急壁装防水防尘单管荧光灯（含光源）LED 1×18 W	套	22.00	340.71
23	应急单管荧光灯（含光源、吊杆）LED 1×18 W	套	82.00	225.66
24	应急防爆单管荧光灯（含光源、吊杆）LED 1×18 W	套	3.00	159.29
25	应急嵌入式双管格栅灯（含光源）LED 2×9 W	套	16.00	548.67
26	应急双管荧光灯（含光源、吊杆）LED 2×18 W	套	12.00	243.36
27	单联单控开关 250 V，10 A	只	89.00	9.74
28	单联双控开关 250 V，10 A	只	106.00	11.50

序号	名称	单位	数量	单价（元）
29	防爆单联单控开关 250 V，10 A	只	2.00	75.66
30	防爆单联双控开关 250 V，10 A	只	2.00	75.66
31	防水防尘单联单控开关 250 V，10 A	只	9.00	14.16
32	防水防尘单联双控开关 250 V，10 A	只	11.00	14.16
33	三联单控开关 250 V，10 A	只	3.00	13.27
34	双联单控开关 250 V，10 A	只	1.00	11.50
35	密闭双联二三级插座 250 V，10 A	套	27.00	10.62
36	三相五孔防水插座 380 V，16 A	套	4.00	15.93
37	双联二三级插座 250 V，10 A	套	161.00	10.62
38	铜芯线 WDZB-BYJ-2.5 mm²	m	55 338.03	1.65
39	铜芯线 WDZBN-BYJ-2.5 mm²	m	34 641.08	1.98
40	铜芯线 WDZR-RYJ-4 mm²	m	20 893.29	2.60
41	铜芯线 WDZBN-BYJ-4 mm²	m	165.00	3.00
42	铜芯线 WDZB-BYJ-6 mm²	m	642.95	3.74
43	铜芯线 WDZB-BYJ-16 mm²	m	135.45	9.76
44	铜芯电力电缆 WDZAN-YJY23-3×185+2×95 mm²	m	935.45	441.94
45	铜芯电力电缆 WDZAN-YJY23-3×240+2×120 mm²	m	1 160.52	562.79
46	铜芯电力电缆 WDZAN-YJY23-3×25+1×16 mm²	m	480.26	63.80
47	铜芯电力电缆 WDZAN-YJY23-3×35+1×16 mm²	m	636.89	80.50
48	铜芯电力电缆 WDZAN-YJY23-3×4 mm²	m	3 677.28	13.27
49	铜芯电力电缆 WDZAN-YJY23-3×50+2×25 mm²	m	1 294.16	124.79
50	铜芯电力电缆 WDZAN-YJY23-3×95+2×50 mm²	m	559.55	236.06
51	铜芯电力电缆 WDZAN-YJY23-4×16 mm²	m	175.16	47.78
52	铜芯电力电缆 WDZAN-YJY23-4×185+1×95 mm²	m	206.02	493.68
53	铜芯电力电缆 WDZAN-YJY23-4×25+1×16 mm²	m	616.49	79.87
54	铜芯电力电缆 WDZAN-YJY23-4×35+1×16 mm²	m	198.25	102.85
55	铜芯电力电缆 WDZAN-YJY23-4×50+1×25 mm²	m	564.52	141.30
56	铜芯电力电缆 WDZAN-YJY23-4×6 mm²	m	612.55	21.84
57	铜芯电力电缆 WDZAN-YJY23-4×70+1×35 mm²	m	141.72	197.03
58	铜芯电力电缆 WDZAN-YJY23-5×16 mm²	m	2 491.85	58.60

续表

序号	名称	单位	数量	单价（元）
59	铜芯电力电缆 WDZAN-YJY23-5×6 mm²	m	549.92	26.45
60	铜芯电力电缆 WDZA-YJY23-3×10 mm²	m	55.90	23.36
61	铜芯电力电缆 WDZA-YJY23-4×50+1×25 mm²	m	99.18	131.77
62	铜芯电力电缆 WDZA-YJY23-3×185+2×95 mm²	m	130.54	430.72
63	铜芯电力电缆 WDZA-YJY23-3×25+1×16 mm²	m	112.53	59.59
64	铜芯电力电缆 WDZA-YJY23-3×4 mm²	m	1 522.44	11.57
65	铜芯电力电缆 WDZA-YJY23-3×95+2×50 mm²	m	269.89	226.93
66	铜芯电力电缆 WDZA-YJY23-4×10 mm²	m	344.53	29.76
67	铜芯电力电缆 WDZA-YJY23-4×16 mm²	m	351.37	44.25
68	铜芯电力电缆 WDZA-YJY23-4×25+1×16 mm²	m	1 599.88	74.88
69	铜芯电力电缆 WDZA-YJY23-4×35+1×16 mm²	m	1 011.55	96.85
70	铜芯电力电缆 WDZA-YJY23-4×6 mm²	m	647.45	19.41
71	铜芯电力电缆 WDZA-YJY23-5×10 mm²	m	565.04	36.28
72	铜芯电力电缆 WDZA-YJY23-5×16 mm²	m	2 376.42	54.27
73	铜芯电力电缆 WDZA-YJY23-5×4 mm²	m	105.81	17.15
74	铜芯电力电缆 WDZA-YJY23-5×6 mm²	m	555.11	23.51
75	铜芯电力电缆 WDZA-YJY23-3×2.5 mm²	m	5 035.86	8.99
76	铜芯电力电缆 WDZAN-YJY23-3×2.5 mm²	m	2 460.36	10.70
77	铜芯电力电缆 WDZAN-YJY23-3×120+1×70 mm²	m	319.69	260.54
78	铜芯电力电缆 WDZA-YJY23-3×120+1×70 mm²	m	296.91	252.98
79	铜芯电力电缆 WDZA-YJY23-3×25+2×16 mm²	m	278.79	69.37
80	铜芯电力电缆 WDZA-YJY23-3×70+2×35 mm²	m	515.14	169.23
81	铜芯电力电缆 WDZAN-YJY23-4×10 mm²	m	74.02	32.80
82	铜芯电力电缆 WDZAN-YJY23-3×35+2×16 mm²	m	576.43	91.15
83	铜芯电力电缆 WDZA-YJY23-3×120+2×70 mm²	m	429.73	292.31
84	铜芯控制电缆 WDZB-KYJYP-8×1.5 mm²	m	1 040.38	15.46
85	铜芯控制电缆 WDZB-KYJYP-14×1.5 mm²	m	1 389.54	22.00
86	铜芯控制电缆 WDZBN-KYJYP-4×1.5 mm²	m	206.05	8.84
87	铜芯控制电缆 WDZBN-KYJYP-6×1.5 mm²	m	302.47	13.47
88	铜芯控制电缆 WDZBN-KYJYP-8×1.5 mm²	m	3 954.44	16.98

续表

序号	名称	单位	数量	单价（元）
89	铜芯控制电缆 WDZBN-KYJYP-14×1.5 mm²	m	2 538.52	25.28
90	铜芯控制电缆 WDZBN-KYJYP-19×1.5 mm²	m	612.05	31.93
91	铜芯控制电缆 WDZBN-KYJYP-24×1.5 mm²	m	614.08	39.52
92	铜芯控制电缆 WDZBN-KYJYP-5×2.5 mm²	m	812.00	14.21
93	铜芯控制电缆 WDZBN-KYJYP-8×2.5 mm²	m	1 015.00	25.08
94	铜芯控制电缆 WDZBN-KYJYP-10×2.5 mm²	m	203.00	29.55
95	刚性阻燃管 PC20	m	1 281.54	4.43
96	金属软管	m	1 030.00	20.00
97	接线盒	个	2 040.00	2.00
98	电井电缆梯架	m	90.90	119.47
99	防火桥架（热镀锌槽式）800×200×2.5 mm	m	10.10	400.00
100	防火桥架（热镀锌槽式）600×200×2 mm	m	828.20	263.72
101	防火桥架（热镀锌槽式）400×200×2 mm	m	469.65	207.08
102	防火桥架（热镀锌槽式）300×150×1.5 mm	m	269.67	119.47
103	防火桥架（热镀锌槽式）200×100×1.5 mm	m	101.00	71.70
104	防火桥架（热镀锌槽式）150×100×1.5 mm	m	555.50	61.06
105	熔断器	个	10.00	10.62
106	动照支架	t	5.03	6 500.00
107	综合支吊架	kg	25 000.00	27.00

车站通风空调系统工程

案例 31   ××省地铁通风空调系统

表 1   工程概况及项目特征表

序号	名称	内容	说明
1	项目名称	××省地铁通风空调系统	
2	项目分类	地铁	
3	价格类型	中标价	
4	计价依据	《建设工程工程量清单计价规范》（GB 50500—2013）； 《房屋建筑与装饰工程工程量计算规范》（GB 50854—2013）； 《通用安装工程工程量计算规范》（GB 50856—2013）； 《城市轨道交通工程工程量计算规范》（GB 50861—2013）； 《××省建设工程计价规则》	
5	单体工程名称 （车站/区间名称）	某车站	
6	车站面积（m²）	11 408.00（不含甲供材料，单独 分批招标无法对应范围统计）	
7	区间长度（公里）	—	
8	车站层数（层）	2	
9	出入口个数（个）	4	
10	风道个数（个）	3	
11	换乘通道个数（个）	—	
12	联络通道个数（个）	—	
13	通风空调系统编制范围	车站	
14	车站数量（座）	25	

续表

序号	名称	内容	说明
15	其中：地下站数量（座）	18	
16	其中：地上站数量（座）	7	
17	编制时间	2019-03-20	
18	开工日期	2019-05	
19	竣工日期	2020-12-31	

表2　工程造价指标表

序号	项目名称	金额（元）	单位指标（元/m²）	占比指标（%）
2.12	通风空调系统	3 911 516.94	342.87	100.00
2.12.1	车站	3 911 516.94	342.87	100.00
A	分部分项工程费	3 428 538.86	300.54	87.65
B	措施项目费	56 829.68	4.98	1.45
C	其他项目费	12 852.93	1.13	0.33
D	规费	57 703.02	5.06	1.48
E	税金	355 592.45	31.17	9.09
2.12.2	区间	—	—	—
2.12.3	其他	—	—	—

表3　工程量指标表

序号	工程量名称	单位	工程量	工程量指标［工程量/车站主体面积（区间长度）］
2.12.1	车站			
2.12.1.1	风管	m²	6 011.31	0.53
2.12.1.2	水管	m	1 674.82	0.15
2.12.1.3	支吊架	kg	6 795.36	0.60
2.12.2	区间	—	—	—
2.12.3	其他	—	—	—

表4 消耗量指标表

序号	人材机名称	单位	消耗量	单价（元）	单方指标 ［消耗量/车站主体 面积（正线长度）］
1	人工				
1.1	人工-车站	工日	4 103.03	135.00	0.36
2	车站				
2.1	风管	m²	6 774.80	94.79	0.59
2.2	通风管道阀部件	个	113.00	275.69	0.01
2.3	防火材料	m²	338.57	857.53	0.03
2.4	钢管	m	1 808.83	103.78	0.16
2.5	管道附件	个	165.00	73.00	0.01
2.6	型钢	kg	7 670.25	5.50	0.67
3	区间	—	—	—	—
4	其他	—	—	—	—

表5 主要材料、设备明细表

序号	名称	单位	数量	单价（元）
1	角钢 Q235B 综合	kg	3 100.00	5.50
2	型钢 综合	kg	7 670.25	5.50
3	镀锌钢板 厚 0.75 mm	m²	1 409.64	45.00
4	镀锌钢板 厚 1.0 mm	m²	1 594.80	55.00
5	镀锌钢板 厚 1.2 mm	m²	766.44	65.00
6	镀锌钢板 厚 1.2 mm	m²	112.60	65.00
7	镀锌钢板 厚 1.5 mm	m²	539.43	85.00
8	冷轧钢板 厚 2.5 mm	m²	265.68	140.00
9	64 kg/m³ 离心法玻璃棉管壳 厚 30 mm	m³	0.72	1 664.00
10	64 kg/m³ 离心法玻璃棉管壳 厚 40 mm	m³	25.52	1 664.00
11	离心玻璃棉板 30 mm	m³	312.03	788.00
12	橡塑管壳	m³	0.31	2 600.00
13	镀锌钢管 DN80	m	80.16	50.00

序号	名称	单位	数量	单价（元）
14	镀锌钢管 DN65	m	346.69	42.00
15	紫铜管 Φ9.52	m	60.00	11.37
16	紫铜管 Φ12.7	m	15.00	15.57
17	紫铜管 Φ15.9	m	92.60	24.32
18	紫铜管 Φ19.05	m	25.00	29.45
19	紫铜管 Φ25.4	m	5.00	47.40
20	紫铜管 Φ28.6	m	67.20	53.70
21	波纹管补偿器 DN150	个	6.00	400.00
22	波纹管补偿器 DN65	个	6.00	195.00
23	截止阀 DN32	个	4.00	75.00
24	截止阀 DN50	个	2.00	165.00
25	静态平衡阀 DN50	个	1.00	346.00
26	静态平衡阀 DN70	个	1.00	750.00
27	绝缘接头 DN50	个	1.00	163.00
28	绝缘接头 DN250	个	2.00	862.00
29	手动蝶阀 DN32	个	8.00	78.00
30	手动蝶阀 DN50	个	10.00	98.00
31	手动蝶阀 DN70	个	6.00	105.00
32	水过滤器 DN50	个	1.00	225.00
33	水过滤器 DN125	个	2.00	685.00
34	水过滤器 DN150	个	8.00	1 752.00
35	水过滤器 DN100	个	1.00	530.00
36	水过滤器 DN70	个	1.00	105.00
37	橡胶挠性接管 DN50	个	2.00	82.00
38	橡胶挠性接管 DN125	个	2.00	269.00
39	橡胶挠性接管 DN150	个	16.00	281.00
40	橡胶挠性接管 DN100	个	2.00	163.00
41	橡胶挠性接管 DN70	个	2.00	116.00
42	闸阀 DN32	个	38.00	78.50
43	闸阀 DN50	个	10.00	157.00

序号	名称	单位	数量	单价（元）
44	螺纹法兰 DN25	片	16.00	15.00
45	平焊法兰 DN150	片	144.00	56.00
46	平焊法兰 DN125	片	130.00	50.00
47	平焊法兰 DN100	片	34.00	42.00
48	平焊法兰 DN50	片	56.00	28.00
49	平焊法兰 DN32	片	100.00	22.00
50	平焊法兰 DN200	片	18.00	98.00
51	平焊法兰 DN250	片	12.00	130.00
52	平焊法兰 DN70	片	22.00	32.00
53	平焊法兰 DN65	片	12.00	32.00
54	铝合金散流器（带手动调节阀）200×200	个	10.00	90.00
55	铝合金散流器（带手动调节阀）250×250	个	3.00	120.00
56	铝合金散流器（带手动调节阀）300×300	个	5.00	140.00
57	铝合金散流器（带手动调节阀）400×400	个	1.00	180.00
58	微量自动排气阀 DN25	个	8.00	353.00
59	防火桥架（热镀锌槽式）200×100×1.5 mm	m	242.40	71.70
60	防火桥架（热镀锌槽式）100×50×1.5 mm	m	121.20	39.82
61	不锈钢膨胀水箱 1 400×900×1 100	个	1.00	12 832.00
62	加药装置	台	3.00	15 000.00
63	超低噪音型横流式冷却塔（自带液位计）Q = 155.7 m³/h，N = 4 kW	台	2.00	390 930.00
64	复合风管板材	m²	2 351.89	165.00
65	单层铝合金百叶风口（带风量调节阀）500×500	个	25.00	160.00
66	单层铝合金百叶风口（带风量调节阀）500×300	个	36.00	120.00
67	单层铝合金百叶风口（带风量调节阀）500×400	个	22.00	140.00
68	单层铝合金百叶风口（带手动调节阀）200×200	个	22.00	60.00
69	单层铝合金百叶风口（带手动调节阀）250×250	个	1.00	70.00
70	单层铝合金百叶风口（带手动调节阀）300×300	个	22.00	85.00
71	单层铝合金百叶风口（带手动调节阀）400×400	个	9.00	120.00
72	单层铝合金百叶风口（带手动调节阀）400×200	个	14.00	80.00
73	单层铝合金百叶风口（带手动调节阀）800×630	个	4.00	320.00

续表

序号	名称	单位	数量	单价（元）
74	单层铝合金百叶风口（带手动调节阀）1 000×500	个	1.00	360.00
75	双层铝合金百叶风口（带风量调节阀）630×630	个	2.00	276.00
76	双层铝合金百叶风口（带风量调节阀）500×300	个	42.00	120.00
77	双层铝合金百叶风口（带风量调节阀）500×500	个	22.00	180.00
78	双层铝合金百叶风口（带手动调节阀）200×200	个	9.00	68.00
79	双层铝合金百叶风口（带手动调节阀）400×400	个	12.00	135.00
80	双层铝合金百叶风口（带手动调节阀）500×500	个	23.00	180.00
81	双层铝合金百叶风口（带手动调节阀）800×800	个	2.00	410.00
82	双层铝合金百叶风口（带手动调节阀）300×300	个	16.00	100.00
83	双层铝合金百叶风口（带手动调节阀）1 000×500	个	1.00	360.00
84	风管专用法兰	m	3 658.50	5.00
85	镀锌钢管 DN25	m	155.19	15.55
86	镀锌钢管 DN32	m	52.72	21.35
87	镀锌钢管 DN50	m	111.22	32.00
88	镀锌钢管 DN100	m	62.12	65.00
89	镀锌钢管 DN125	m	263.26	85.00
90	镀锌钢管 DN150	m	256.36	155.00
91	镀锌钢管 DN200	m	67.05	201.00
92	镀锌钢管 DN250	m	266.22	252.00
93	分水器 Φ500，L＝3 680.8 mm 厚无缝钢管	台	1.00	12 390.00
94	集水器 Φ500，L＝3 680.8 mm 厚无缝钢管	台	1.00	12 390.00
95	全程水处理器 Q＝150 m³/h，N＝0.6 kW，P＝1.0 MPa	台	2.00	23 000.00
96	全程水处理器 Q＝230 m³/h，N＝0.6 kW，P＝1.0 MPa	台	1.00	25 664.00
97	嵌墙排气扇（带重力式自垂百叶）350 m³/h	台	1.00	393.41
98	温度计	支	50.00	98.00
99	普通压力表	台（块）	50.00	85.00
100	镀锌钢管管件 DN100	个	16.00	42.00
101	镀锌钢管管件 DN125	个	67.00	66.00
102	镀锌钢管管件 DN150	个	65.00	78.00
103	镀锌钢管管件 DN200	个	17.00	110.00
104	纤维增强硅酸盐防火板（耐火极限 3 h）	m²	200.00	200.00

车站给排水与消防系统工程

案例 32　××省地铁给排水与消防系统

表 1　工程概况及项目特征表

序号	名称	内容
1	项目名称	××省××车站给排水与消防系统安装施工
2	项目分类	地铁
3	价格类型	中标价
4	计价依据	《建设工程工程量清单计价规范》（GB 50500—2013）； 《房屋建筑与装饰工程工程量计算规范》 （GB 50854—2013）； 《通用安装工程工程量计算规范》（GB 50856—2013）； 《城市轨道交通工程工程量计算规范》 （GB 50861—2013）； 《××省建设工程计价规则》
5	单体工程名称 （车站/区间名称）	某车站
6	车站面积（m²）	11 408.00（不含甲供材料， 单独分批招标无法对应范围统计）
7	区间长度（公里）	—
8	车站层数（层）	2
9	出入口个数（个）	4
10	风道个数（个）	3
11	换乘通道个数（个）	—
12	联络通道个数（个）	—
13	给排水与消防 系统编制范围	车站

序号	名称	内容
14	车站数量（座）	25
15	地下站数量（座）	18
16	地上站数量（座）	7
17	编制时间	2019-03-20
18	开工日期	2019-05
19	竣工日期	2020-12-31

表 2　工程造价指标表

序号	项目名称	金额（元）	单位指标（元/m²）	占比指标（%）
2.13	给排水与消防系统	1 525 161.75	133.69	100.00
2.13.1	车站	1 525 161.75	133.69	100.00
A	分部分项工程费	1 338 170.60	117.30	87.74
B	措施项目费	21 226.79	1.86	1.39
C	其他项目费	5 610.09	0.49	0.37
D	规费	21 507.29	1.89	1.41
E	税金	138 646.98	12.15	9.09
2.13.2	区间	—	—	—
2.13.3	室外工程	—	—	—
2.13.4	其他	—	—	—

表 3　工程量指标表

序号	工程量名称	单位	工程量	工程量指标[工程量/车站主体面积（区间长度）]
2.13.1	车站			
2.13.1.1	给水管	m	691.62	0.06
2.13.1.2	排水管	m	1 616.77	0.14
2.13.1.3	消防水管	m	2 709.36	0.24

续表

序号	工程量名称	单位	工程量	工程量指标 ［工程量/车站主体 面积（区间长度）］
2.13.1.4	支吊架	m	2 700.00	0.24
2.13.2	区间	—	—	—
2.13.3	室外工程	—	—	—
2.13.4	其他	—	—	—

表4 消耗量指标表

序号	人材机名称	单位	消耗量	单价（元）	单方指标 ［工程量/车站主体 面积（区间长度）］
1	人工				
1.1	人工-车站	工日	1 536.07	135.00	0.13
1.2	人工-区间	—	—	—	—
2	车站				
2.1	钢管	m	4 337.11	102.74	0.38
2.2	塑料管	m	560.38	21.16	0.05
2.3	管道附件	个	793.05	61.95	0.07
2.4	卫生器具	个	8.08	1 892.50	0.00
2.5	型钢	kg	3 392.33	5.50	0.30
3	区间	—	—	—	—
4	其他	—	—	—	—

表5 主要材料、设备明细表

序号	名称	单位	数量	单价（元）
一	给排水			
1	型钢 综合	kg	1 060.00	5.50
2	铝合金薄板	m²	132.00	26.00
3	冲洗用龙头 DN25	个	7.00	106.00

序号	名称	单位	数量	单价（元）
4	不锈钢地漏 DN100	个	31.00	110.00
5	不锈钢地漏 DN50	个	5.00	55.00
6	防爆地漏 DN80	个	6.00	125.00
7	防返溢不锈钢地漏 DN100	个	4.00	110.00
8	铜质清扫口 DN100	个	1.00	55.00
9	酚醛调和漆 各色	kg	82.08	18.00
10	复合硅酸镁保温采用不燃性玻璃布复合铝箔防潮层	m³	4.47	1 850.00
11	阻火圈 DN150	个	8.00	23.00
12	阻火圈 DN100	个	98.00	18.00
13	阻火圈 DN50	个	20.00	11.00
14	薄壁不锈钢管 DN15	m	49.30	12.50
15	薄壁不锈钢管 DN25	m	132.32	25.50
16	薄壁不锈钢管 DN32	m	55.81	38.50
17	薄壁不锈钢管 DN50	m	421.94	62.50
18	薄壁不锈钢管 DN80	m	23.00	158.00
19	阻燃型 UPVC 管 DN150	m	39.33	46.00
20	阻燃型 UPVC 管 DN100	m	419.85	22.00
21	阻燃型 UPVC 管 DN50	m	101.20	8.00
22	Y 型过滤器 DN80	个	1.00	380.00
23	Y 型过滤器 DN50	个	1.00	225.00
24	波纹管补偿器 DN50	个	1.00	145.00
25	不锈钢软管 DN150	个	1.00	415.00
26	不锈钢软管 DN100	个	2.00	265.00
27	单球橡胶软接头 DN80	个	25.00	138.00
28	单球橡胶软接头 DN50	个	3.00	82.00
29	单球橡胶软接头 DN100	个	2.00	163.00
30	防护闸阀 DN50	个	1.00	157.00
31	软密封闸阀 DN50	个	26.00	157.00
32	铜质截止阀 DN50	个	9.00	165.00

续表

序号	名称	单位	数量	单价（元）
33	橡胶瓣止回阀 DN50	个	2.00	132.00
34	截止阀 DN25	个	11.00	55.00
35	铜质截止阀 DN25	个	5.00	58.00
36	闸阀 DN25	个	2.00	58.00
37	倒流防止器 DN50	个	1.00	1 834.00
38	平焊法兰 DN50	片	4.00	28.00
39	平焊法兰 DN80	片	2.00	36.00
40	螺纹法兰 DN50	片	82.00	28.00
41	螺纹法兰 DN80	片	126.00	36.00
42	平焊法兰 DN100	片	24.00	42.00
43	平焊法兰 DN150	片	6.00	56.00
44	平焊法兰 DN50	片	4.00	28.00
45	平焊法兰 DN80	片	52.00	36.00
46	平焊法兰 DN50	片	2.00	28.00
47	平焊法兰 DN80	片	2.00	36.00
48	台式洗脸盆含感应式水龙头、角阀	个	2.00	2 150.00
49	拖布池	套	3.00	1 620.00
50	蹲式大便器含脚踏式冲洗阀	个	2.00	1 550.00
51	立式小便器含感应式冲洗阀	个	1.00	2 880.00
52	冲洗栓箱 300 mm×500 mm×200 mm 不锈钢，箱内配 DN25 mm 冲洗栓及截止阀一个，采用组合水嘴大气型，自带真空破坏器	个	4.00	450.00
53	微量自动排气阀 DN25	个	2.00	353.00
54	水表 DN50	只	2.00	233.00
55	水表 DN80	只	1.00	358.00
56	水表 DN25	只	2.00	125.00
57	水	m³	107.73	4.27
58	电开水器 3 kW（AC380 V）电开水器，并配置专业的净水装置	台	1.00	4 756.00
59	手动葫芦 1 t	台	2.00	480.00

续表

序号	名称	单位	数量	单价（元）
60	内涂塑钢管 DN80	m	349.40	72.00
61	内涂塑钢管 DN50	m	230.46	46.00
62	内涂塑钢管 DN150	m	136.56	170.00
63	内涂塑钢管 DN100	m	266.12	95.00
64	闸阀 DN50	个	4.00	157.00
65	污水密闭提升设备含两台排水泵、一台手动隔膜泵、一台临时排水泵、液位计及控制柜，$Q=20\ m^3/h$，$H=20\ m$，$N=5\ kW$	台	1.00	65 500.00
66	普通压力表	台（块）	26.00	85.00
67	内涂塑钢管管件 DN150	个	35.00	81.00
68	内涂塑钢管管件 DN100	个	67.00	40.00
二	消防系统	—	—	—
1	型钢综合	kg	2 332.00	5.50
2	铝合金薄板	m²	360.00	26.00
3	酚醛调和漆 各色	kg	182.40	18.00
4	复合硅酸镁保温采用不燃性玻璃布复合铝箔防潮层	m³	12.18	1 850.00
5	热镀锌钢管 DN50	m	43.72	32.00
6	Y 型过滤器 DN150	个	2.00	1 752.00
7	波纹管补偿器 DN150	个	7.00	400.00
8	不锈钢软管 DN150	个	6.00	415.00
9	不锈钢软管 DN100	个	7.00	265.00
10	单球橡胶软接头 DN150	个	4.00	281.00
11	单球橡胶软接头 DN50	个	4.00	82.00
12	明杆闸阀 DN50	个	6.00	431.00
13	明杆闸阀 DN65	个	2.00	511.00
14	平焊法兰 DN150	片	8.00	56.00
15	螺纹法兰 DN50	片	24.00	28.00
16	平焊法兰 DN100	片	38.00	42.00
17	平焊法兰 DN150	片	162.00	56.00

序号	名称	单位	数量	单价（元）
18	平焊法兰 DN65	片	4.00	32.00
19	手提式灭火器 MF/ABC5 磷酸铵盐灭火器	套	144.00	200.00
20	减压稳压单栓自救组合型消火栓箱 25 m 长衬胶水带一条，DN19 水枪一支（含自救卷盘）	套	44.00	3 720.00
21	减压稳压双栓自救组合型消火栓箱双栓，DN65 25 m 长衬胶水带一条，DN19 水枪一支（含自救卷盘）	套	7.00	3 900.00
22	区间消火栓 DN65	套	2.00	189.00
23	水表 DN150	只	4.00	687.00
24	水	m³	401.95	4.27
25	手动葫芦 1.5 t	台	1.00	480.00
26	灭火器箱含 4 具 MF/ABC5 磷酸铵盐灭火器	套	8.00	350.00
27	灭火器箱含 2 具 MF/ABC5 磷酸铵盐灭火器	套	34.00	250.00
28	区间专用消防水龙带箱不锈钢，900×600×240	套	8.00	1 440.00
29	热镀锌钢管 DN150	m	1 813.16	155.00
30	热镀锌钢管 DN100	m	332.58	65.00
31	热镀锌钢管 DN80	m	107.67	50.00
32	热镀锌钢管 DN65	m	375.07	42.00
33	热镀锌沟槽管件 DN150	个	460.00	78.00
34	热镀锌沟槽管件 DN100	个	84.00	42.00
35	热镀锌沟槽管件 DN80	个	33.00	35.00
36	热镀锌沟槽管件 DN65	个	114.00	27.00

车站自动检票系统安装工程

案例 33　××省车站自动检票系统安装工程

表 1　工程概况及项目特征表

序号	名称	内容	说明
1	项目名称	××省车站自动售检票系统安装工程	
2	项目分类	地铁	
3	价格类型	中标价	
4	计价依据	《建设工程工程量清单计价规范》（GB 50500—2013）； 《房屋建筑与装饰工程工程量计算规范》 （GB 50854—2013）； 《通用安装工程工程量计算规范》（GB 50856—2013）； 《城市轨道交通工程工程量计算规范》 （GB 50861—2013）； 《××省建设工程计价规则》	
5	自动售检票系统范围	车站系统、票务分中心系统	多选
6	正线长度/正线公里	35.95（不含甲供材料， 单独分批招标无法对应范围统计）	
7	车站数量（座）	25	
8	其中：地下站数量（座）	18	
9	其中：地上站数量（座）	7	
10	控制中心数量（座）	1	
11	备用控制中心数量（座）	1	
12	临时控制中心数量（座）	—	
13	维修中心数量（处）	—	
14	票务中心数量（处）	—	
15	培训中心数量（处）	—	

序号	名称	内容	说明
16	实验室数量（处）	—	
17	编制时间	2019-03-20	
18	开工日期	2019-05	
19	竣工日期	2020-12-31	

表2　工程造价指标表

序号	项目名称	金额（元）	单位指标（元/座）	占比指标（%）
2.14	自动售检票系统	352 269.08	352 269.08	100.00
2.14.1	自动售检票系统	352 269.08	352 269.08	100.00
A	分部分项工程费	296 226.19	296 226.19	84.09
B	措施项目费	11 519.98	11 519.98	3.27
C	其他项目费	1 170.97	1 170.97	0.33
D	规费	11 327.48	11 327.48	3.22
E	税金	32 024.46	32 024.46	9.09
2.14.2	其他	—	—	—

表3　工程量指标表

序号	工程量名称	单位	工程量	工程量指标（工程量/车站数量）
2.14.1	自动售检票系统			
2.14.1.1	桥架、线槽	m	70.84	70.84
2.14.1.2	光缆	m	300.00	300.00
2.14.1.3	电力电缆	m	2 160.41	2 160.41
2.14.2	其他	—	—	—

表 4　消耗量指标表

序号	人材机名称	单位	消耗量	单价（元）	单方指标（消耗量/车站主体面积）
1	人工				
1.1	人工	工日	1 065.35	135.00	0.09
2	自动售检票系统				
2.1	电缆	m	2 670.35	16.98	0.23
2.2	导线	m	735.24	4.43	0.06
2.3	桥架	m	70.76	71.70	0.01
2.4	插座	个	1.00	19.14	0.00
2.5	钢管	m	391.41	22.74	0.03
3	其他	—	—	—	—

表 5　主要材料、设备明细表

序号	名称	单位	数量	单价（元）
1	不锈钢管 DN40	m	20.60	36.04
2	不锈钢管 DN32	m	61.80	28.42
3	镀锌钢管 SC32	m	103.00	14.46
4	镀锌钢管 SC50	m	154.50	20.74
5	镀锌钢管 SC80	m	51.50	33.17
6	铜芯电力电缆 WDZBN-YJY-1×16 mm^2	m	840.00	13.17
7	网络线 8 芯屏蔽双绞线 STP-CAT6	m	735.00	4.65
8	铜芯电力电缆 WDZBN-YJY23-4×25+1×16 mm^2	m	161.60	79.87
9	铜芯电力电缆 WDZBN-YJY-3×4 mm^2	m	1 212.00	12.55
10	铜芯控制电缆 WDZBN-KYJYP-6×1.5 mm^2	m	456.75	13.47
11	多模 4 光纤 GYFTA-4Ab1	m	306.00	7.08
12	金属软管	m	515.00	20.00
13	防火桥架（热镀锌槽式）200 mm×100 mm×1.5 mm	m	70.70	71.70
14	支架	t	4.02	6 500.00
15	信息面板	个	1.00	19.14

站台安全门工程

案例 34   ××市地铁站台门

表1   工程概况及项目特征表

序号	名称	内容	说明
1	项目名称	××市地铁站台门	
2	项目分类	地铁	
3	价格类型	中标价	
4	计价依据	—	
5	站台门类型	全高安全门	
6	站台长度（m）	11 240.23	
7	车站数量（座）	31	
8	其中：地下站数量（座）	31	
9	其中：地上站数量（座）	—	
10	编制时间	2019-06	
11	开工日期	2020-04-10	
12	竣工日期	2021-06-30	

表2   工程造价指标表

序号	项目名称	金额（元）	单位指标 （元/座）	占比指标（%）
2.15	站台门	224 213 150.43	7 232 682.27	100.00
2.15.1	站台门	224 213 150.43	7 232 682.27	100.00
A	分部分项工程费	200 009 466.09	6 451 918.26	89.21
B	措施项目费	3 130 000.00	100 967.74	1.40
C	其他项目费	—	—	—

续表

序号	项目名称	金额（元）	单位指标 （元/座）	占比指标（%）
D	规费	2 560 671.92	82 602.32	1.14
E	税金	18 513 012.42	597 193.95	8.26
2.15.2	其他	—	—	—

表3　工程量指标表

序号	工程量名称	单位	工程量	工程量指标 （工程量/ 车站数量）
2.15.1	屏蔽门	门体单元	2 520.00	81.00
2.15.2	全高安全门	门体单元	—	—
2.15.3	半高安全门	门体单元	—	—
2.15.4	其他	门体单元	—	—

表4　消耗量指标表

序号	人材机名称	单位	消耗量	单价（元）	单方指标 （消耗量/ 车站数量）
1	人工				
1.1	人工-屏蔽门	工日	22 868.86	164.00	738.00
2	屏蔽门				
2.1	电缆	套	63	22 000.00	2.00
2.2	桥架	套	63	2 000.00	2.00
2.3	导线	套	63	28 000.00	2.00
2.4	型钢	套	63	46 500.00	2.00
3	全高安全门	—	—	—	—
4	半高安全门	—	—	—	—
5	其他	—	—	—	—

人防工程

案例 35   ××市地铁人防工程

表1   工程概况及项目特征表

序号	名称	内容
1	项目名称	××市地铁人防工程
2	项目分类	地铁
3	价格类型	中标价
4	计价依据	—
5	工程名称（车站/区间名称）	—
6	车站面积（m²）	648 731.00
7	区间长度（公里）	28.66
8	车站层数（层）	2/3/4
9	正线长度/正线公里	38.51
10	车站数量（座）	31
11	其中：地下站数量（座）	31
12	编制时间	2017-03
13	开工日期	—
14	竣工日期	—

表2   工程造价指标表

序号	项目名称	金额（元）	单位指标（元/正线公里）	占比指标（%）
2.16	人防	14 852.15	385.63	100.00
2.16.1	人防门	14 852.15	385.63	100.00
2.16.2	人防信号显示系统	—	—	—
2.16.3	孔洞封堵	—	—	—
2.16.4	其他	—	—	—

表 3　工程量指标表

序号	工程量名称	单位	工程量	工程量指标 ［工程量/车站数量 （正线长度）］
2.16.1	人防门			
2.16.1.1	车站	座	819.00	26.42
2.16.1.2	区间	座	8.00	0.21
2.16.2	人防信号显示系统	—	—	—
2.16.3	孔洞封堵	—	—	—
2.16.4	其他	—	—	—

表 4　消耗量指标表

序号	人材机名称	单位	消耗量	单价（元）	单方指标 ［消耗量/车站 数量（正线长度）］
1	人工				
1.1	人工-车站	工日	104 965.60	300.00	3 385.99
1.2	人工-区间	工日	1 461.02	300.00	50.98
2	车站				
2.1	钢板	kg	3 793 700.64	4.50	122 377.44
2.2	型钢	kg	29 484.72	230.00	951.12
3	区间				
3.1	钢板	kg	52 804.80	4.50	1 842.46
3.2	型钢	kg	410.40	230.00	14.32
4	其他	—	—	—	—